植物组培产业与脱贫攻坚

第九届全国植物组培脱毒快繁及工厂化种苗生产技术学术研讨会论文集

司怀军　葛　红　杨树华　主编

中国农业科学技术出版社

图书在版编目（CIP）数据

植物组培产业与脱贫攻坚：第九届全国植物组培脱毒快繁及工厂化种苗生产技术学术研讨会论文集 / 司怀军，葛红，杨树华主编. —北京：中国农业科学技术出版社，2020.12

ISBN 978-7-5116-4971-3

Ⅰ.①植… Ⅱ.①司… ②葛… ③杨… Ⅲ.①植物组织—组织培养—文集 Ⅳ.①Q943.1-53

中国版本图书馆 CIP 数据核字（2020）第 169044 号

责任编辑	贺可香
责任校对	马广洋

出 版 者	中国农业科学技术出版社
	北京市中关村南大街12号　　邮编：100081
电　　话	（010）82109194（编辑室）　（010）82109702（发行部）
	（010）82109709（读者服务部）
传　　真	（010）82109698
网　　址	http://www.CASTP.cn
经 销 者	各地新华书店
印 刷 者	北京建宏印刷有限公司
开　　本	787mm×1 092mm　1/16
印　　张	20.5
字　　数	500千字
版　　次	2020年12月第1版　　2020年12月第1次印刷
定　　价	120.00元

编 委 会

主　　编：司怀军　葛　红　杨树华

编写人员（按姓氏笔画为序）：

司怀军　严华兵　李　英　杨江伟　杨柏云

杨树华　连　勇　吴　震　张　宁　赵建军

柳　俊　侯喜林　徐　涵　郭玉琼　唐　勋

葛　红　蒋细旺　赖钟雄　蔡兴奎　薛建平

前　言

随着现代科学技术的迅速发展，植物组织培养已经成为现代生物科学以及农业科学的基础核心技术之一。为了进一步促进我国植物组培脱毒快繁及工厂化种苗生产技术的交流，2019年7月，由中国农业生物技术学会植物组培脱毒快繁技术分会主办，甘肃农业大学生命科学技术学院和甘肃省干旱生境作物学省部共建国家重点实验室培育基地承办的第九届全国植物组培脱毒快繁及工厂化种苗生产技术学术研讨会在甘肃兰州成功召开。本次会议的主题是"植物组培产业与脱贫攻坚"，主要探讨和交流了植物组织培养脱毒快繁与栽培植物种质资源创新的前沿技术及其在生产实践中的应用，通过这次研讨会，优秀的专家学者介绍了成功的经验，分享了新的研究成果。

基于植物组培苗具有无菌、适应能力强、繁育快且供应周期短、便于运输等优点，植物组培脱毒快繁技术及工厂化种苗生产技术已经在马铃薯、甘薯、香蕉、花卉、果树等百余种经济作物中广泛应用，并取得了良好的经济效益和社会效益。我国植物组培脱毒快繁技术水平领先、经验成熟、人才储备较多，这为我国植物组培脱毒快繁及工厂化种苗生产技术在科技扶贫和脱贫攻坚中必将发挥更大的作用奠定了基础。《植物组培产业与脱贫攻坚——第九届全国植物组培脱毒快繁及工厂化种苗生产技术学术研讨会论文集》收集了近期我国在植物组培方面研究的部分新成果、新技术，这将在脱贫攻坚的产业发展中起到一定的技术支撑作用。

衷心感谢各位作者为本书的出版提供高质量的论文和研究成果，在本论文集统稿过程中，博士研究生刘维刚、李世贵做了大量的文字统稿、整理和校对工作，在此表示衷心的感谢。希望该书的出版能够为我国植物组培快繁脱毒技术及工厂化种苗生产技术提供理论指导，在脱贫攻坚中发挥一定的作用。

编　者
2020年1月

目 录

综 述

综　述

兰科植物内生菌研究进展

张　婧[1]，李　蓉[1]，王雪晶[1]，付　帅[1]，林玉玲[1]，

叶开温[2]，赖钟雄[1*]，徐　涵[1, 3*]

［1.福建农林大学园艺植物生物工程研究所　福州　350002；2.台湾大学植物科学研究所
中国台北　10617；3.法国图卢兹综合科学研究所（TRIT-ART）　法国　31300］

摘　要：兰科植物作为一种具有药用价值、观赏价值的植物资源，其生长与内生菌密不可分。目前已经在兰科植物中陆续分离出多种真菌和细菌，并发现部分菌株在促进兰科植物的生长发育、抗胁迫、生物菌肥等方面发挥作用。本文对兰科植物内生菌的起源、多样性以及兰科植物内生菌的促生作用进行了总结，以期对兰科植物内生菌更深入的研究和兰科植物资源保护利用和发展提供一定理论依据。

关键词：兰科植物；内生菌；促生作用

Recent Advances in Orchid Endophytes Research

Zhang Jing[1], Li Rong[1], Wang Xuejing[1], Fu Shuai[1], Lin Yuling[1],

Ye Kaiwen[2], Lai Zhongxiong[1*], Xu Han[1, 3*]

[[1]Institute of Horticultural Biotechnology, Fujian Agriculture and Forestry University, Fuzhou
350002, Fujian, China; [2]Institute of Plant Science, Taiwan University, Taibei 10617,
China; [3]Institut de la Recherche Interdisciplinaire de Toulouse (IRIT-ARI), Toulouse,
31300, France]

Abstract：Orchids are a group of plants with high medicinal and ornamental values.
The development of these plants needs various species of endophytes. The isolated

基金项目：福建省重大专项（2015NZ0002，2015NZ0002-1）；福建省高校学科建设项目
（102/71201801101）；科技创新专项基金（CXZX2017189）

* 通讯作者：Author for correspondence（E-mail：laizx01@163.com，xxuhan@163.com）

endophytes from orchids so far showed that they may promote orchid growth and development，stress tolerance，and many are used for fertilizer components. The present review provides a glance of the orchid endophytes，including their origin，diversity and the interactions with the host plants.

Key words：Orchid；Endophyte；Growth-promoting effect

植物内生菌是一个生态学概念，是植物微生态系统中的天然组成成分。目前植物内生菌的定义是指那些在其生活史的一定阶段或者全部阶段生活于健康植物的各种组织和器官内部的微生物，被菌类感染的宿主植物在短期内不会表现出外部病症（王金监和徐海东，2015）。

根据对宿主植物的作用，可分为中性、有益和有害；根据种类，可分为真菌、细菌和放线菌。内生菌存在于植物体内，可以通过组织学方法或从严格表面消毒的植物组织中分离或从植物组织内直接扩增出微生物DNA来证明其内生。有益内生菌与宿主植物形成一定时期甚至长期共存互利关系。一方面内生菌在宿主应对外界环境的应激耐受性（包括抗旱、抗病虫害及对病原体拮抗等）中发挥作用，同时也对宿主植物的生长、宿主植物中的有效活性成分的产生等方面产生影响；另一方面，宿主植物为内生菌提供一定的营养和适合生长的环境，从而促进内生菌的生长（姚领爱等，2010）。目前内生菌已经成为微生物的进化和物种形成、植物育种、天然化合物研究、植物病理学、生态学、木材和森林学等学科的热点研究领域（王志伟等，2015）。

兰科（Orchidaceae）全科700属20 000余种，是被子植物的第二大科，单子叶植物的第一大科，主要分布于全球热带地区和亚热带地区，少数见于温带地区。我国约有171属1 247种及大量的亚种、变种和变型，主产于我国云南、贵州、广西、广东、台湾、福建等省（区）（陈心启，1998）。因为兰花植物有相当大的观赏、食用和药用价值，所以国家对兰花植物有极大的需求，从而在国际市场占有一定的地位（Bulpitt，2005；Pant，2013）。

兰科植物在自然界通过种子萌发和无性繁殖来繁殖。对于自然界中微小的兰花种子的萌发，种子必须进入到与特定担子菌共生的物种的共生互作中。一旦真菌穿透兰花种子，缺乏胚乳，并没有保留的食物，从真菌中获得营养物质并启动发芽过程（Arditti & Predgeon，1997），但种子萌发率低，即使萌发后也很难成苗；目前植物组织培养已成为大规模无性繁育兰花的主要技术，但试管苗存在着退化、移栽成活率低、生长缓慢、活性成分偏低等诸多现实问题。兰花增长如此缓慢，一些濒危的兰科物种可能会面临灭绝，全世界兰科家族已被列入《野生动植物濒危物种国际贸易公约》（Cribb et al.，2003）。因此如何实现兰花植物的保护和可持续利用，是一个重要且关键的课题（韦艳梅等，2016）。

植物内生菌可以被分离纯化，从自然界不同种类的兰科植物中分离鉴定内生菌，可以作为一种生物工具促进兰花的生长。这些内生菌在植物生长发育、营养供应和免疫防御中起着重要作用。使用内生菌是一种很有前景的做法，可以帮助克服驯化过程中体外幼苗面临的死亡率、生长不良和免疫力差（Pant et al., 2017）。近年来，在兰科植物中分离出有应用潜力的内生菌，并在生物防治、抗胁迫、促生、生物菌肥等发挥作用。本文就兰科植物内生菌的起源、多样性、内生菌的促生作用等作简要概述。

1　兰科植物内生菌的起源

关于兰科植物内生菌的起源，有以下两方面。研究表明，所有兰科植物均与内生真菌形成互惠互利的菌根共生关系（韦艳梅等，2016）。1889年，Bernard首次提出兰科植物种子自然条件下靠消化菌根真菌才能萌发的经典的共生萌发理论，他从兰科兰鸟巢兰属（Neottia）植物中发现了为种子萌发提供水分和矿物质营养的菌根真菌，之后他又提出兰花真菌很可能是多样且不相容的，与兰科植物的种类有很大关系（Selosse et al., 2011）。内生细菌的研究比内生真菌相对晚。1933年Rogers就首次报道了原产澳大利亚的天麻（Gastrodia sesamoides）的根状茎、根和芽中存在细菌；在20世纪80年代，澳大利亚Wilkinson等就从地生兰菌根组织中分离出内生细菌（Tarkka et al., 2008）。至今，已从兰科植物中分离了大量内生真菌和内生细菌，研究内生菌对兰科植物的生物学作用。

2　兰科植物内生菌的多样性

兰科植物的内生菌是一个很大的类群，兰科植物内生菌的多样性主要表现在菌种多样性和寄主多样性。根据已报道的研究内容分析，兰科植物的内生真菌有两种：一种是能够为植物提供营养，促进种子的萌发和生长发育形成内生菌根真菌，另一种是在植体体内生存，但不侵害植物体组织的内生真菌，目前还尚未搞清楚作用机制（陶刚，2009）。目前兰科植物分离的内生真菌主要有担子菌门（Basidiomycota）、子囊菌门（Ascomycota）和半知菌门（Deuteromycota），担子菌门主要集中于Tremellomycetidae和Agaricomycetidae两个纲，半知菌门中的无孢科和丛梗孢科的种类最多（朱国胜等，2004）。菌根真菌通过侵染种子或者侵染根这两种途径侵染到植物细胞之内，最终形成兰科植物的特殊菌根（范黎和郭顺星，2000）。能与兰科植物形成菌根结构的内生真菌常见担子菌的丝核菌属类，包括角菌根菌属（Ceratorhiza）、瘤菌根菌属（Epulorhiza）、念珠菌根菌属（Moniliopsis）、胶膜菌属（Tulasnella）和蜡壳菌属（Sebacina）（Sakamoto et al., 2014；Bowles et al., 2005）（表1）。

目前，内生细菌多样性研究以传统分离培养法为主，辅以分子技术手段。从地生兰和附生兰的根、茎等器官先后分离到内生细菌，其中根部是内生细菌常见的分离部位。据不完全统计，这些兰科植物内生细菌隶属于近60属（张萍等，2012）。

表1 近几年国内主要兰科植物及其内生菌研究报道

宿主兰花	组织/器官	内生菌	参考文献
霍山石斛	茎叶	泽兰属（Zasmidium sp.）、酵母菌属（Zymoseptoria sp.）、链格孢属（Alternaria sp.）、枝孢菌属（Cladosporium sp.）、镰刀菌（Fusarium sp.）	陈绍通等，2019
白及	根、叶	蜡壳菌属（Schistosoma）、刺盘孢属（Genus）、刺盘孢菌属（Colletotrichum）、蜡壳菌属（Sebacina）	韦艳梅等，2016
手参	根	盘菌属（Peziza）、角担菌属（Ceratobasidium）、被孢霉属（Mortierella）、隐球菌属（Cryptococcus）、毛孢子菌属（Trichosporon）、曲霉属（Aspergillus）、锁瑚菌属（Clavulina）、镰刀菌属（Fusarium）、团囊属（Elaphomyces）、外瓶霉属（Exophiala）	陈艳红等，2018
大花蕙兰	根	镰刀菌属（Fusarium）木霉菌（Trichoderma）	李小六等，2018
羊耳蒜	根	镰刀菌属（Fusarium）、毛壳菌属（Chaetomium）、柱孢霉属（Cylindrocarpon）、拟青霉属（Simplicillium）	丁锐等，2016
黄花白及	根、叶	瘤菌根菌（Epulorhiza）、樱桃树属（Ceratorhiza）、蜡壳耳属（Sebacina）、炭疽病属（Colletotrichum）、球座菌属（Guignardia）、尾孢菌属（Cercospora）	刘准等，2013
金佛山兰	根	镰刀菌属（Fusarium）、丝核菌属（Rhizoctonia）、木霉属（Trichoderma）、裂褶菌属（Schizophyllum）、根霉属（Rhizopus）、小核菌属（Sclerotium）、座壳孢属（Aschersonia）、灵芝属（Ganoderma）、针壳孢属（Septoria）	秦晓丹，2014
霍山石斛	茎叶	鞘氨醇单胞菌属（Sphingomonas sp.）、不动杆菌属（Acinetobacter sp.）、伯克霍尔德菌（Burkholderia sp.）、甲基杆菌（Methylobacterium sp.）、肠球菌属（Enterococcus sp.）、枯草杆菌（Bacillus sp）	陈绍通等，2019
美花石斛	根茎叶	假单胞菌属（Pseudomonas）、微杆菌属（Microbacterium）、肠杆菌属（Enterobacter）、芽孢杆菌属（Bacillus）、鞘氨醇单胞菌属（Sphingomonas）、葡萄球菌属（Staphylococcus）、嗜冷杆菌属（Psychrobacter）、短波单胞菌属（Brevundimonas）、涅斯捷连科氏菌属（Nesterenkonia）副球菌属（Paracoccus）、泛菌属（Pantoea）沙雷氏菌属（Serratia）	童文军等，2014
五唇兰	根	芽孢杆菌属（bacillus）、伯克氏菌属（Burkholderia）、草酸菌属（Pan-doraea）、土壤杆菌属（Agrobacterium）、类芽孢杆菌属（Paenibacillus）、泛菌属（Pantoea）、欧文氏菌属（Erwin-ia）	张芳芳等，2016
华石斛	根	芽孢杆菌属（Bacillus）、氏菌属（Burkholderia）、泛菌属（Pantoea）、肠杆菌属（Enterobacter）、藤黄杆菌属（Luteibacter）、沙雷氏菌属（Serratia）、西地西菌属（Cedecea）	李骜等，2016

3 兰科植物中内生菌的促生作用

有益的内生菌可以促进兰科植物的生长，主要表现在种子萌发、幼苗存活、生物量增加和植物生长势等方面（张萍等，2012）。兰科内生菌的促生作用主要有直接和间接两种方式。一般情况下，直接促生作用指内生菌的自身代谢产物（如植物生长激素、吲哚乙酸、赤霉素以及细胞分裂素等）来促进植物生长，或者提高寄主植物对环境中营养物质的吸收能力，如固氮作用以及产生铁载体、植物激素等；间接促生作用主要表现在非生物胁迫（抗高温、抗干旱、抗高盐）（方珍娟等，2018）。

3.1 植物激素促生作用

植物激素，如生长素、细胞分裂素、赤霉素和乙烯在植物生长和发育中发挥着重要作用。

兰科植物内生菌可以直接合成或者促进兰花合成植物激素来调节植物生长，几项研究表明了内生菌在兰花种子萌发以及原球茎、幼苗和成株植物生长的重要性（Pant et al.，2017）。对多种兰科内生真菌进行分析，结果发现菌株均能不同程度地产生赤霉素（GA）、玉米核苷（ZR）、吲哚乙酸（IAA）、玉米素（ZT）、脱落酸（ABA）中的一种或几种，促进天麻等的生长（张集慧等，1999）。对兰科内生真菌中分离得到的5种植物激素研究表明，开唇兰小菇和兰小菇通过产生植物激素促进金线莲生长（高微微和郭顺星，2001）。从濒危兰花香蒲中分离出的内生细菌，伯克霍尔德菌（*Bacillus*, *Burkholderia*），肠杆菌（*Enterobacteria*）和姜黄杆菌（*Curtobacteria*），被证明在生长素合成中起着重要作用。这些根杆菌的相互作用，尤其是芽孢杆菌（*Bacillus*）和肠杆菌（*Enterobacter*），导致种子和幼苗发芽率高、生长速度快、适应性强（Galdiano Junior et al.，2011）。潘丽晶等从蝴蝶兰中分离出26株具有分泌IAA能力的内生细菌（潘丽晶等，2014）。

3.2 固氮作用

生物固氮是自然上最为高效和环保的固氮形式。固氮微生物是指具有生物固氮能力的微生物，是生物固氮的载体，因而也是生物固氮研究的主体和重点。内生固氮菌对兰科植物有一定的氮肥贡献（Hurek et al.，2002）。赵凯鹏将从野生铁皮石斛根部分离的已鉴定具有固氮活性的内生菌ZJSH1与铁皮石斛组培苗共培养，发现组培苗茎长和鲜重分别增加8.6%和7.5%，多糖含量增加0.6%（赵凯鹏，2013）。从短序脆兰、蝴蝶兰和杓唇石斛根被中分离的蓝细菌，不仅具有光合作用，而且还具有固氮作用，为宿主兰花提供N素营养（Tsavkelova et al.，2003）。有相关研究表明，内生菌对兰科植物有一定的促生作用，但菌株的固氮活性与其促生作用的直接相关性有待进一步研究。这些菌株在提高兰科植物的产量和品质具有一定的应用潜力。

3.3　提高兰科植物抗逆性

内生菌如细菌或真菌，有助于克服生物和非生物的压力，因为它们有助于产生抵抗这些压力所必需的植物激素。主要表现有两种：抗非生物胁迫和抗生物胁迫。抗生物胁迫是由环境中的致病病原体引起的，如朱江敏等从铁皮石斛中得到的木霉菌（*Trichoderma*）能抑制病原真菌镰刀菌（*Fusarium*）生长，并且检测到木霉菌菌丝分泌出丁几质酶，而丁几质酶能够破坏病原菌的细胞壁，刺激宿主抗逆机制响应，从而与病原菌产生拮抗作用，表明内生真菌能提高石斛抗病能力（朱江敏等，2011）。非生物胁迫包括盐分、干旱、高酸度、极寒和高温。印度梨形孢是一种内生菌，有助于克服非生物胁迫。研究表明，接种了印度梨形孢的普通大麦生长较快，抗盐性更强（Baltruschat et al.，2008）。拟南芥在定植印度梨形孢之后，它的幼苗抗旱能力也发生了比较明显的提高，而且在干旱胁迫后其幼苗还能够继续生长，而没有接种的对照幼苗均不能再继续生长（Sherameti et al.，2008）。

3.4　促进兰科植物次生代谢产物的产生

目前有相关研究表明，内生菌可以促进兰科植物次生代谢产物的产生，促进植物的生长和发育。Zhang等（2013）从台湾金线莲分离到的内生真菌产生的次生代谢产物，如血亲素和黄酮类化合物，发现这两种物质最终都有助于幼苗的生长和发育。

4　展望

微生物在生命周期的不同阶段与植物进行持续的相互作用。内生菌促进兰花的生长发育和有利于植物次级代谢产物的产生。了解更多关于微生物和植物的信息相互作用将有助于通过大规模繁殖来保护兰花。兰花为深入研究和认识多种生命形态的共同进化提供了一个良好范例。这样的研究也可以扩展到兰花以外，以便更广泛地理解微生物与植物之间各种形式的相互作用。

参考文献

陈绍通，戴军，姜雪萍，等，2019. 不同生长年限霍山石斛内生菌的多样性与差异性[J]. 中国中药杂志，44（6）：1 145-1 150.

陈心启，1998. 中国兰花全书[M]. 北京：中国林业出版社.

陈艳红，邢晓科，郭顺星，2018. 北京地区手参内生真菌的区系组成分析[J]. 菌物学报，37（1）：35-42.

丁锐，喻芬，李忠洲，等，2016. 东北地区羊耳蒜根部内生真菌多样性研究[J]. 沈阳农业大学学报，47（5）：567-573.

范黎，郭顺星，肖培根，2000. 密花石斛等六种兰科植物菌根的显微结构研究[J]. 植物学报，17（1）：73-79.

范黎，郭顺星，1998. 兰科植物菌根真菌的研究进展[J]. 微生物学通报（4）：227-230.

方珍娟，张晓霞，马立安，2018. 植物内生菌研究进展[J]. 长江大学学报（自然科学版）（10）：47-51.

高微微，郭顺星，2001. 内生真菌菌丝及代谢物对铁皮石斛及金线莲生长的影响[J]. 中国医学科学院学报，23（6）：556-559.

李骜，宋希强，2015. 海南岛华石斛根部可培养的共生细菌的多样性[J]. 热带生物学报（3）：55-60.

李小六，范永山，宋彦超，等，2018. 大花蕙兰菌根显微结构及内生真菌的分离与鉴定[J]. 北方园艺（8）：92-96.

刘准，陶刚，刘作易，等，2013. 兰科植物黄花白及 *Bletilla ochracea* 内生真菌多样性分析[J]. 菌物学报，32（5）：812-818.

潘丽晶，陈继敏，张妙彬，等，2014. 蝴蝶兰根内生细菌的分离及可分泌IAA细菌的筛选[J]. 中国农学通报，30（16）：148-152.

秦晓丹，2014. 金佛山兰内生及根圈微生物多样性[D]. 北京：中国林业科学研究院.

陶刚，2009. 中国贵州兰科植物白及内生真菌多样性及生态分布研究[D]. 武汉：华中农业大学.

童文君，张礼，薛庆云，等，2014. 不同产地美花石斛内生细菌分离及促生潜力比较[J]. 植物资源与环境学报（1）：18-25.

王金鉴，徐海冬，2015. 关于植物内生菌的研究[J]. 生物技术世界（3）：8.

王志伟，纪燕玲，陈永敢，2015. 植物内生菌研究及其科学意义[J]. 微生物学通报，42（2）：349-363.

韦艳梅，周雅琴，李力，等，2016. 白及内生真菌多样性研究[J]. 广西植物（7）：832-836.

闫晓娜，2015. 扇脉杓兰种子败育机理的研究[D]. 北京：中国林业科学研究院.

姚领爱，胡之璧，王莉莉，等，2010. 植物内生菌与宿主关系研究进展[J]. 生态环境学报，19（7）：1 750-1 754.

张芳芳，宋希强，丁琼，等，2015. 五唇兰根部内生细菌的筛选及其促生活性[J]. 热带生物学报（3）：61-68.

张集慧，王春兰，郭顺星，等，1999. 兰科药用植物的5种内生真菌产生的植物激素[J]. 中国医学科学院学报（6）：49-54.

张萍，宋希强，2012. 兰科植物内生细菌物种多样性及其促生机理研究进展[J]. 热带亚热带植物学报，20（1）：92-98.

赵凯鹏，2013. 两株固氮性细菌的生物学特性及其对铁皮石斛生长的影响[D]. 杭州：浙江理工大学.

朱江敏，赵英梅，白坚，等，2011. 石斛共生真菌木霉菌拮抗作用的初步研究[J]. 杭州师范大学学报（自然科学版），10（4）：340-344.

Baltruschat H, Fodor J, Harrach B D, et al., 2008. Salt tolerance of barley induced by the root endophyte *Piriformospora indica* is associated with a strong increase in antioxidants[J]. New Phytol, 180（2）：501-510.

Bowles M, Zettler L, Kelsey B P, 2005. Relationships between soil characteristics, distribution and restoration potential of the federal threatened eastern prairie fringed Orchid, *Platanthera leucophaea*（Nutt.）Lindl[J]. American Midland Naturalist, 154（2）：273-285.

Bulpitt C J, 2005. The uses and misuses of orchids in medicine[J]. QJM, 98（9）：625-631.

Galdiano R F Jr, Pedrinho E A N, Castellane T C L, et al., 2011. Auxin-producing bacteria isolated from the roots of *Cattleya walkeriana*, an endangered brazilian orchid, and their role in acclimatization[J]. Rev Bras De Ciencia Do Solo, 35（3）：729-737.

Hurek T, Handley L L, Reinhold-Hurek B, et al., 2002. Azoarcus grass endophytes contribute fixed nitrogen to the plant in an unculturable state[J]. Mol Plant-Microb Interact, 15（3）：233-242.

Marc-André S, Bernard B, David R, 2011. Noël Bernard（1874-1911）：orchids to symbiosis in a dozen years, one century ago[J]. Symbiosis, 54（2）：61-68.

Nandi S K, Palni L M S, et al., 1999. Role of plant tissue culture in biodiversity conservation and economic development[J]. Current Science, 77（10）：1 229-1 231.

Pant B, 2013. Medicinal orchids and their uses：tissue culture a potential alternative for conservation[J]. Afr J

Plant Sci, 7（10）: 448-467.

Sakamoto Y, Yokoyama J, Maki M, 2014. Mycorrhizal diversity of the orchid cephalanthera longibreata in Japan[J]. Mycological Society of Japan, 56（2）: 183-189.

Sherameti I, Tripathi S, Varma A, et al., 2008. The root-colonizing endophyte *Pirifomospora indica* confers drought tolerance in *Arabidopsis* by stimulating the expression of drought stress-related genes in leaves[J]. Mol Plant Microbe Interact, 21（6）: 799-807.

Tsavkelova E A, Lobakova E S, Kolomeitseva G L, et al., 2003. Associative cyanobacteria isolated from the roots of epiphytic orchids[J]. Microbiology, 72（1）: 92-97.

Wang Z, Ji Y, Chen Y, 2015. Endophytic research and its scientific significance[J]. Microbiology Bulletin, 42（2）: 349-363.

Zhang F, Lv Y, Zhao Y, et al., 2013. Promoting role of an endophyte on the growth and contents of kinsenosides and flavonoids of *Anoectochilus formosanus* Hayata, a rare and threatened medicinal Orchidaceae plant[J]. J Zhejiang Univ Sci B, 14（9）: 785-792.

马铃薯脱毒技术研究进展

范　奕[1]，傅欣雨[1]，陈汝豪[1, 2]，李春燕[1]，宋波涛[1]，蔡兴奎[1]，柳　俊[1]，聂碧华[1*]

（1.园艺植物生物学教育部重点实验室　湖北省马铃薯工程技术研究中心

农业农村部马铃薯生物学与生物技术重点实验室　华中农业大学　武汉　430070；

2.湖南农业大学园艺园林学院　长沙　410128）

摘　要：病毒侵染导致马铃薯生长发育受阻、并严重影响块茎产量和质量，是制约我国马铃薯产业发展的重要因素之一。对感染病毒的马铃薯进行脱毒，并生产健康的脱毒种薯是防治病毒病的有效方法。本文对国内外马铃薯的主要脱毒技术进行了综述，包括茎尖培养脱毒，热处理脱毒，病毒抑制剂脱毒、超低温脱毒和电疗法脱毒。重点总结了各种方法对几种主要的马铃薯病毒的脱除效果，并分析了它们的优缺点，指出马铃薯脱毒研究的新方向，为推广普及脱毒技术、提高马铃薯种薯质量提供了技术参考。

关键词：马铃薯；病毒病；脱毒；研究进展

Research Progress of Potato Detoxification Technology

Fan Yi[1]，Fu Xinyu[1]，Chen Ruhao[1, 2]，Li Chunyan[1]，Song Botao[1]，

Cai Xingkui[1]，Liu Jun[1]，Nie Bihua[1*]

（[1]Key Laboratory of Horticultural Plant Biology，Ministry of Education，Hubei Engineering and Technology Research Center of Potato，Key Laboratory of Potato Biology and Biotechnology，Ministry of Agriculture and Rural Affairs，Huazhong Agricultural University，Wuhan，430070，[2]Horticulture and Garden College of Hunan Agricultural University，Changsha，410128）

Abstract：Virus infection hinders potato growth and development，and seriously affects tuber yield and quality，which is one of the important factors restricting the development of potato industry in China. Detoxifying virus-infected potatoes and

* 通讯作者：Author for correspondence（E-mail：nbihua@mail.hzau.edu.cn） producing healthy virus-free seed potatoes are effective methods for preventing and treating viral diseases. This manuscript reviews the main detoxification techniques of potato at home and abroad, including stem tip culture detoxification, heat treatment detoxification, virus inhibitor detoxification, ultra-low temperature detoxification, and electrotherapy detoxification. It summarizes the effects of various methods on the removal of several major potato viruses, analyzes their advantages and disadvantages, points out new directions for potato virus removal research, and provides techniques for promoting the popularization of virus-free technology and improving the quality of potato seed potatoes.

Keywords: Potato; Virus disease; Detoxification; Research progress

马铃薯（*Solanum tuberosum* L.）原产于南美安第斯山区，距今已有7 000多年的栽培历史（Spooner，1990）。2015年中国马铃薯主粮化战略的提出，使马铃薯成为继水稻、小麦、玉米后中国第四大主粮作物（晏书诚，2017）。但无性繁殖的马铃薯受到多种病毒的侵染，如马铃薯Y病毒（potato virus Y，PVY）、马铃薯卷叶病毒（potato leaf-roll virus，PLRV）、马铃薯X病毒（potato virus X，PVX）、马铃薯S病毒（potato virus S，PVS）、马铃薯M病毒（potato virus M，PVM）、马铃薯A病毒（potato virus A，PVA）和马铃薯纺锤状块茎类病毒（potato spindle tuber viroid，PSTVd）等7种病毒和类病毒在我国发生普遍为害严重，成为制约我国马铃薯产业发展的重要因素之一（范国权，2010）。病毒随马铃薯无性繁殖世代积累，导致马铃薯块茎退化，研究表明，病毒引起马铃薯减产30%～50%，如果不同病毒混合侵染，则可造成的损失更为严重（黄萍，2008）。

病毒病很难用化学药剂进行防治，目前生产上主要通过使用脱除病毒的健康种薯来控制病毒病的为害，而脱毒种薯生产首先需要通过各种方法获得脱毒试管苗，本文对目前主要的马铃薯脱毒方法及其脱毒效果进行了总结，种薯生产者可以因地制宜地选择合适的脱毒方法进行脱毒，进行健康的脱毒种薯生产，从而实现对病毒病的有效控制。

1　茎尖培养脱毒

利用茎尖分生组织离体培养技术对马铃薯块茎进行脱毒，是目前许多国家生产脱毒种薯使用最为广泛的脱毒技术，茎尖培养脱毒技术是利用细胞的全能性和病毒无法进入茎尖分生组织的特点，分离马铃薯茎尖在培养基上培养并发育成完整的植物的技术（Singh，1999；Faccioli，2001）。该方法的病毒脱毒成功率与所切下茎尖分生组织的大小成反比，所以进行茎尖分生组织培养进行脱毒的时候，必须切下足够小的茎尖分生组织（0.2～0.5mm）。但是分生组织的再生能力又与分生组织的大小成正比，太小的分生组织又很难再生成植株（黄楚材，1980）。此外不同病毒在茎尖分布不同，一般来说，各种病毒的脱除从易到难顺序为PLRV、PVA、PVY、PVM、PVX、PVS，但此顺序也会因品种、培养条件、病毒株系不同等有所变化（林长春，1989；张新宁，2001；王秀英，2007）（表1）。

表1 分生组织大小与病毒脱除率的关系

分生组织大小	病毒种类	脱毒率（%）
2片叶原基	PLRV，PVY，PVM	100（Al-Taleb et al.，2011）
	PVX，PVS	66（Loebenstein，2001）
0.1mm	PVX，PVS	95（Waswa et al.，2017）
≤0.3mm	PVA，PVY	85～90（Loebenstein，2001）
0.5mm	PVX，PVY	10，23（张新宁和沈效东，2001）
0.8mm	PVA，PVY	7（Loebenstein，2001）

茎尖培养技术脱除马铃薯病毒病的优点是病毒脱除率较高，脱毒效果较好，对植株损伤较小。缺点是茎尖脱毒时需要借助解剖镜，使得茎尖暴露在空气中极易被污染，茎尖剥离耗时久、效率低，容易出现愈伤组织；对操作人员技术要求高、脱毒率不稳定，难以大规模运用于实践中，而且部分病毒不能通过该方法脱除（如PSTVd）。

2 热处理脱毒

热处理又称温热疗法（thermotherapy），其原理是在高温条件下病毒外壳蛋白变性而发生部分钝化或完全钝化，使其繁殖能力降低，失去侵染植株的能力。影响热处理脱除马铃薯病毒病的主要因素是温度的高低和处理时间的长短，刘华等（2002）在进行马铃薯块茎热处理的实验中，发现在38℃高温热处理24d，能有效地脱除PLRV，但温度控制在40℃处理22d时，出苗受到影响，可能是由于高温长时间处理损伤种薯芽眼生长点所致。热处理法还使PLRV和PVS的发病率降低了45%和50%，获得了无病毒的单株，该单株在温室里生长旺盛，与感染病毒的植物相比，块茎产量显著增加（Spiegel et al.，1993）。

热处理脱除马铃薯病毒的优点在于操作简单便捷，短时间内可处理大批种薯，对植株损伤比病毒造成的损伤更容易逆转（Spiegel et al.，1993），但是该方法所需时间久，对大部分病毒无法根除，有很大的局限性。目前利用热处理与其他方法相结合脱除马铃薯病毒最为常用，相关报道较多（表2）。

表2 热处理病毒脱除效果

病毒种类	温度（℃）	处理时间	结合其他技术	脱毒率（%）
PLRV	38	24h	茎尖剥离	100（张新宁等，2001）
PVX	37/24	—	—	96.2（张新宁等，2001）
PVY	40（4h）/25（20h）	28d	茎尖剥离	95.2（张新宁等，2001）

（续表）

病毒种类	温度（℃）	处理时间	结合其他技术	脱毒率（%）
PVX	40（4h）/25（20h）	28d	茎尖剥离	89.6（王季春等，2008）
PVS	40（4h）/25（20h）	28d	茎尖剥离	77.4（王季春等，2008）
PVY	40（4h）/25（20h）	56d	利巴韦林（40mg/L）	68.9（陈炜，2010）

3　病毒抑制剂脱毒

利用化学抑制剂脱除病毒的研究发展不如热疗领域的研究活跃，但是临床医学中对病毒化学抑制剂的广泛应用为植物脱毒提供了较好的借鉴实例。运用化学试剂脱除病毒是利用一些抗病药剂的作用影响病毒RNA的复制形成，干扰病毒的正常繁殖，从而达到除去病毒的目的。常用的病毒抑制剂有利巴韦林（ribavirin，病毒唑），5-二氢尿嘧啶（DHT），硫尿嘧啶（thiouracil），阿昔洛韦（acyclovir），叠氮胸腺（zidovudine，AZT）等。这些药物通常通过直接注射到带病毒的植株上，或者加到植株生长的培养基上从而达到病毒脱除的效果（表3）。

表3　病毒抑制剂对各种病毒的脱除效果

病毒抑制剂	病毒类型	培养时间（d）	浓度（mg/L）	脱毒率（%）
利巴韦林	PVS	14~84	73.2	10（Conrad，1991）
	PVY	60	20	55.5（Nascimento et al.，2003）
	PVA，PVM	90	100	100（Yang et al.，2014）
	PVY	135	150	33（Yang et al.，2014）
	PLRV	28	30	54.8（Singh，2015）
叠氮胸腺	PLRV	28	30	30.7（Singh，2015）
阿昔洛韦	PLRV	28	30	30.3（Singh，2015）
硫脲嘧啶	PLRV	28	25	29.8（Singh，2015）

目前利用病毒抑制剂利巴韦林结合热处理脱除马铃薯病毒具有较好的脱除效果，但是低浓度的抑制剂对病毒的脱除效率很低，随着抑制剂浓度的升高，对植株的生长（如株高、鲜重）有明显的抑制作用。

4　超低温脱毒

相对于应用于植物病毒的脱除热处理方法，超低温疗法（cryotheraphy）代表了一种全新的病毒病脱除方法。该方法由Brison等（1997）首次报道用于脱除李痘包病（PPV）。截至目前，超低温脱除保存和脱除病毒已成功地用于脱除马铃薯（Wang et al.，2011）、甘薯（Wang and Valkonen，2008）、柑橘（Ding et al.，2008）、香蕉（Helliot et al.，2002）等植物在内的多种病原菌。

超低温疗法首先应用于超低温贮藏研究。超低温保存方法有二步冷冻法（two-step freezing）、玻璃化法（vitrification）、包埋干燥法（encapsulation-dehydration）、包埋玻璃化法（encapsulation-vitrification）、DMSO滴冻法（droplet freezing）和小滴玻璃化法（droplet-vitrification）等在内的多种低温贮藏方法。

Bajaj（1997）使用了两步二步冷冻法（two-step freezing）首次对马铃薯进行了低温贮藏研究。该方法通过冷冻脱水来降低植物细胞含水量，首先用不同的甘油和蔗糖溶液对块茎芽和腋芽进行低温保护。然后它们在液氮的汽相中慢慢冷却，最后直接在液氮中冷却。利用该方法获得7%～18%的块茎芽和腋芽成活率，再生率高达21%和33%。该方法较为复杂，操作费时，需要昂贵的温度程控仪来控制温度的下降，而且成活率较低（表4）。

表4　超低温（玻璃化）对各种病毒的脱除效果

植物材料	病毒种类	脱毒率（%）	成活率（%）
试管苗茎尖	PVM+PVS	100（Kushnarenko et al.，2017）	—
	PVM	38.6（Kushnarenko et al.，2017）	—
试管苗茎尖	PVY	95（Wang et al.，2006）	85
	PLRV	86（Wang et al.，2006）	85
试管苗茎尖	PVX	59.1（白建明等，2010）	83.6
试管苗茎尖	PVY	83（王子成等，2011）	71.6
	PVS	47（王子成等，2011）	71.6
试管苗茎尖	PVY	80（王彪，2014）	70
	PLRV	90（王彪，2014）	75

玻璃化法（vitrification）是植物冷冻保存的主要方法之一。大多数玻璃化方案采用植物玻璃化溶液2（PVS2）。它是一种包含MS+0.4mol/L蔗糖+30% w/w甘油、15% w/w乙二醇、15% w/w二甲基亚砜（DMSO）的冷冻保护剂混合物。Sarkar（1998）等第一个发表了玻璃化法应用于马铃薯超低温保存，其技术要点是：从幼龄植株中分离出0.5～0.7mm大小的顶端茎尖，然后在半固体培养基（semi-solid medium）+8.7μmol/L GA_3+蔗糖+甘露醇，在滤纸（25℃）上预培养2d。然后将植株茎尖加载到20%PVS2（30min，25℃）中，之后加入60%PVS2（15min，4℃），放置5min。将芽尖分别转移到一个装有0.7ml PVS2的冷冻管中，最后投入液氮中。然后在35℃下在水浴中进行恢复培养，快速复温1min后，用含有1.2mol/L蔗糖MS培养基冲洗冷冻瓶并孵育30min。然后在半固体再生培养基（0.2mol/L蔗糖+5.8μmol/L GA_3+1.0μmol/L BAP+6g/L琼脂+MS）上培养，光照16h/d，在24℃下保持1周。随后，在24℃下将茎尖转移至标准培养基（0.09mol/L蔗糖+2.9μmol/L GA_3+6g/L琼

脂+MS）中进行培养。

与热疗和分生组织培养相比，低温疗法在植株存活率和病毒脱除率方面具有一定的优势，Wang等（2007）发现超低温处理能有效地消除PLRV和PVY，脱除率高达86%和95%，高于分生组织培养热处理，该方法处理茎尖的存活率85%、再生率89%高于分生组织培养和热处理后的分生组织培养，但存活率和再生率与热处理相近。

超低温处理的茎尖再生植株的形态与未处理的植株相似。因此，冷冻疗法将为有效地消除马铃薯病毒提供一种替代方法，并可同时应用于马铃薯种质的长期保存和无病毒植物的生产。

5 电疗法脱毒

在各种脱毒方法中，电疗法已成功地用于从许多重要栽培植物中消除病毒。目前通过电疗法已成功的脱除了豆类常见的花叶病毒（Hormozi-Nejad et al.，2010）、葡萄病毒A（Bayati et al.，2011）以及番茄黄叶卷曲病毒（Falah et al.，2009）等。电疗法也可脱除马铃薯PVA和PVY（Emami et al.，2011）、PVX（Bădărău et al.，2014）和PLRV（Dhital et al.，2008）等。

与传统的热疗和分生组织培养技术相比，电疗法在病毒的脱除和植株再生是最有效的。但研究表明，该方法对病毒的脱除效果受病毒结构、植物基因型等的影响（Emami et al.，2011）。此外电流强度、处理时间也是影响该方法的重要因素，Singh和Kaur（2016）报道了通过电疗法脱除PLRV和PSTVd，增加电流强度和处理时间则提高了病毒脱除率，发现以20mA的电流处理芽尖和茎尖20min可有效的脱除这两种病毒，且对处理的外植体的再生和植株发育没有显著影响（表5）。

表5 电疗法对各种病毒的脱除效果

病毒类型	电流（mA）	处理时间（min）	脱毒率（%）
PVA+PVY	35	20	12.5（Emami et al.，2011）
PVX	100	10	74.3（Bădărău et al.，2014）
PVY	10	5	40（Dhital et al.，2008）
PLRV	20	20	46.7（Singh and Kaur，2016）
PSTVd	20	20	45.9（Singh and Kaur，2016）

6 展望

综上所述，目前应用于马铃薯病毒的脱毒技术多种多样，各有优缺点，不同脱毒方法对不同马铃薯病毒具有选择性，且病毒脱除效果不仅与方法有关，还与病毒的种类与含量、栽培品种等相关。因此，在马铃薯病毒脱除研究中，要综合考虑各种因素，选用适宜的脱毒方法，根据不同马铃薯品种感染的病毒建立更为有效的脱毒技术是未来研究的重点。

参考文献

白建明，陈晓玲，卢新雄，等，2010. 超低温保存法去除马铃薯X病毒和马铃薯纺锤块茎类病毒[J]. 分子植物育种，8（3）：605-611.

陈炜，2010. 三种马铃薯病毒脱毒技术优化研究[D]. 呼和浩特：内蒙古农业大学.

范国权，陈卓，高艳玲，等，2010. 免疫胶体金技术在马铃薯病毒检测上的应用[J]. 黑龙江农业科学（11）：60-62.

黄萍，何庆才，颜谦，2008. 马铃薯不同级别脱毒种薯病毒再侵染情况及产量变化[J]. 贵州农业科学，36（4）：39-40.

林长春，李其文，1989. 马铃薯茎尖脱毒与种质资源试管保存的研究[J]. 马铃薯杂志，3（2）：73-78.

刘华，冯高，2002. 热处理防治马铃薯卷叶病毒的研究[J]. 中国马铃薯，16（6）：340-341.

王彪，2014. 马铃薯茎尖超低温保存与伤害解析及其脱毒效应研究[D]. 杨凌：西北农林科技大学.

王秀英，郭尚，2007. 马铃薯茎尖培养脱毒率的影响因素试验[J]. 山西农业科学，35（1）：39-41.

王子成，曲先，薄涛，2011. 超低温保存脱除两种马铃薯病毒[J]. 河南大学学报（自然科学版），41（6）：609-614.

晏书诚，2017. 中国马铃薯主粮化战略研究[J]. 中国科技信息（5）：103-104.

张新宁，沈效东，王立英，等，2001. 马铃薯脱毒技术研究[J]. 宁夏科技（5）：31-32.

Al-Taleb M M, Hassawi D S, Abu-Romman S M, 2011. Production of virus free potato plants using meristem culture from cultivars grown under Jordanian environment[J]. The American-Eurasian Journal of Agricultural & Environmental Sciences, 11（4）：467-472.

Bădărău C L, Chiru N, Gaceu L, et al., 2014. Effect of some therapies on potato plantlets infected with potato virus X（PVX）[J]. Journal of Ecoagritourism, 10（1）：11-17.

Bayati S, Shamsbakhsh M, Moini A, 2011. Elimination of grapevine virus A（GVA）by cryotherapy and electrotherapy[J]. Journal of Agricultural Science & Technology, 13（3）：443-450.

Brison M, Marie-Thérèse de Boucaud, André Pierronnet, et al., 1997. Effect of cryopreservation on the sanitary state of a cv Prunus rootstock experimentally contaminated with Plum Pox Potyvirus[J]. Plant Science, 123（1-2）：189-196.

Conrad P L, 1991. Potato virus S-free plants obtained using antiviral compounds and nodal segment culture of potato[J]. American Potato Journal, 68（8）：507-513.

Dhital S P, Lim H T, Sharma B P, 2008. Electrotherapy and chemotherapy for eliminating double-infected potato virus（PLRV and PVY）from in vitro plantlets of potato（Solanum tuberosum L.）[J]. Horticulture Environment and Biotechnology, 49（1）：52-57.

Ding F, Jin S, Hong N, et al., 2008. Vitrification-cryopreservation, an efficient method for eliminating Candidatus Liberobacter asiaticus, the citrus Huanglongbing pathogen, from in vitro adult shoot tips[J]. Plant Cell Reports, 27（2）：241-250.

Emami M D, Mozafari J, Babaeiyan N, et al., 2011. Application of electrotherapy for the elimination of potato potyviruses[J]. Journal of Agricultural Science and Technology, 13（6）：921-927.

Falah M, Mozafari J, Sokhandan Bashir N, et al., 2009. Elimination of a DNA virus associated with yellow leaf curl disease in tomato using an electrotherapy technique[J]. Acta Horticulturae（808）：157-162.

Helliot B, Panis B, Swennen R, et al., 2002. Cryopreservation for the elimination of cucumber mosaic and banana streak viruses from banana (*musa* spp.) [M]. Plant Cell Reports, 20 (12): 1 117-1 122.

Hollings M, 1965. Disease control through virus-free stock[J]. Ann Rev Phytopath, 3 (1): 367-396.

Hormozi Nejad M H, Mozafari J, Rakhshandehroo F, 2010. Elimination of Bean common mosaic virus using an electrotherapy technique[J]. Journal of Plant Diseases and Protection, 117 (5): 201-205.

Kushnarenko S, Romadanova N, Aralbayeva M, et al., 2017. Combined ribavirin treatment and cryotherapy for efficient potato virus M and potato virus S eradication in potato (*Solanum tuberosum* L.) *in vitro* shoots[J]. In Vitro Cellular & Developmental Biology-Plant (1): 1-8.

Nascimento L C, Pio Ribeiro G, Willadino L, et al., 2003. Stock indexing and potato virus Y elimination from potato plants cultivated *in vitro*[J]. Sci Agr, 60 (3): 525-530.

Sarkar D, Naik P S, 1998. Cryopreservation of shoot tips of tetraploid potato (*Solanum tuberosum* L.) clones by vitrification[J]. Ann Bot, 82 (4): 455-461.

Singh B, Kaur A, 2016. *In vitro* production of PLRV and PSTVd-free plants of potato using electrotherapy[J]. Journal of Crop Science and Biotechnology, 19 (4): 285-294.

Singh B, 2015. Effect of antiviral chemicals on *in vitro* regeneration response and production of PLRV-free plants of potato[J]. Journal of Crop Science and Biotechnology, 18 (5): 341-348.

Spiegel S, Frison E A, Converse R H, 1993. Recent development in therapy and virus-detection procedures for international movements of clonal plant germplasm[J]. Plant Dis, 77 (12): 1 176-1 180.

Spooner D M, 1990. The potato: Evolution, biodiversity and genetic resources[J]. American Potato Journal, 67 (10): 733-735.

Wang B, Ma Y, Zhang Z, et al., 2011. Potato viruses in China[J]. Crop Protection, 30 (9): 1 117-1 123.

Wang Q C, Valkonen J P T, 2008. Elimination of two viruses which interact synergistically from sweet potato by shoot tip culture and cryotherapy[J]. Journal of Virological Methods, 154 (1-2): 135-145.

Wang Q, Liu Y, Xie Y, et al., 2006. Cryotherapy of potato shoot tips for efficient elimination of potato leaf roll virus (PLRV) and potato virus Y (PVY) [J]. Potato Research, 49 (2): 119-129.

Waswa M, Kakuhenzire R, Ochwo-Ssemakula M, 2017. Effect of thermotherapy duration, virus type and cultivar interactions on elimination of potato viruses X and S in infected seed stocks[J]. African Journal of Plant Science, 11 (3): 61-70.

Yang L, Nie B, Liu J, et al., 2014. A reexamination of the effectiveness of ribavirin on eradication of viruses in potato plantlets *in vitro* using elisa and quantitative RT-PCR[J]. American Journal of Potato Research, 91 (3): 304-311.

抗氧化剂在小孢子培养中的研究进展

汪家礼[1]，黄菲艺[1]，侯喜林[1]，李 英[1*]

（1.南京农业大学园艺系 作物遗传与种质创新国家重点实验室
白菜系统生物学实验室 南京 210000）

摘 要：抗氧化剂是一类能帮助捕获并中和自由基的物质，可以去除自由基对动植物的损害。小孢子培养主要分为游离小孢子培养和小孢子再生植株培养。本综述主要阐述抗坏血酸、谷胱甘肽和褪黑素等抗氧化剂在小孢子培养过程中，对游离小孢子诱导出胚过程中的影响，并分析了抗氧化剂在小孢子胚胎发生过程中的作用。

关键词：抗氧化剂；小孢子；抗坏血酸；胚胎发生

The Research Progress of Antioxidants in Microspore Culture

Wang Jiali[1], Huang Feiyi[1], Hou Xilin[1], Li Ying[1*]

[[1]Systems Biology Lab（Non-heading Chinese cabbage）State Key Laboratory of Crop Genetics and Germplasm Enhancement，Department of Horticulture，the Nanjing Agriculture University，Nanjing 210000，China]

Abstract：Antioxidants are a class of substances that help to trap and neutralize free radicals，thereby eliminating their effects on plants and animals. Microspore culture is mainly divided into two parts，one is the culture of free microspore，the other is the culture of regeneration plants of microspore. In this review，the effects of ascorbic acid，glutathione，brassinolide and other antioxidants on the embryogenesis of isolated microspores in microspore culture were discussed，and the effects of

* 通讯作者：Author for correspondence（E-mail：lyingli@njau.edu.cn） antioxidants on the embryogenesis of microspores were analyzed.

Key words：Antioxidant；Microspore；Ascorbic acid；Embryogenesis

传统育种方法需要自交6~7代才能得到纯合率较高的后代，而小孢子培养只需1~2年就可获得DH群体，大大加快了育种进程。有花植物的第一个单倍体是自然产生的，由Belling和Blakeslee确定（Belling & Blakeslee，1922）。游离小孢子培养是一种重要的单倍体繁殖方式。Tulecke等（1953）首次通过花粉培养得到了银杏（*Ginkgo biloba* L.）的花粉愈伤组织（Pollen calli），但没有获得单倍体植株。1964年Guha和Maheshwari（Guha & Maheshwari，1964）利用花药培养获得了毛曼陀螺的单倍体再生植株。一般认为这是最早通过花药培养得到的单倍体植株。游离小孢子培育单倍体就是在花药培养的基础上建立的。

1973年，Nitsch和Norreel等（1973）利用游离小孢子技术获得了毛曼陀罗的胚及再生植株。自此，游离小孢子培育单倍体技术开始运用于各种植物上。例如，1985年Chuong等（1985）利用小孢子培养技术获得了埃塞俄比亚芥再生植株；1982年Lichter（1982）应用游离小孢子技术获得了橄榄型油菜的胚状体。

我国研究游离小孢子培育技术开始较晚，但发展迅速。1992—1993年，曹鸣庆等（1993）相继获得了大白菜小孢子植株，分析了小孢子成胚的影响因素，取得了一定的成果。之后，各种关于游离小孢子培育成功的报道层出不穷。

1 小孢子出胚的影响因素

小孢子出胚的影响因素有很多，主要有七点。

（1）基因型：目前，我国许多高校竞相开展芸薹属蔬菜小孢子培育的相关研究，其中一个重要原因就是相比于烟草和其他物种需要六周才能出胚，芸薹属蔬菜只需两周就能出胚。刘泽等（2000）运用有性杂交将甘蓝型油菜的高胚胎发生率基因型的胚状体发生能力成功的转移到了低出胚率或无反应的基因型上，证明了遗传因子决定不同基因型间小孢子胚状体诱导率的差异。

（2）供体植株的发育状态：在芸薹属植物中，取蕾时通常应取初花期和盛花期的花蕾，当植株处于末花期时，小孢子的数量会极大减少（在所做的实验中，同一植株上取蕾，盛花期得到的小孢子数量约是末花期的四倍）。

（3）小孢子的发育时期：在芸薹属植物中，通常选择发育时期在单核靠边期和双核早期的小孢子来进行培养，这些时期的小孢子发育成胚的概率最大（曹鸣庆等，1993；申书兴等，1999）。

（4）小孢子密度：进行诱导培养时，小孢子的培养密度也是一个非常重要的因素，过大或过小，都会影响小孢子胚状体的形成。研究表明，小孢子的最佳浓度应10^4~10^5个/ml

（Takahata，1991；方淑桂，2005）。

（5）热激和预冷处理：热激处理的程度和时间段是阶段性的，并且是物种特异的。对于十字花科植物的小孢子而言，32.5℃左右的温度下处理24~48h，能诱导小孢子的孢子体通道，有效触发孢子体途径。而33℃热激处理部分茄科植物超过12h时，小孢子会死亡（Raina & Irfan，1998）。小麦和烟草通过热激处理，也能诱导小孢子的孢子体通道，从而触发孢子体途径（Garrido et al.，1995）；虽然预冷处理小麦（Indrianto et al.，1999）和玉米（Gaillard et al.，1991）的芽和穗提高了胚胎发生的效率，但是单独的预冷处理并不足以使小麦、烟草的小孢子从配子体途径转变为孢子体发育。小麦和胡椒小孢子从低温中释放后，在常温进一步培养过程中开始迅速积累淀粉，最终死亡（Touraev et al.，1996a）。说明热激和预冷相结合处理比单一的热激处理效果更好。

（6）添加剂：在小孢子培养过程中，会添加一些物质促进小孢子的出胚率，如活性炭、激素以及其他诱导因子。研究发现，适当浓度的活性炭能促进芸薹属作物的胚胎发生（Chaterlet et al.，1999；杨安平等，2008）；添加部分植物激素能提高小孢子的胚胎发生，如NAA、6-BA（Patricia et al.，2014；李浩杰等，2009）、小孢子发育至鱼雷型胚，也可能无法发育成幼苗，用ABA处理芸薹属植物中的这类胚胎使其有再次发育成幼苗的可能（Hansen et al.，1994）；低浓度的其他添加物质，如亚硫酸钠、抗坏血酸、抗坏血酸钠、谷胱甘肽等都能促进小孢子出胚（Zeng et al.，2015）。

（7）小孢子的诱导环境：研究表明，诱导小孢子胚胎发生宜使用1/2NLN-13（与NLN-13相比，大量元素减半）或NLN-13培养基来进行培养（Keller et al.，1988；余凤群等，1995）；培养基pH值也是很重要的因素，如大白菜小孢子适宜生长的pH值应为6.2~6.4（Yuan，2012）；小孢子热激后应于温度适宜的条件下暗培养，这有助于胚胎的发生。

2　在诱导过程中小孢子发生的变化

热激之后，能发育成鱼雷形胚的小孢子发生可能途径之一就是：游离小孢子在热激的作用下，触发孢子体途径，从而具有能发育成胚的可能的小孢子，发育成多细胞，然后可能发育成球形胚，而后是心形胚，最后发育成可长成植株的鱼雷型胚和子叶型胚。在这过程中，小孢子可能在任意阶段停止发育，导致夭折，不能发育成鱼雷型胚或子叶型胚。

对大麦个体小孢子和小孢子胚胎发生早期进行观察（Bolik & Koop，1991；Kumlehn & Lörz，1999），发现其中有两类小孢子：一种小孢子细胞胞质丰富，颗粒状，空泡不可见，细胞核位于细胞壁附近；另一种小孢子，胞质较少，呈薄壁排列，可见胞质链穿过大液泡的表层。第一类细胞为胚性小孢子；第二种类型被认为是非胚胎性的，因为在培养过程中，几乎从未在这类细胞中观察到分裂（Bolik & Koop，1991）。

在热激过程中，小孢子中会形成一种高度保守的热激蛋白（HSPs）（Gagliardi

et.al.，1995；Binarova et al.，1997）。研究表明HSPs是小孢子孢子体发育过程中必不可少的一种蛋白。HSPs通过干扰某些必须蛋白的合成，阻断小孢子发育成花粉。在无激素培养基上培养花药或小孢子时，存在着强大的选择压力，只允许真正的胚胎进一步生长。因此，胚胎直接发生是一种较为常见的现象，如烟草的花药和小孢子培养（Touraev et al.，1996a）、芸薹属（Custer et al.，1994）、大麦（Hoekstra et al.，1992）和小麦（Touraev et al.，1996b）等。

3　抗氧化剂对小孢子产生的影响

抗氧化防御是有效小孢子胚胎发生的首要条件。在热激和预冷诱导过程中会产生活性氧（ROS）和一氧化氮（NO）等信号分子介导细胞反应，细胞死亡，改变胚胎性小孢子反应（Rodri et al.，2012）。抗坏血酸（AsA）能够清除由于应激反应而产生的相关ROS，从而改善小孢子的活力（Zeng et al.，2015）。但长久清除ROS将对胚胎发生产生负面影响，这可能是因为ROS在胚胎发育过程中有其他重要的生理作用（Rodri et al.，2012）。因此，低浓度的AsA能够促进胚胎发生，但高浓度的AsA则会产生毒害作用（Heidari et al.，2019）。

在黑小麦小孢子培养中添加适量的谷胱甘肽时，小孢子的活力和胚性小孢子的初始数量没有发生变化，但胚胎样结构的数量增加，这可能是通过刺激其发育的下一个阶段实现的（Iwona et al.，2019）。在小麦小孢子培养中，不仅只是谷胱甘肽，脯氨酸、DMAP和NtBHA等线粒体抗氧化剂也以基因型依赖的方式促进胚胎的形成（Asif et al.，2013）。

褪黑激素通过清除自由基、抗氧化和抑制脂质的过氧化反应保护细胞结构、防止DNA损伤、降低体内过氧化物的含量。褪黑素能够上调番茄花药的转录和多种抗氧化酶的活性，减轻高温下番茄花药中活性氧的产生。由于高温诱导的花粉败育与绒毡层细胞的过早退化以及单核小孢子早期形成细胞核退化的缺陷花粉粒有关，而褪黑素能通过增强热休克蛋白基因的表达来保护细胞器的降解，从而使未折叠蛋白重新折叠，并通过自噬相关基因的表达和自噬体的形成来降解变性蛋白，因此，褪黑素具有保护高温下花粉活性的功能（Zhen-Yu et al.，2019）。这种环境与小孢子前期热激处理相同，可以做出假设：在番茄小孢子培育过程中，添加适量的褪黑素能够在一定程度上促进胚胎的发生。

4　结论

综上所述，小孢子的胚胎发生与多方面因素都有关联，有些因素并不单独影响游离小孢子的胚胎发生，而是和其他因素协同作用，共同促进小孢子胚胎发生。这些因素影响胚胎发生的方式是多种多样的，作用机理各不相同。

抗氧化剂是影响小孢子胚胎发生的外部因素之一，主要是通过以下几个方面来影响胚胎发生：

（1）清除因应激或小孢子生长过程中产生的有害物质；

（2）刺激小孢子向着孢子体途径发育，使小孢子按照正常的胚胎发生途径生长；

（3）作用于某些靶细胞，产生有利于小孢子正常生长或向着胚胎途径发生的有利物质；

（4）修复由于热激等过程而产生的不利影响；

（5）其他作用。

参考文献

曹鸣庆，李岩，刘凡，等，1993. 基因型和供体植株生长环境对大白菜游离小孢子胚胎发生的影响[J]. 华北农学报，8（4）：1-6.

方淑桂，陈文辉，曾小玲，等，2005. 影响青花菜游离小孢子培养的若干因素[J]. 福建农林大学学报（自然科学版），34（1）：51-55.

李浩杰，蒲晓斌，张锦芳，等，2009. 甘蓝型油菜NER游离小孢子培养能力研究[J]. 西南农业学报，22（4）：1 518-1 521.

李岩，刘凡，曹鸣庆，1993. 通过游离小孢子培养方法获得小白菜三个变种的胚胎和植株[J]. 华北农学报，8（3）：92-97.

刘泽，周永明，石淑稳，等，2000. 甘蓝型油菜离体小孢子胚胎发生能力的遗传分析[J]. 作物学报（1）：104-109.

申书兴，赵前程，刘世雄，等，1999. 四倍体大白菜小孢子植株胚胎发生及植株获得率的几个因素研究[J]. 河北农业学报，22（4）：65-68.

杨安平，张恩慧，王莎莎，等，2008. 甘蓝类蔬菜小孢子培养研究进展[J]. 中国农学通报，24（7）：332-335.

余风群，刘后利，1995. 供体材料和培养基成分对甘蓝型油菜小孢子胚状体产生的影响[J]. 华中农业大学学报，14（4）：327-331.

Asif M, Eudes F, Aakash Goyal, 2013. Organelle antioxidants improve microspore embryogenesis in wheat and triticale[J]. In Vitro Cellular & Developmental Biology Plant, 49（5）：489-497.

Belling J, Blakeslee A F, 1922. The assortment of chromosomes in triploid daturas[J]. The American Naturalist, 56（645）：339-346.

Binarova P, Hause G, Vera Cenklová, et al., 1997. A short severe heat shock is required to induce embryogenesis in late bicellular pollen of *Brassica napus* L.[J]. Sexual Plant Reproduction, 10（4）：200-208.

Bolik M, Koop H U, 1991. Identification of embryogenic microspores of barley（*Hordeum vulgare* L.）by individual selection and culture and their potential for transformation by microinjection[J]. Protoplasma, 162（1）：61-68.

Chuong P V, Beversdorf W D, 1985. High frequency embryogenesis through isolated microspore culture in *Brassica napus* L. and *Brassica carinata* Braun[J]. Plant Science, 39（3）：219-226.

Custers J B M, Cordewener J H G, Nöllen Y, et al., 1994. Temperature controls both gametophytic and sporophytic development in microspore cultures of *Brassica napus*[J]. Plant Cell Reports, 13（5）：267-271.

Gagliard D, 1995. Expression of heat shock factor and heat shock protein 70 genes during maize pollen development[J]. Plant Mol Biol, 29（4）：841-856.

Gaillard A, Vergne P, Beckert M, 1991. Optimization of maize microspore isolation and culture conditions for reliable plant regeneration[J]. Plant Cell Reports, 10（2）: 55-58.

Garrido D, Vicente O, Heberle-Bors E, et al., 1995. Cellular changes during the acquisition of embryogenic potential in isolated pollen grains of *Nicotiana tabacum*[J]. Protoplasma, 186（3-4）: 220-230.

Guha S, Maheshwari S C, 1964. *In vitro* production of embryos from anthers of datura[J]. Nature, 204（4 957）: 497-497.

Hansen A L, Plever C, Pedersen H C, et al., 1994. Efficient *in vitro* chromosome doubling during beta vulgaris ovule culture[J]. Plant Breeding, 112（2）: 89-95.

Heidari-Zefreh A A, Shariatpanahi M E, Mousavi A, et al., 2019. Enhancement of microspore embryogenesis induction and plantlet regeneration of sweet pepper（*Capsicum annuum* L.）using putrescine and ascorbic acid[J]. Protoplasma, 256（1）: 13-24.

Hoekstra S, Zijderveld M H V, Louwerse J D, et al., 1992. Anther and microspore culture of *Hordeum vulgare* L. cv. Igri[J]. Plant Science, 86（1）: 89-96.

Indrianto A, Heberle-Bors E, Touraev A, 1999. Assessment of various stresses and carbohydrates for their effect on the induction of embryogenesis in isolated wheat microspores[J]. Plant Science, 143（1）: 0-79.

Iwona Żur, Dubas E, Krzewska M, et al., 2019. Glutathione provides antioxidative defence and promotes microspore-derived embryo development in isolated microspore cultures of triticale（× *Triticosecale* Wittm.）[J]. Plant Cell Reports, 38（2）: 195-209.

Patricia C M, Jose M, Segui-Simarro, 2014. Refining the method for eggplant microspore culture: effect of abscisic acid, epibrassinolide, polyethylene glycol, naphthaleneacetic acid, 6-benzylaminopurine and arabinogalactan proteins[J]. Euphytica, 195（3）: 369-382.

Raina S K, Irfan S T, 1998. High-frequency embryogenesis and plantlet regeneration from isolated microspores of indica rice[J]. Plant Cell Reports, 17（12）: 957-962.

Rodríguez-Serrano M, Bárány I, Prem D, et al., 2012. NO, ROS, and cell death associated with caspase-like activity increase in stress-induced microspore embryogenesis of barley[J]. Journal of Experimental Botany, 63（5）: 2 007-2 024.

Takahata Y, Keller W A, 1991. High frequency embryo genesis and plant regeneration in isolated microspore culture of *Brassica oleracea* L[J]. Plant Science, 74（2）: 235-242.

Touraev A, Indrianto A, Wratschko I, et al., 1996b. Efficient microspore embryogenesis in wheat（*Triticum aestivum* L.）induced by starvation at high temperature[J]. Sexual Plant Reproduction, 9（4）: 209-215.

Touraev A, Pfosser M, Heberle-Bors O V, 1996a. Stress as the major signal controlling the developmental fate of tobacco microspores: towards a unified model of induction of microspore/pollen embryogenesis[J]. Planta, 200（1）: 144-152.

Tuleck W R, 1953. A tissue derived from the pollen of *Ginkgo biloba*[J]. Science, 117（3 048）: 559-600.

Yuan S X, Su Y B, Liu Y M, et al., 2012. Effects of pH, MES, arabinogalactan-proteins on microspore cultures in white cabbage[J]. Plant Cell, Tissue and Organ Culture（PCTOC）, 110（1）: 69-76.

Zeng A, Yan J, Song L, et al., 2015. Effects of ascorbic acid and embryogenic microspore selection on embryogenesis in white cabbage（*Brassica oleracea* L. var. capitata）[J]. Journal of Pomology and Horticultural Science, 90（6）: 607-612.

Zhen Y, Kai X, Meng Y, et al., 2018. Melatonin alleviates high temperature-induced pollen abortion in *Solanum lycopersicum*[J]. Molecules, 23（2）: 386.

马铃薯组织培养中污染和褐化问题
分析及其控制措施

车　妍[1, 2]，刘维刚[2, 3]，唐　勋[1, 2]，李世贵[3]，张　宁[1, 2]，司怀军[1, 2*]

（1.甘肃农业大学生命科学技术学院　兰州　730070；2.甘肃省干旱生境作物学省部共建
国家重点实验室培育基地　兰州　730070；3.甘肃农业大学农学院　兰州　730070）

摘　要：植物组织培养是在适当的无菌培养条件下，对植物组织器官、细胞及原生质体进行离体培养，使其再生成细胞或完整植株的一种生物技术。植物组织培养在基础研究、植物育种及生产实践等方面中均发挥有重要作用，近年来发展较为迅速，已日趋完善。其中，马铃薯组织培养在马铃薯脱毒快繁、马铃薯品质的优化、马铃薯种质资源的大量保存等方面有着较为突出的作用。但马铃薯组织培养过程中存在初接种污染率高、组织褐化、玻璃化等问题一直未能得到有效的解决。本文针对马铃薯组织培养过程中经常出现的污染和褐化问题产生原因及其控制措施进行综述，以期为马铃薯组织培养提供技术参考。

关键词：组织培养；污染；褐化；马铃薯

Analysis and Control Measures of Contamination
and Browning in Potato Tissue Culture

Che Yan[1, 2]，Liu Weigang[2, 3]，Tang Xun[1, 2]，Li Shigui[3]，
Zhang Ning[1, 2]，Si Huaijun[1, 2*]

（[1]College of Life Science and Technology，Gansu Agricultural University，Lanzhou 730070；
[2]Gansu Provincial Key Laboratory of Aridland Crop Science，Gansu Agricultural University，
Lanzhou 730070；[3]College of Agronomy，Gansu Agricultural University，Lanzhou 730070）

基金项目：科技部对发展中国家科技援助项目（KY201901015）；甘肃省现代农业马铃薯产业技术体系项目（GARS-03-P1）；国家马铃薯标准化区域服务与推广平台项目（NBFW-17-2019）

* 通讯作者：Author for correspondence（E-mail：hjsi@gsau.edu.cn）

Abstract：Plant tissue culture is a kind of biotechnology which was used for，organs，cells and protoplasts culture *in vitro* to regenerate cells or complete plants under appropriate aseptic culture conditions. Plant tissue culture plays an important role in basic research，plant breeding and production practice，which has developed rapidly in recent years and has become more and more perfect. Among them，potato tissue culture plays a more prominent role in virus-free and rapid propagation，optimization of potato quality，preservation of potato germplasm resources and so on. However，there are many problems in potato tissue culture，such as high initial inoculation pollution rate，tissue browning，vitrification and so on. In this paper，the causes and control measures of pollution and browning in potato tissue culture were reviewed in order to provide technical for potato tissue culture.

Key words：Tissue culture；Contamination；Browning；Potato

马铃薯（*Solanum tuberosum* L.）属茄科茄属，块茎可供食用，是世界上仅次于小麦、水稻、玉米的重要粮食作物（罗其友等，2015）。在生产中，马铃薯的品质退化严重，其主要原因是在种植过程中不断受到病毒的危害，并代代相传不断累积（梁秀芝，2017）。脱毒马铃薯主要是通过组织培养途径，建立无病毒生产体系，是目前最有效防止品质退化的方法（谭体琼等，2009）。利用外植体组织培养获得脱毒苗，马铃薯实验研究提供有利的实验材料。本文针对马铃薯组织培养过程中经常出现的污染、褐化等问题的产生原因和控制措施进行了综述。

1 污染现象与措施

在组织培养整个过程中，污染是一个普遍存在的现象，污染率高会使组培的成本增加，甚至造成巨大损失（夏静波，2012）。污染是马铃薯组织培养中需要解决的重要问题，它直接影响组培苗产量，如果在组培过程中的污染问题控制不好，会导致组培苗大幅度减少，重者全部被污染（黄萍等，2003）。因此采取有效的防控措施，降低污染率，是组织培养成功的重要保障（胡凯等，2007）。

1.1 污染来源

1.1.1 外植体污染

在众多污染途径中，外植体携带微生物是最常见且不易解决的问题（胡凯等，2007；Tasiu Isah et al.，2015）。外植体长期暴露于大田中，易于菌类的滋生和繁殖，有的甚至能够侵入组织内部。而消毒杀菌过程中，由于外植体表面有角质和表皮粗糙致使消毒杀菌不彻底（张晓义等，1989）。同时也因为外植体的幼嫩，消毒杀菌时间不宜过长，防止由于杀菌消毒时间过长导致外植体死亡。

1.1.2 培养基污染

培养基经过高压蒸汽灭菌由于时间、压力的不充足，导致耐高温的细菌类物质依旧存活于培养基中。培养基灭菌完成并没有室温放置数天观察是否染菌就直接进行接种，进一步增加染菌率。培养基包扎不完整，使杂菌、灰尘从瓶口进入增加培养基被污染概率。

1.1.3 接种室与接种器械污染

接种室、组培室空气中的杂菌，操作人员说话，拿实验材料将外部的杂菌随之带入操作台。操作人员接触实验材料的身体部位消毒不彻底，实验器材剪刀、镊子、培养皿消毒灭菌不彻底，进行操作时使培养基染菌。

1.2 防治措施

1.2.1 接种前消灭污染源

接种室、培养室要定期使用75%酒精进行喷洒做到降尘（田成津，2012），每天按时对接种室实验垃圾进行清理，保持接种室的清洁无杂菌。无菌操作台内不可堆放过多实验材料，影响操作台通风。操作台在使用前，将实验所需的器材用75%酒精喷施表面后放入操作台，紫外照射20～30min后使用。接种过程中，需要对已经高压灭菌后的镊子、剪刀及用到的工具进行灼烧灭菌。接种过程中用75%酒精喷湿双手，时刻保持无菌。

配置培养基要使用蒸馏水，培养基原液出现絮状沉淀则应该重新配置。培养基灌装干净，封口要及时，避免空气中更多的灰尘、杂菌落入培养基中。包扎培养基时，要使用合适大小的棉塞与配套的牛皮纸。培养基规范操作放入高压蒸汽灭菌锅，在压力升到$0.5kg/cm^2$打开排气阀将冷空气排净后关闭排气阀。保证灭菌锅温度在120～121℃下20～25min，灭菌时间不超过30min，以防止培养基成分发生变化（杨萍等，2005）。灭菌完成，将培养基置于室内2～3d，选择未染菌的培养基进行接种试验（夏静波，2012）。

1.2.2 外植体表面消毒

外植体消毒灭菌是马铃薯组织培养中必须重视的环节，否则就会影响后续培养工作。大田采集的外植体，先要用自来水冲洗干净，然后根据材料的不同，选用不同的药剂，进行不同时间的表面消毒灭菌（田成津，2012）。

外植体表面灭菌剂既要有效杀死微生物，又不能损伤植物组织。选取灭菌剂种类及灭菌方法是成功进行组织培养的关键。常用的灭菌剂有酒精、升汞（氯化汞）、次氯酸钠、漂白粉、双氧水等（谢春霞等，2014）。消毒药物的种类、浓度和处理时间对污染率都会有影响，常用的方法用70%的乙醇消毒10s，无菌水冲洗3～4次，再用0.1%的升汞或0.5%的次氯酸钠溶液消毒4～6min，无菌水冲洗3～5次后备用（李娟等，2004）。75%乙醇、0.1%氯化汞、0.1%高锰酸钾等6种消毒剂消毒灭菌效果比较中发现0.1%氯化汞处理6min的消毒灭菌效果最好，成活率为83.3%（杜连彩，2014）。适当增加消毒时间，能提高消毒效果，实验发现0.1%的氯化汞水溶液消毒桑树冬芽及郁金香球茎时，时间从10min延长至

15min，污染率均降低（张晓义等，1989）。在灭菌剂中添加适量表面活性剂可提高灭菌剂的灭菌效果，如添加吐温80的次氯酸钠溶液的灭菌效果要高于不添加吐温80的次氯酸钠溶液。选择合适的消毒药及消毒时间能有有效的消除外植体表面的杂菌，并减少消毒药剂本身对外植体的损伤，提高外植体的生长率（谢春霞等，2014）。

2 褐化

2.1 褐化产生的原因

在组织培养过程中褐化经常发生，褐化多与多酚氧化酶（PPO），过氧化物酶（POD）和苯丙氨酸解氨酶（PAL）有关（Kim et al.，2014）。PPO和POD是伤口响应酶，在植物受损后将酚类底物氧化成棕色物质（Zhou et al.，2015），PAL通过将苯丙氨酸催化成苯乙烯酸生成酚醛基质，抑制其他酶的活性，致使外植体的死亡（Suttirak W et al.，2010）。初代培养时外植体褐化率较高。褐化现象不仅影响外植体与继代植株的正常生长，而且还影响愈伤组织的诱导，进而对组培效率和组培苗的质量产生严重影响（王小敏等，2009）。

2.2 褐化防治

2.2.1 外植体的选择

首先要选择培养材料的基因型和生理状态，因为不同植物种类和品种在组织培养中发生褐变的频率和程度都存在很大的差别（翟晓巧，2008）。外植体的大小也是一个重要的因素，（方贯娜等，2017）研究表明外植体越大，相对创伤面积就越小，褐类物质的分布密度就越小。

外植体的生理状态也会影响组织培养的褐化率，在叶片愈伤组织的诱导中发现，幼嫩的叶片继代培养易死亡；较老的叶片易老化且生长缓慢，随着继代时间的延长褐化严重，因此选用植株中刚完全展开的叶片较好（李娟等，2004）。在黑莓外植体的选择中，选取1年生半木质化枝条中部茎段为外植体，褐化级别最高（4.60），褐化率也最高，达89.33%；而选取1年生半木质化枝条的上部茎段为外植体，褐化率最低，仅为19.67%，褐化级别也最低（王小敏等，2009）。外植体组织受伤程度会直接影响褐变，处理时尽可能将伤口整齐切割并减小受伤面积可有效减轻褐变（肖小君等，2017）。

不同品种愈伤组织褐化率差异明显（Vila et al.，2004；李娟等，2004），采用分化培养基（MS+6-BA 2.25mg/L+GA₃ 5.0mg/L+蔗糖3%+琼脂0.7%）对"Favorite""东农303""Sharpdy""鄂1号"4个马铃薯品种的叶片愈伤组织进行诱导分化，只有"鄂1号"诱导形成少量芽，其他3个品种的愈伤组织均褐化死亡。

2.2.2 适宜的培养基及培养条件

培养基成分、蔗糖含量，以及培养环境的温度和光照，能够影响植株的正常生长。

在黑莓外植体的实验中发现，MS、B5和N6三种基本培养基上外植体的褐化率均高于各自的1/2培养基。而MS培养基的褐化率相对低于B5和N6，使用MS基本培养基可有效减轻黑莓外植体的褐化（王小敏等，2009）。建议7~10d更换一次培养基，既可及时清除积累的醌类，又防止外植体因有毒物质的沉积而影响植物组织生长。同时，将温度控制在15℃左右，黑暗或者弱光培养。可以减少酚类的累积，降低褐化率，益于实验的进行（龚晓洁，2009）。研究表明光照强度为2 000lx时，褐化率最低（19%），光照强度大于2 500lx时，褐化率达100%，褐化程度高。25~26℃培养外植体褐化较轻，褐化率为17.5%（杜建中等，2004）。但温度超过30℃时，褐化现象就比较严重，褐化率为100%。

2.2.3 防褐剂的选择

培养基中加入防褐剂可以有效减轻褐化，常用的抗褐化剂有活性炭（active carbon，AC）、V_C、$AgNO_3$、聚乙烯吡咯烷酮（polyvinylpyrrolidone，PVP）及柠檬酸（citric acid）等（吕宗友等，2011），但不同防褐剂的效果不同。在研究中发现培养基中活性炭、V_C、PVP、硝酸银的添加量分别为0.15g/L、0.35g/L、0.16g/L、0.01g/L时，褐化率最低，褐化的防治效果依次为：PVP、硝酸银、V_C、活性炭、柠檬酸（吕宗友等，2011）。添加防褐剂后，马铃薯外植体愈伤组织较对照组褐化率有明显下降，出现褐化的时间有所延长（龚晓洁，2009），其中2.0g/L硫代硫酸钠、8.0mg/L柠檬酸的防褐效果最好，其次为2.0g/L维生素C、0.8mg/L活性炭。

3 小结

近年来，马铃薯组织培养技术发展很快。通过离体培养和遗传转化进行马铃薯遗传改良，已成为马铃薯分子育种的重要方面（王永锋等，2004）。目前，通过组织培养进行植株的再生，大部分仍局限于外植体生理状态、基因型以及激素种类、剂量的影响，培养基的成分以及培养条件等方面的研究报道较少，马铃薯组织培养污染及褐化是当前最主要的问题。在今后的研究中可以比较不同基因型、不同生理状态的外植体进行组织培养，尝试不同激素配比和不同培养条件，以期加速马铃薯组织培养的进程，为今后马铃薯的育种、栽培及其规模化生产奠定技术基础。

参考文献

陈罡，2017. 林木组培快繁技术中常见问题及对策[J]. 防护林科技（4）：100-102.

杜建中，王景雪，孙毅，等，2004. 影响芸苔属植物（Brassica）组织培养过程中外植体褐化的因素[J]. 山西农业科学（1）：29-32.

杜连彩，2014. 马铃薯芽外植体消毒灭菌试验研究[J]. 种子，33（10）：78-80.

方贯娜，庞淑敏，2012. 马铃薯愈伤组织再生体系的研究进展[J]. 中国马铃薯，26（5）：307-310.

龚晓洁，2009. 几种防褐剂对马铃薯愈伤组织培养褐化现象的抑制效应[J]. 安徽农业科学，37（22）：10 410-10 412.

胡凯，张立军，白雪梅，等，2007. 植物组织培养污染原因分析及外植体的消毒[J]. 安徽农业科学（3）：680-681.

黄萍，颜谦，童安毕，等，2003. 马铃薯茎尖培养及快速繁殖抗污染的效果研究[J]. 贵州农业科学（3）：44-46.

李娟，程智慧，张国裕，2004. 马铃薯叶片高效再生体系的建立[J]. 西北植物学报（4）：610-614.

梁秀芝，李荫藩，郑敏娜，等，2017. 4种马铃薯脱毒组培苗繁殖效率分析[J]. 山西农业科学，45（5）：756-758.

罗其友，刘洋，高明杰，等，2015. 中国马铃薯产业现状与前景[J]. 农业展望，11（3）：35-40.

吕宗友，苏衍菁，赵国琦，等，2011. 不同防褐化措施对苏丹草愈伤诱导以及抗褐化的效果研究[J]. 草业学报，20（3）：174-181.

蒲秀琴，2014. 3种青海省主栽马铃薯外植体的组织培养和植株再生[J]. 江苏农业科学，42（4）：52-54.

谭体琼，艾勇，鲍菊，等，2009. 马铃薯脱毒试管苗简化培养、低成本扩繁技术研究[J]. 种子，28（1）：85-87.

田成津，2012. 马铃薯组培中污染原因及解决对策[J]. 农业科技与信息（1）：35-36.

王小敏，吴文龙，李海燕，等，2009. 黑莓外植体褐化影响因素分析及适宜培养条件筛选[J]. 植物资源与环境学报，18（3）：63-68.

王永锋，栾雨时，2004. 马铃薯转基因研究进展[J]. 中国马铃薯（4）：227-231.

夏静波，2012. 浅析马铃薯组织培养中的污染原因及控制措施[J]. 农业科技通讯（8）：159-161.

肖小君，罗潼，王芳，2017. 木本植物组织培养过程中褐变现象及控制措施的研究进展[J]. 江苏农业科学，45（16）：20-24.

谢春霞，尹明芳，陶彩丽，2014. 次氯酸钠加吐温80对马铃薯外植体的灭菌比较试验[J]. 中国马铃薯，28（5）：273-276.

杨萍，张涛，2005. 马铃薯脱毒试管苗接种污染原因及防除技巧[J]. 内蒙古农业科技（S2）：21-24.

翟晓巧，2008. 木本植物组织培养褐化控制策略[J]. 河南林业科技（1）：38-40.

张晓义，王利民，张小平，1989. 植物外植体无菌培养技术的研究[J]. 华北农学报（S1）：116-119.

Kim D H, Kim H B, Chung H S, et al., 2014. Browning control of fresh-cut lettuce by phytoncide treatment[J]. Food Chemistry, 159（15）：188-192.

Suttirak W, Manurakchinakorn S, 2010. Potential application of ascorbic acid, citric acid and oxalic acid for browning inhibition in fresh-cut fruits and vegetables[J]. Walailak Journal of Science & Technology, 7（1）：5-14.

Tasiu I, 2015. Adjustments to *in vitro* culture conditions and associated anomalies in plants[J]. Acta Biologica Cracoviensia s. Botanica, 57（2）：9-28.

Vila S K, Rey H Y, Mroginski L A, 2004. Influence of genotype and explant source on indirect organogenesis by *in vitro* culture of leaves of *Melia azedarach* L[J]. Biocell, 28（1）：35-41.

Zhou D, Li L, Wu Y, et al., 2015. Salicylic acid inhibits enzymatic browning of fresh-cut Chinese chestnut（*Castanea mollissima*）by competitively inhibiting polyphenol oxidase[J]. Food Chemistry, 171（15）：19-25.

植物胚胎发生过程中DNA甲基化的研究进展

陈晓慧，霍 雯，申 序，李晓斐，张梓浩，林玉玲，赖钟雄*

（福建农林大学园艺植物生物工程研究所 福州 350002）

摘 要：DNA甲基化是一种稳定、可逆的表观遗传形式，参与细胞分化、基因印迹、基因组稳定以及X染色体失活等生物过程，因此对植物生长发育及抵抗胁迫等过程中DNA甲基化的研究具有非常重要的意义。本文概述了植物DNA甲基化的建立、维持和擦除的动态调控机制，并阐述了DNA甲基化在植物生长发育、胚胎发生过程以及生物和非生物胁迫等方面的作用，旨在深入了解DNA甲基化对植物的影响。

关键词：DNA甲基化；植物生长发育；植物胚胎发生；生物及非生物胁迫

Advances in Study of DNA Methylation in Plant Embryogenesis Development

Chen Xiaohui，Huo Wen，Shen Xu，Li Xiaofei，Zhang Zihao，
Lin Yuling，Lai Zhongxiong*

（Institute of Horticultural Biotechnology，Fujian Agriculture and
Forestry University，Fuzhou 350002，Fujian，China）

Abstract：DNA methylation is a stable and reversible epigenetic modification involved in various biological processes such as cell differentiation，genetic imprinting，genomic stabilization，and X chromosome inactivation. It is of great importance to study the DNA methylation during plant development and response to environmental signals. In this review，we summarize the dynamic regulation of

基金项目：国家自然科学基金（31572088）；福建省高校学科建设项目（102/71201801101）；福建农林大学科技创新基金（CXZX2017189，CXZX2018076）

* 通讯作者：Author for correspondence（E-mail：laizx01@163.com）

establishment，maintenance and active-removal of DNA methylation；the roles of DNA methylation in plant development and plant embryogenesis；and the involvement of DNA methylation in plant responses to biotic and abiotic stress conditions；which aims to better understand DNA methylation in plants.

Key words：DNA methylation；Plant development；Plant embryogenesis；Biotic and abiotic stress

由于植物无法逃离生长的环境，它们往往需要应对多变且不利的生长条件。表观遗传调控机制可以实现对染色质结构和基因表达的调控，从而使植物能够在不可预测的环境中成功存活和繁殖。DNA甲基化，组蛋白修饰和非编码RNA调控是主要的表观遗传修饰。

DNA甲基化是在DNA甲基转移酶的催化下，利用S-腺苷蛋氨酸（SAM）提供的甲基，将胞嘧啶第5位碳原子甲基化，从而使胞嘧啶转化为5甲基胞嘧啶（m^5C）。DNA甲基化在参与细胞分化、基因印迹、基因组稳定以及X染色体失活（Smith & Alexander，2013；Wu & Zhang，2014）等生物过程中发挥着重要的作用。因此对植物生长发育及抵抗胁迫过程中DNA甲基化的研究具有非常重要作用。现对植物DNA甲基化的建立、维持和擦除的发生机制，DNA甲基化在植物生长发育、胚胎发生过程以及生物和非生物胁迫等方面的作用进行综述。

1 植物DNA甲基化的调控机制

特定的DNA甲基化是从头甲基化（RdDM）、维持甲基化和去甲基化的动态调节的结果，其过程由各种不同的调节途径靶向的酶催化（Zhang et al.，2018）。

1.1 从头甲基化

在植物中，DNA从头甲基化是通过RdDM途径介导的，其涉及小干扰RNA（siRNA）、支架RNA以及一系列蛋白质。RdDM通路是植物特有的，因为整个通路围绕着两个植物特有的与RNA聚合酶II（POL II）相关的酶，分别是聚合酶IV（POL IV）和聚合酶V（POL V）。目前拟南芥RdDM途径主要有两类分别是经典的RdDM途径（图1）和非经典的RdDM途径（图2）。

经典的RdDM途径认为：RdDM途径主要包括3步骤：（1）POL IV依赖的siRNAs的产生。首先SAWADEE HOMEODOMAIN HOMOLOGUE 1酶（SHH1）通过结合组蛋白H3赖氨酸9三甲基化（dimethylated histone H3 lysine 9，H3K9me3），并招募染色质重塑因子CLASSY1（CLSY1）和POL IV，当POL IV结合到DNA后就会转录单链RNAs（ssRNAs），ssRNAs在RNA依赖RNA聚合酶2（RDR2）介导下产生双链RNA（dsRNA）。dsRNA在DICER-LIKE 3（DCL3）酶的作用下被切割成24nt siRNAs。（2）POL V介导的从头甲基化。siRNAs在HEN1的作用下发生3'-OH甲基化后装载到

AGO4。AGO4通过碱基配对的方式识别POL V转录的200nt的支架RNA（scaffold RNA）siRNAs，在这个过程中AGO4需要通过KOW DOMAIN-CONTAINING TRANSCRIPTION FACTOR（KTF1）来识别POL V的大亚基NUCLEAR RNA POLYMERASE E（NRPE1）进而靶定到POL V的转录位点上，接着RNA-DIRECTED DNA METHYLATION 1（RDM1）通过连接AGO4和DRM2来催化DNA的从头甲基化。（3）染色体重塑。POL V转录产生的RNAs能够被IDN2-IDN2 PARALOGUE（IDP）复合物识别，而IDN2-IDP复合物可以和SWI/SNP复合物相互作用进而调整核小体的位置，随后组蛋白在SUPPRESSOR OF VARIEGATION 3-9 HOMOLOG PROTEIN 4（SUVH4）、SUVH5和SUVH6的作用下被甲基化（Law & Jacobsen，2010；Pikaard & Mittelsten Scheid，2014；Zhang et al.，2018）。

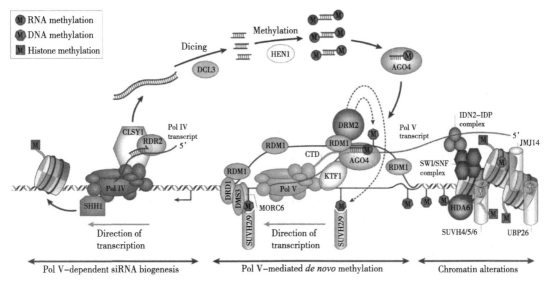

图1　植物经典RdDM途径（Matzke & Mosher，2014）

在植物中还存在非经典的RdDM途径。简单的来说，非经典的RdDM途径主要分为三个步骤：（1）为21～22nt siRNAs的产生；（2）POL II-RDR6依赖的RdDM转录水平基因沉默（transcriptional gene silencing，TGS）的建立；（3）通过POL IV不断生成siRNAs，以及通过不依赖siRNAs途径的DNA甲基转移酶如MET1和CMT3等途径增强DNA胞嘧啶甲基化修饰的TGS（Matzke & Mosher，2014）。如图2所示，在拟南芥PTGS中，一个新插入的转座子最初是活跃的，由RNA聚合酶II（POL II）转录产生ssRNAs，并在RDR6酶的作用下生成dsRNAs，随后被DCL2或者DCL4蛋白切割成长度为21～22nt的siRNAs。这些siRNAs装载到AGO1蛋白上，通过碱基配对方式识别目标mRNAs，从而在转录后水平降解和抑制基因表达，这就是转座子转录本上一种典型的PTGS的基因调节模式。与经典RdDM途径不同的是一些21～22nt siRNA也可以通过依赖于DRM2、POL V和AGO2途径来触发低水平的DNA甲基化。同时，非经典的RdDM途径产生的DNA甲基化位点也能够招募POL IV产生ssRNAs并启动经典的RdDM途径（Law & Jacobsen，2010）。

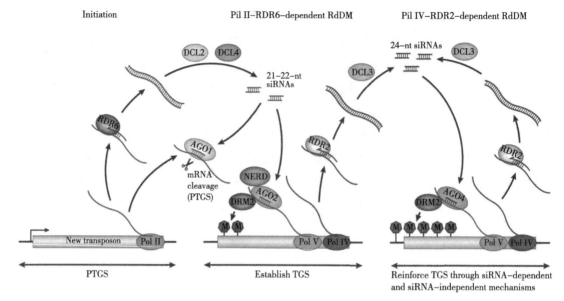

图2 非植物经典RdDM途径（Matzke and Mosher，2014）

1.2 维持甲基化

植物存在CG、CHG和CHH三种甲基化形式（其中H是A，C或T）（Lister et al.，2008；Zhang et al.，2006），并由不同调控机制的DNA甲基化酶催化。

CG胞嘧啶甲基化由甲基转移酶1（METHYLTRANSFERASE1，MET1）维持，MET1是哺乳动物DNA胞嘧啶5-甲基转移酶1（DNA cytosine-5-methyltransferase 1，DNMT1）的同源物，它识别DNA复制后半甲基化的CG二核苷酸，并将子链中未修饰的胞嘧啶甲基化（Kankel et al.，2003；He et al.，2011）。

CHG甲基化的维持主要由染色质甲基化酶3（CHROMOMETHYLASE 3，CMT3）催化，而少部分由CMT2催化，CMT是植物特有的甲基转移酶。CMT3/2的chromo域能够与赖氨酸9上二甲基化的组蛋白H3结合（H3K9me2）。反过来甲基化的CHG为H3K9甲基转移酶SUVH4/5/6的SET-AND-RING-ASSOCIATED（SRA）域提供了一个结合位点，导致H3K9二甲基化。因此，CMT3/2和SUVH4/5/6构成了一个自我增强的循环，其中CHG的甲基化和H3K9me2修饰的表观遗传标记通过反馈调节通路相互增强（Law & Jacobsen，2010；Zhang et al.，2018）（图3）。

CHH甲基化由DRM2或CMT2维持。DRM2维持RdDM靶向区域的CHH甲基化，这些区域主要位于进化上年轻的转座子、短转座子和常染色体臂的其他重复序列，以及通常的位于异染色质区域的长转座子的边缘区域（Huettel et al.，2014；Zemach et al.，2013）。而CMT2催化CHH甲基化区域主要在含有组蛋白H1的异染色质上，而这些区域并不存在RdDM（Zemach et al.，2013）。

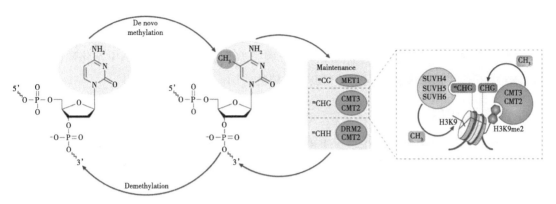

图3　植物DNA甲基化的动态调控（Zhang et al.，2018）

1.3　DNA去甲基化

　　植物中还存主动的和被动的DNA的去甲基化过程，被动DNA去甲基化由于缺少DNA甲基转移酶活性或缺乏甲基供体导致DNA在复制时无法维持甲基化，而主动去甲基化过程主要是由DNA糖基化酶启动并擦除DNA甲基化作用的结果。植物基因组的DNA糖基化酶可以识别并直接移除DNA序列上甲基化的胞嘧啶，该过程是由一类具有双功能的5-mC DNA糖基化酶-脱嘌呤/脱嘧啶裂解酶碱基切除修复机制（base excision repair，BER）启动主动DNA去甲基化（图4）。在拟南芥中已经发现了三种主要的DNA糖基化酶，分别是REPRESSOR OF SILENCING 1（ROS1）、DEMETER（DME），和DEMETER-LIKE蛋白（DML1）、DML2和DML3（Zemach et al.，2013；Gong et al.，2012）。

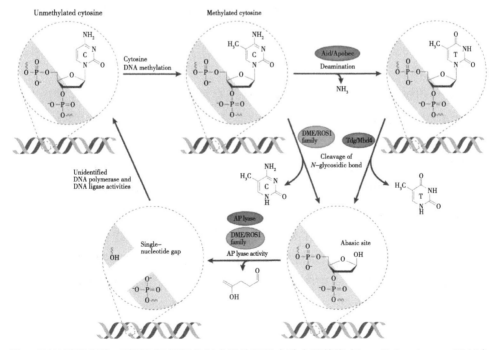

图4　DNA糖基化酶——碱基切除修复机制介导的DNA主动去甲基化（Law & Jacobsen，2010）

2 植物生长发育过程中DNA甲基化研究

在植物整个生命周期中，不同组织或细胞类型都受到严密的DNA甲基化调控，体现了DNA甲基化在植物生长过程中具有极其重要的作用。

2.1 亲本印迹和种子发育

开花植物经历花粉中的两个精子细胞分别与卵细胞和中央细胞的双重受精，从而在种子内产生胚胎和胚乳。与胚胎相比，水稻和拟南芥的胚乳整体DNA甲基化水平较低（Hsieh et al.，2009）。在拟南芥中，这主要是由于拟南芥在雌配子的中央细胞中DME特异表达并导致主动的去甲基化。另外，在植物中，胚乳中的母体基因组的甲基化程度低于父本基因组，尤其是CG类型的甲基化形式。这种DNA甲基化差异与基因印迹密切相关（Gehring et al.，2009）。基因印迹是指子代中某些特殊位点的基因仅表达来自父源或母源的等位基因，而对应的另一个等位基因表现为转录沉默。在拟南芥中，很多母体表达基因（maternally expressed genes，MEGs），例如拟南芥*MEA*、*FIS2*和*FWA*转录因子基因均存在亲本印记现象，这些印迹基因的表达由不同亲本来源的等位基因调控区的差异性DNA甲基化（differentially methylated region，DMR）造成（Gutiérrez-Marcos et al.，2006；Rea et al.，2012）。

此外，瑞士日内瓦大学的研究团队曾发现，休眠水平的母系遗传是通过种子休眠的负调控基因*ALLANTOINASE*（*ALN*）的母本等位基因在胚乳的表达来实现的；同时，他们还发现，种子发育过程中的低温抑制了种子包括ALN在内的许多*MEGs*基因的表达，显着增加了拟南芥种子的休眠水平，表明DNA甲基化在种子休眠中发挥作用（Iwasaki et al.，2019）。

2.2 营养生长

植物分生组织含有干细胞，而干细胞是所有组织和器官的来源。在拟南芥中，分生组织中RdDM因子的转录水平高于其他组织，例如胚轴或分化的叶片（Baubec et al.，2014）。对根分生组织中不同细胞类型进行比较表明，小柱细胞的DNA甲基化水平最高，这可能是因为这些细胞具有较少的浓缩的着丝粒染色质，这使得更容易接近RdDM因子（Kawakatsu et al.，2016）。这反映了RdDM因子在分生组织功能中的重要作用。

水稻茎尖分生组织发育成叶片的过程中，许多发育基因受到SET DOMAIN GROUP PROTEIN 711（SDG711）依赖的H3K27me3抑制调控。另外，生物化学实验显示SDG711能够与DRM2直接互作。对水稻DRM2的突变体研究表明，SDG711依赖的H3K27me3与水稻DRM2催化的非CG类型（即CHG和CHH）的DNA甲基化在基因体（gene body）中共同存在。同时，水稻DRM2的突变体中，SDG711与染色质结合能力减弱及H3K27me3在参与基因的修饰下降，提示在水稻叶片中H3K27me3和DNA甲基化共同参与了基因的调控（周少立，2017）。

2.3 果实成熟

苹果果实表皮花青素的积累与*MYB10*基因启动子DNA甲基化水平呈负相关。在全基因组水平上，发现发育中的苹果果实与叶片相比呈现更高的CHH甲基化，并且同基因果实间的比较表明，DNA甲基化水平较低与果实尺寸较小之间存在关联（Daccord et al.，2017；El-sharkawy et al.，2015；Telias et al.，2011）。最近研究发现DNA去甲基化酶DML2表达上调导致番茄在成熟过程中DNA甲基化水平整体下降，并且在功能缺失的dml2番茄突变体中，果实不能成熟（Liu et al.，2015）。而非呼吸跃变型果实——柑橘中成熟过程呈现与番茄成熟过程相反的变化趋势，即DNA甲基化水平上调现象。对番茄果实成熟过程进一步研究发现，表达有差异的基因与DNA甲基化的变化有很强的相关性，而表达没有差异的基因与DNA甲基化的变化不存在强相关性。通过GO功能分析发现，被甲基化调控的差异表达基因对果实成熟过程十分重要，例如参与光合作用，以及ABA合成及其信号响应等基因。进一步分析柑橘果实的小RNA水平，发现甲基化变化区域有明显的小RNA的富集，因此这些区域的甲基化形成与RNA介导的DNA甲基化通路相关（Huang et al.，2019）。

3 植物胚胎发生过程中DNA甲基化作用的研究

越来越多证据表明，植物体胚发生过程中基因表达的时空特异性不仅由特异的DNA序列控制，还受表观遗传调控，其中最重要的修饰之一就是DNA甲基化。

在哺乳动物中，生殖系细胞的世代循环过程中，基因组的全局DNA甲基化主要经历了原始生殖细胞阶段的擦除，配子发生阶段的重建和植入前胚胎期的擦除和重建（Heard & Martienssen，2014）。那植物生殖细胞是否经历类似甲基化重编程？因此，植物生殖细胞的甲基化重编程事件也是一个值得研究的问题。

研究者通过比较4日龄早期胚胎和10日龄成熟胚胎中DNA甲基化的动态性变化，发现在成熟胚胎中总DNA甲基化增加，其原因主要是CHH甲基化升高引起。进一步分析发现，CHH甲基化在早期和成熟胚胎中的差异在富含转座子，基因缺乏的pericentromeric区域中最为明显，表明胚胎发育时染色体有着不同的甲基化动力学（Bouyer et al.，2017）。另一项研究胚胎/种子发育和萌发过程中全基因组DNA的甲基化、基因表达和小RNA表达的变化，他们发现超过24 000个基因在萌发过程中与干种子相比差异表达，其中许多基因具有光或根相关功能。同时，具有RNA剪接和组蛋白功能的基因在干种子中高度表达。事实上，观察到转录物的广泛选择性剪接，并且在发芽过程中可能对转录组重编程有很大贡献。在一段时间内RNA表达数据有助于重建在发芽过程中调节基因表达的复杂网络。在发芽时间过程中，还有超过10 000个sRNA位点被差异调节。其中大多数发现与转座因子和基因组中差异甲基化区域重叠，尤其是那些CHH甲基化缺失的区域。这一切都表明在萌发中在这些基因座处看到的甲基化和表达模式是由于RdDM途径活性的变化（Narsai et al.，2017）。

Kawakatsu及其同事为了在植物中寻找单基因决定的种子甲基化组织。他们将种子、胚胎发育和发芽3个阶段的材料进行相比，发现发育中的胚胎中CHH甲基化增加，在干种子中达到峰值，而胚胎发育和萌发中大部分甲基化的CHH位点与转座因子重叠。使用缺乏甲基化/去甲基途径功能组分的植物，他们发现RdDM和CMT2途径都是活跃的并且在种子发育过程中需要DNA甲基化。其他DNA甲基化途径的组分在干燥前有活性，且只有DRM2在整个过程中有活性，包括种子干燥时。在发芽过程中，基因组去甲基化独立于DNA去甲基化酶而发生，因为在这个阶段这些酶表达很弱或根本不表达，并且观察到在细胞分裂过程中可能发生被动地去甲基化（Kawakatsu et al.，2017）。

此外，在植物体胚发生过程中的DNA甲基化研究发现，一定程度的DNA甲化有利于植物体胚的正常发育，对拟南芥在MET1和CMT3中功能缺失突变研究发现其胚胎发育异常（细胞分裂平面和数量明显改变），并且胚胎生存能力降低，说明DNA甲基化对拟南芥的胚胎发生起着非常关键的作用（Xiao，2006）。植物体细胞胚发生受到DNA甲基化调控，而DNA甲基化等植物体细胞胚发生过程均有DNA甲基化的参与。又受生长素调控，生长素调控DNA甲基化以S-腺苷甲硫氨酸（SAM）和S-腺苷半胱氨酸（SAH）为媒介。当培养基中除去2,4-D时，乙烯合成减少，导致SAM和SAM/SAH比率增加，从而促进DNA甲基化增加（Jo et al.，2014）。因此在球形胚期去除2,4-D DNA甲基化减少，但在鱼雷形胚和植株生长期急剧上升，说明体细胞胚发生过程伴随着DNA甲基化水平变化。研究发现柑橘不同品种间愈伤组织间具有明显的DNA甲基化差异，具有细胞胚发生能力的愈伤组织的甲基化水平较失去体细胞胚发生能力的低，说明胚性愈伤组织通过DNA去甲基化致使部分基因选择性表达（郝玉金和邓秀新，2002）。对刺五加研究发现胚性愈伤组织具有很低的甲基化水平，而非胚性愈伤组织却有很高的甲基化水平，但这些愈伤组织没有再生苗的能力，说明愈伤组织中处于较低程度的甲基化水平有利于胚胎的发生（周晨光等，2010）。

4　DNA甲基化在植物对生物及非生物胁迫的响应

植物在自然生长过程中往往会经历多次相同的环境胁迫，为了维持正常生长，很多植物会在经历多次胁迫时，表现出较经历第一次胁迫更强的抗逆能力，即植物具有胁迫"记忆"的能力（Zeier，2013）。越来越多的证据表明，DNA甲基化对植物应对各种生物和非生物环境刺激的具有重要作用。

4.1　生物胁迫

细胞内模式识别受体如核苷酸结合寡聚化结构域（nucleotide-binding and oligomerization domain，NOD）样受体（NOD-like receptors，NLRs）在病原微生物的免疫应答中发挥着重要作用。为应对病原体的感染和共生微生物的定殖，植物表现出植物基因组出现差异甲基化。研究者利用全球1 000多个拟南芥转录组和甲基化数据发现，*NLRs*基因是拟南芥中甲基化变异的主要位点，同时揭示了生物环境因素是影响植物表观基因组形成的主要因素（Zeier，2013）。

对野生型和暴露于病原体丁香假单胞菌致病变种（*Pseudomonas syringae* pv. tomato str. DC3000，Pst DC3000）5d后的拟南芥叶片中的DNA进行全基因组、单碱基水平的甲基化图谱分析发现，在感染后并没有大批的胞嘧啶甲基化改变，但他们确实鉴定出存在差异甲基化的特定基因组区域，其中很多落在富含基因的部分。他们还发现差异甲基化的发生取决于胞嘧啶序列背景和考虑的序列类型。例如，若C与G为邻，则差异甲基化区域倾向于集中在基因间区域，特别是转录起始位点的上游。另一方面，若C是在所谓的CHH序列背景中，则差异甲基化位点往往在转座元件序列，提示DNA甲基化处于动态调控状态，这可能是导致基因差异表达的原因之一（Dowen et al.，2012）。

DNA甲基化或去甲基化途径相关基因的突变可以改变植物对某些病原体的敏感性。与野生型植物比较，在*AGO4*突变等位基因ago4-1和ago4-2的植物中，Pst DC3000的易感性增加（Agorio & Vera，2007）。DNA去甲基化酶三突变体*ros1 dml2 dml3*中DNA高甲基化优先发生在基因体侧翼区域，包括上游启动子区域和3'UTR区域。在*ros1 dml2 dml3*植物中，有超过200个基因受到抑制，其中很大一部分为已知或推定的具有生物应激反应功能，并且在启动子中富含小转座子。与此同时，*ros1 dml2 dml3*突变体对真菌病原真菌镰刀菌表现出更高的敏感性（Le et al.，2014；Yongvillalobos et al.，2015）。同样揭示植物可能通过动态调控DNA甲基化来调控基因的表达以防御生物胁迫。

4.2 非生物胁迫

研究人员探讨了在植物中DNA甲基化对各种非生物环境胁迫（如热、冷、干旱、高盐度、高渗胁迫、紫外线辐射胁迫、土壤养分缺乏、激光照射、缺氧和复氧、农药和气候）的潜在作用。其涉及多种植物，包括拟南芥、玉米、水稻、冬小麦和毛白杨等。（Eichten & Springer，2015；Jiang et al.，2014；Narsai et al.，2016；Xu et al.，2015；Secco et al.，2015）。与植物在响应生物胁迫的研究类似，关于非生物胁迫的研究表明，胁迫诱导下发生DNA甲基化或去甲基化，甲基化模式要么在全基因组范围内，要么在特定位点上发生明显改变（Yongvillalobos et al.，2015）。这些DNA甲基化的变化可能与参与植物应激反应的基因的转录重组有关，表明DNA甲基化在调节植物对非生物环境刺激的反应中起着重要作用。

在番茄果实中，冷处理降低DNA去甲基化酶DML2的表达，从而导致启动子高甲基化和负责风味挥发物生物合成的基因沉默，这就解释了为什么西红柿在冷藏过程中会失去味道（Zhang et al.，2015）。在高盐度胁迫下，DNA甲基化引起的变化可以部分地传递给下一代，这种变化主要通过雌性生殖系发生，然而，如果后代没有受到持续的压力，表观遗传的基因状态会逐渐重置（Jiang et al.，2014）。在研究水稻短期干旱提高植物抗旱性的机制发现，水稻在合适的反复干旱处理条件下可以形成干旱记忆，还进一步对其机制进行探究，发现lncRNA，DNA甲基化以及内源激素（特别是ABA）均参与到这一短期干旱"记忆"的形成过程中，可能承担了"记忆"因子的使命，进一步激活光合作用、脯氨酸合成等代谢途径中"记忆"转录本的表达，从而提高植物在应对后期干旱胁迫中的能力（Li et al., 2019）。

水杨酸是一种对植物抗病性至关重要的植物激素，外源水杨酸的运用导致拟南芥中中心体周围区域的百万碱基DNA低甲基化，同时伴随来自低甲基化转座子的21nt-siRNAs水平的增加（Dowen et al., 2012）。此外，局部的病原侵染可以使植物产生可移动的信号分子，而这些信号分子可以通过维管系统达到植物未感染部位并引起水杨酸的累积。其积累可以使植物产发病相关蛋白抑制微生物的活动；改变一系列免疫相关基因的甲基化状态或染色体构象的变化从而提高其表达量（张雨，2016）。为了探究AGO1与基因结合是否参与植物对激素和胁迫的响应，该研究检测了植物激素茉莉酸甲酯（MeJA）、吲哚乙酸（IAA）、苯并噻二唑（BTH）、丁香假单胞杆菌鞭毛蛋白保守基序（flg22）及冷处理条件下AGO1在基因组的结合位点，发现AGO1可被诱发结合到响应特定刺激的基因上。最终发现AGO1对茉莉酸通路基因的激活及信号转导具有重要作用（Liu et al., 2018）。

DNA去甲基化是DNA甲基化的逆向过程，常引起染色质的结构变化，导致转录激活。在拟南芥中，激活DNA去甲基化依赖于*ROS1*的活性。研究人员为研究DNA去甲基化在ABA诱导的胁迫响应中的调控机制发现，*ros1*突变体幼苗早期发育和根系伸长表现出ABA高度敏感。通过比较分析野生型和*ros1*突变体的转录组数据发现，*ros1*突变体中大部分ABA诱导基因表达下调，且超过60%的ABA诱导的差异基因近端区域发生高度甲基化，这表明依赖ROS1的DNA去甲基化可调控ABA诱导基因表达。其中值得注意的是，烟酰胺酶3（NICOTINAMIDASE 3，NIC3）编码一种酶可以催化烟酰胺经脱氨反应转化为烟酸，也与ABA响应有关。进一步研究发现，*ros1*突变体中NIC3启动子上游TEs（transposable elements）的DNA高度甲基化导致该基因表达下调，同时也抑制了ABA敏感性。异位表达NIC3能够缓解幼苗早期发育和根系生长的ABA敏感反应。此外，*nic3*突变体表现出ABA高度敏感，而过表达*NIC3*则恢复正常ABA应答。综上所述，ROS1诱导的激活DNA去甲基化可以维持NIC3对ABA胁迫响应的转录活性状态。因此，依赖ROS1的DNA去甲基化是*NIC3*在ABA胁迫响应过程中转录激活的先决条件（Kim et al., 2019）。

5 结语与展望

综上，我们知道DNA甲基化是非常有趣的事件，DNA甲基化可以调控很多重要的基因，而且这些基因在参与植物的生长发育和胁迫反应等方面存在复杂的网络调控机制。最近的研究发现持续胁迫对建立植物DNA甲基化依赖的胁迫"记忆"的潜在重要性。例如在高盐度胁迫下，DNA甲基化引起的变化可以部分地传递给下一代，但是如果后代没有受到持续的压力，表观遗传的基因状态会逐渐重置。然而，某些环境条件会引起染色质和基因表达状态的改变，即使恢复到原来的环境条件后，这种改变仍会持续。在春化过程中，植物会记住冬天的经历，第二年春天开花。如果分生组织发生变化，并且主要通过减数分裂来维持，环境或病原体诱导的表观遗传状态也有可能传递给后代。

自20世纪50年代，表观遗传学提出以来，DNA甲基化一直是研究热点。目前关于DNA甲基化在植物根分化、茎尖形成、叶片发育、开花与性别分化、果实成熟和植物免疫机制等过程中的调控作用已经相对明了。并且研究人员对植物DNA甲基化参与的这些过程中的基因调节及功能等研究已经取得了很多重要的进展。这些结果不仅阐明了DNA甲基化是如何在植物有机体中起作用的，而且拓展了我们对植物DNA甲基化动态调控模型的理解。然而，关于环境条件（如光周期或温度）是如何引起染色质转录调控的变化、以及植物胚胎的理解仍处于初级阶段。因此植物胚胎发育过程中DNA甲基化研究是一个很关键的新领域。此外，开花植物除了胚乳外，似乎没有广泛的DNA甲基化重编程，因此对植物甲基化重编程机制在后代中遗传也是一个值得研究的问题。

在未来，揭示DNA甲基化在植物中的作用机制无疑还是生命科学研究的热点之一。相信随着DNA甲基化的作用机制逐步的深入探究，人们能够通过不同的途径调控DNA甲基化并将其应用到植物生产领域，如提高果实品种、增强植物抗性等方面，并为人类创造利益和价值。

参考文献

郝玉金，邓秀新，2002. 逆境处理和DNA甲基化影响柑橘体细胞胚发生[J]. 植物学报（英文版），44（6）：673-677.

李辉亮，郭冬，彭世清，2015. 巴西橡胶树体细胞胚发生过程中DNA甲基化分析[J]. 热带亚热带植物学报，23（5）：527-533.

魏华丽，吴涛，杨文华，等，2011. 落叶松体细胞胚胎发生过程中DNA甲基化模式变化分析[J]. 东北林业大学学报，39（2）：33-37.

张雨，2016. 植物*NBS-LRR*类抗病基因及小分子RNA的比较基因组学研究[D]. 武汉：华中农业大学.

周晨光，刘立琨，等，2010. 刺五加体细胞胚发生研究进展[J]. 植物生理学报，46（9）：876-880.

周少立，2017. 组蛋白修饰和DNA甲基化调控水稻发育的表观遗传机制研究[D]. 武汉：华中农业大学.

Agorio A，Vera P，2007. ARGONAUTE4 is required for resistance to *Pseudomonas syringae* in *Arabidopsis*[J]. Plant Cell，19（11）：3 778-3 790.

Baubec T，Finke A，Scheid O M，et al.，2014. Meristem-specific expression of epigenetic regulators safeguards transposon silencing in *Arabidopsis*[J]. EMBO reports，15（4）：446-452.

Bouyer D，Kramdi A，Kassam M，et al.，2017. DNA methylation dynamics during early plant life[J]. Genome biology，18（1）：179.

Daccord Nicolas，Celton J M，Linsmith G，et al.，High-quality de novo assembly of the apple genome and methylome dynamics of early fruit development[J]. Nature Genetics，49（7）：1 099-1 106.

Eichten S R，Springer N M，2015. Minimal evidence for consistent changes in maize DNA methylation patterns following environmental stress[J]. Frontiers in Plant Science，308（6）：1-10.

El-Sharkawy I，Liang D，Xu K，2015. Transcriptome analysis of an apple（Malus × domestica）yellow fruit somatic mutation identifies a gene network module highly associated with anthocyanin and epigenetic regulation[J]. Journal of Experimental Botany, 66（22）: 7 359-7 376.

Gehring M, Bubb K L, Henikoff S, 2009. Extensive demethylation of repetitive elements during seed development underlies gene imprinting[J]. Science, 324（5 933）: 1 447-1 451.

Gong Z, Morales-Ruiz T, Ariza R R, et al., 2002. *ROS1*, a repressor of transcriptional gene silencing in *Arabidopsis*, encodes a DNA Glycosylase/Lyase[J]. Cell, 111（6）: 0-814.

Gutiérrez-Marcos J F, Costa L M, Dal Prà M, et al., 2006. Epigenetic asymmetry of imprinted genes in plant gametes[J]. Nature Genetics, 38（8）: 876-878.

He X J, Chen T, Zhu J K, 2011. Regulation and function of DNA methylation in plants and animals[J]. Cell Research, 21（3）: 442-465.

Heard E, Martienssen R A, 2014. Transgenerational epigenetic inheritance: myths and mechanisms[J]. Cell, 157（1）: 95-109.

Hsieh T F, Ibarra C A, Silva P, et al., 2009. Genome-wide demethylation of *Arabidopsis* endosperm[J]. Science, 324（5 933）: 1 451-1 454.

Huang H, Liu R, Niu Q, et al., 2019. Global increase in DNA methylation during orange fruit development and ripening[J]. Proceedings of the National Academy of Sciences, 116（4）: 1 430-1 436.

Huettel B, Kanno T, Daxinger L, et al., 2014. Endogenous targets of RNA-directed DNA methylation and Pol IV in *Arabidopsis*[J]. The EMBO journal, 25（12）: 2 828-2 836.

Jiang C, Mithani A, Belfield E J, et al., 2014. Environmentally responsive genome-wide accumulation of de novo *Arabidopsis thaliana* mutations and epimutations[J]. Genome Research, 24（11）: 1 821-1 829.

Jo L, Dos Santos A L W, Bueno C A, et al., 2013. Proteomic analysis and polyamines, ethylene and reactive oxygen species levels of *Araucaria angustifolia*（Brazilian pine）embryogenic cultures with different embryogenic potential[J]. Tree Physiology, 34（1）: 94-104.

Kankel M W, Ramsey D E, Stokes T L, et al., 2003. *Arabidopsis* MET1 cytosine methyltransferase mutants[J]. Genetics, 163（3）: 1 109-1 122.

Kawakatsu T, Huang S C, Jupe F, et al., 2016. Epigenomic diversity in a global collection of *Arabidopsis thaliana* accessions[J]. Cell, 166（2）: 492-505.

Kawakatsu T, Nery J R, Castanon R, et al., 2017. Dynamic DNA methylation reconfiguration during seed development and germination[J]. Genome Biology, 18（1）: 171.

Kawakatsu T, Stuart T, Valdes M, et al., 2016. Unique cell-type-specific patterns of DNA methylation in the root meristem[J]. Nature Plants, 2（5）: 16 058.

Kim J S, Lim J Y, Shin H, et al., 2019. ROS1-dependent DNA demethylation is required for ABA-inducible NIC3 expression[J]. Plant Physiology, 179（4）: 1 810-1 821.

Law J A, Jacobsen S E, 2010. Establishing, maintaining and modifying DNA methylation patterns in plants and animals[J]. Nature Reviews Genetics, 11（3）: 204-220.

Le T N, Schumann U, Smith N A, et al., 2014. DNA demethylases target promoter transposable elements to positively regulate stress responsive genes in *Arabidopsis*[J]. Genome Biology, 15（9）: 1-18.

Li P, Yang H, Wang L, et al., 2019. Physiological and transcriptome analyses reveal short-term responses and formation of memory under drought stress in rice[J]. Frontiers in Genetics, 55（10）: 1-16.

Lister R, O' Malley R C, Tonti-Filippini J, et al., 2008. Highly integrated single-base resolution maps of the epigenome in *Arabidopsis*[J]. Cell, 133（3）: 523-536.

Liu C, Xin Y, Xu L, et al., 2018. *Arabidopsis* ARGONAUTE 1 binds chromatin to promote gene transcription in response to hormones and stresses[J]. Developmental Cell, 44（3）: 348-361.

Liu R，How-Kit A，Stammitti L，et al.，2015. A DEMETER-like DNA demethylase governs tomato fruit ripening[J]. Proceedings of the National Academy of Sciences，112（34）：10 804-10 809.

Matzke M A，Mosher R A，2014. RNA-directed DNA methylation：an epigenetic pathway of increasing complexity[J]. Nature Reviews Genetics，15（6）：394-408.

Narsai R，Gouil Q，Secco D，et al.，2017. Extensive transcriptomic and epigenomic remodelling occurs during *Arabidopsis thaliana* germination[J]. Genome Biology，18（1）：172.

Narsai R，Secco D，Schultz M D，et al.，2016. Dynamic and rapid changes in the transcriptome and epigenome during germination and in developing rice（*Oryza sativa*）coleoptiles under anoxia and re-oxygenation[J]. Plant Journal，89（4）：805-824.

Ortega-Galisteo A P，Morales-Ruiz T，Ariza R R，et al.，2008. *Arabidopsis* DEMETER-LIKE proteins DML2 and DML3 are required for appropriate distribution of DNA methylation marks[J]. Plant Molecular Biology，67（6）：671-681.

Rea M，Zheng W，Chen M，et al.，2012. Histone H1 affects gene imprinting and DNA methylation in *Arabidopsis*[J]. The Plant Journal，71（5）：776-786.

Rui X，Yuhan W，Hao Z，et al.，2015. Salt-induced transcription factor MYB74 is regulated by the RNA-directed DNA methylation pathway in *Arabidopsis*[J]. Journal Of Experimental Botany，66（19）：5 997-6 008.

Smith，Z D and Alexander，M，2013. DNA methylation：roles in mammalian development[J]. Nature Reviews Genetics，14（3）：204-220.

Telias A，Lin-Wang K，Stevenson D E，et al.，2011. Apple skin patterning is associated with differential expression of MYB10[J]. BMC Plant Biology，11（1）：93.

Wu H，Zhang Y，2014. Reversing DNA methylation：mechanisms，genomics，and biological functions[J]. Cell，156（1-2）：45-68.

Xiao W，Custard K D，Brown R C，et al.，2006. DNA methylation is critical for *Arabidopsis* embryogenesis and seed viability[J]. The Plant Cell，18（4）：805-814.

Zeier J，2013. New insights into the regulation of plant immunity by amino acid metabolic pathways[J]. Plant，Cell & Environment，36（12）：2 085-2 103.

Zemach A，Kim M Y，Hsieh P H，et al.，2013. The *Arabidopsis* nucleosome remodeler DDM1 allows DNA methyltransferases to access H1-containing heterochromatin[J]. Cell，153（1）：193-205.

Zhang B，Tieman D M，Jiao C，et al.，2016. Chilling-induced tomato flavor loss is associated with altered volatile synthesis and transient changes in DNA methylation[J]. Proceedings of the National Academy of Sciences，113（44）：12 580-12 585.

Zhang H M，Lang Z B，Zhu，J K，2018. Dynamics and function of DNA methylation in plants[J]. Nat Rev Mol Cell Biol，19（8）：489-506.

Zhang X，Yazaki J，Sundaresan A，et al.，2006. Genome-wide high-resolution mapping and functional analysis of DNA methylation in *Arabidopsis*[J]. Cell，126（6）：1 189-1 201.

转录组学、基因组学、蛋白质组学和
代谢组学的研究进展

卢　旭[1]，马绍英[2]，包金玉[1]，张秀民[1]，田　鹏[1]，张晓玲[1]，马亚男[1]，李　胜[1*]

（1.甘肃农业大学　生命科学技术学院　兰州　730070；

2.甘肃农业大学　基础实验教学中心　兰州　730070）

摘　要：基因组学、转录组学、蛋白质组学和代谢组学组学技术是生命科学研究的理想平台，通过检测分析技术对不同环境下生物的DNA、mRNA、蛋白质、代谢产物进行定性和定量分析，可以监测其变化的规律和分子机制。而各种组学平台包括基因组学、转录组学、蛋白质组学及代谢组学的整合，更是一个强有力的工具箱，将所获得的不同组学的信息联系起来，有利于从整体研究生物对基因或环境变化的响应，帮助人们揭开复杂的生物反应机制。本文阐述了基因组学、转录组学、蛋白质组学和代谢组学在各领域的研究进展。

关键词：基因组学；转录组学；蛋白质组学；代谢组学；研究进展

The Research Progress of Transcriptomics, Genomics, Proteomics and Metabonomics

Lu Xu[1]，Ma Shaoying[2]，Bao Jinyu[1]，Zhang Xiumin[1]，Tian Peng[1]，Zhang Xiaoling[1]，Ma Yanan[1]，Li Sheng[1*]

（1.College of Life Science and Technology，Gansu Agricultural University，Lanzhou 730070，China；2.Basic Experimental Educational Center of Gansu Agricultural University，Lanzhou 730070，China）

Abstract：Genomics，transcriptomics，proteomics and metabonomics are ideal

---

基金项目：国家自然科学基金项目（31860067）

* 通讯作者：Author for correspondence（E-mail：lish@gsau.edu.cn.）

platforms for life science research. By qualitative and quantitative analysis of DNA，RNA，protein and metabolites of organisms in different environments，we can monitor their changing rules and molecular mechanisms. The integration of genomics，transcriptome，proteomics and metabonomics is a powerful tool kit，which links the information of different omics. It is conducive to the overall study of biological response to gene or environmental changes，and helps people to uncover complex biological response mechanisms. This paper reviewed the progress of genomics，transcriptomics，proteomics and metabonomics in various fields.

Key words：Genomics；Transcriptomics；Proteomics；Metabonomics；Research progress

基因，是生命活动的指导者。中心法则表明遗传信息通过DNA转录形成RNA进行传递，再从RNA传递给蛋白质。蛋白质是生命活动的执行者。代谢组学是继基因组学和蛋白质组学之后新近发展起来的一门学科，是系统生物学的重要组成部分。基因组学和蛋白质组学分别从基因和蛋白质层面探寻生命的活动，而实际上细胞内许多生命活动是发生在代谢物层面的，如细胞信号传递（cell signaling）、能量传递、细胞间通信等都是受代谢物调控的。基因表达和蛋白质合成联系密切，而代谢物则更多地反映了细胞所处的环境，这又与细胞的营养状态、药物和环境污染物的作用以及其他外界因素的影响密切相关。基因组学、转录组学、蛋白质组学及转录组学分析能提供给我们遗传、转录、翻译和代谢水平上的信息。此外，这些组学之间的关联分析则能让我们对整个生命活动进行全面研究。本研究综述了近年来基因组学、转录组学、蛋白质组学及代谢组学的研究进展，并对今后组学研究的发展方向进行了展望。

1 基因组学

1.1 基因组学研究概况及应用

基因组学是研究生物体内全部基因的组成及其功能的科学，是其他组学的基础，其影响已经深入到生命科学的方方面面（Barbosa et al.，2014；Marian，2014）。Beiki等（2018）报道植物和动物基因组学的最新进展正在把农业推向新的高度。刘颖等（2017）报道乳杆菌噬菌体的全基因组测序，为深入挖掘功能基因，明确基因表达特点及系统阐述噬菌体增殖机制提供了一种有效的研究手段。凌志琳和赵瑞琳（2018）报道基因组学对于食药用菌栽培、遗传育种、次级代谢的研究等具有重要的意义。梁素芸等（2017）报道基于测序技术的畜禽基因组学研究对于改善人类的生活与健康具有重要意义。Howe等（2013）采用高通量测序方法测定了著名的模式生物斑马鱼的全基因序列，从中发现了超过26 000个蛋白编码基因，构成了迄今为止测得的脊椎动物基因组中最大的基因集。

1.2 基因组学研究的主要内容及方法

基因组学研究在不同物种中差异巨大，当前的热点内容在于以下几个部分：（1）结构基因组学，该项研究的主要目的是绘制基因组图谱，主要涵盖了序列的基础信息，染色体重组交换，以及DNA核酸序列；（2）功能基因组学，也称"后基因组计划"，功能基因组学研究的内容是利用结构基因组所提供的信息，发展和应用新的实验手段，系统地分析基因的功能。基因组学研究的主要工具和方法包括：生物信息学，遗传分析，基因表达测量和基因功能鉴定（李子银和陈受宜，2000）。

2 转录组学

2.1 转录组学研究概况

转录组测序技术是指检测特定条件下，生物样本内全部转录本的RNA序列的测序方法（Forrest，2009）。从2000年以来，转录组技术已经被广泛应用在生命科学中，测序方法也从传统的基因芯片法逐渐演变为高通量测序法（Tang et al.，2011）。李滢等（2010）应用新一代高通量测序技术454GS FLX Titanium对2年生丹参根的转录组进行测序。贾新平等（2014）采用新一代高通量测序技术IlluminaHi Seq 2000对海滨雀稗叶片转录组进行测序，结合生物信息学方法开展基因表达谱研究和功能基因预测。Jip等（2012）采用罗氏公司的454测序平台对鲤鱼的转录组进行了测序，从头组装和注释分析，共得到了36 811条contig，并从中鉴别出了9 625条全长的cDNA。

2.2 转录组学研究的主要方法及特点

目前进行转录组学分析常用的技术分为3类：基于标签的技术，如基因表达系列分析（serial analysis of gene expression，SAGE）技术；基于杂交的技术，如DNA微阵列（DNA microarray）；基于直接测序技术如转录组测序（RNA-seq）等（Velculescu et al.，1995；付畅和黄宇，2011）。转录组学在新基因的发现、SNP及分子标记的挖掘、基因家族鉴定及进化分析、转录图谱绘制、代谢途径确定等方面具有优越性。

3 蛋白组学

3.1 蛋白组学研究概况

蛋白质组（proteome）是指个体细胞或组织中表达的所有蛋白质的总和，研究领域主要为：（1）大规模鉴定组织蛋白和翻译后修饰蛋白；（2）对鉴定蛋白进行差异表达分析的定量蛋白组学研究；（3）研究蛋白与蛋白质间的相互作用（梁宇等，2004）。随着生命科学的研究进入了后基因组时代，基于各种组学，如蛋白质组学（proteomics）等技术平台的系统生物学成为了现代化研究的重要工具。在中药方剂药理研究方面，Chen等（2017）采用同位素标记相对和绝对定量（isobaric tags for relative and absolute quantitation，iTRAQ）蛋白质组技术结合LC-MS/MS研究滋补脾阴方对糖尿病综合征诱导的小鼠脑损伤的防护机制。李华成等（2015）运用2-DE分离、分析膈下逐瘀汤加减方（GXZY）含药血清作用于人肝癌细胞SMMC-7721后的相关蛋白质表达变化情况。对于危害动物健康和公共安全的人畜共患病——布鲁氏菌病，Yang等（2011）通过克疫蛋白质组学鉴定出两个具有良好克疫原性的布鲁氏菌特异性蛋白RS-α和LS-2，并证实RS-α可以作为潜在的布鲁氏菌亚单位疫苗之一。此外，蛋白质组学在研究农作物响应生物胁迫的内在机制方面发挥着重要作用，Li等（2011）通过蛋白质组学分析发现小麦抗白粉病相关基因主要参与能量代谢、抗氧化、基因调控、木质化和细胞壁加厚等抗病生理反应。Chetouhi等（2014）的研究表明，赤霉菌侵染会通过影响淀粉合成和贮藏蛋白的含量来改变籽粒灌浆期的蛋白质组水平。

3.2　蛋白质组学技术及特点

蛋白质组学研究技术也分为3类：（1）分离技术，如双向聚丙烯酰胺凝胶电泳（two-dimensional electrophoresis，2-DE）等；（2）鉴定技术，主要是质谱鉴定技术（mass spectrometry，MS）和同位素标记相对和绝对定量技术（isobaric tags for relative and absolute quantitation，iTRAQ）；（3）各种生物信息学蛋白质分析数据库，如国际蛋白质序列数据库（protein information resource，PIR）、SMSS-PROT、NCBI等（郭春燕和詹克慧，2010）。

3.3　转录组学和蛋白质组学关联分析在植物研究中的应用

转录组学与蛋白质组学是后基因组学发展的热点领域，目前转录组学和蛋白质组学在植物研究中都有了大量应用。转录组/蛋白质组学分析可获得植物转录/翻译水平上的信息，而两者关联分析能够对植物转录与翻译过程进行系统研究，从而对复杂的生命活动有全面和深入的认识，受到越来越多研究者的关注。Ai等（2012）以早花突变体及其野生型枸橘为材料，研究枸橘花期调控机制。通过RNA Seq技术与iTRAQ技术分别鉴定到两种类型中差异表达基因355个，特异表达蛋白1 664个，其中有一半在蛋白和转录水平表达变化一致。Srivastava等（2013）通过对杨树中野生类型和超氧化物歧化酶（ROS）作用下超量表达的类型对比，采用微阵列分析与质谱技术鉴定到14 619个基因、271个蛋白质和386个代谢物，建立了OnPLS模型，提供了ROS代谢和对氧化应激反应的详细信息。Han等（2014）以克隆到的两个不同生根能力的落叶松切片分别构建cDNA文库，并采用454焦磷酸测序平台进行测序，共产生957 832个原始读数，有95.07%是高质量读数。2D-DIGE和MALDI-TOFTOF MS技术鉴定到75个表达差异蛋白，GO功能分析表明与多胺合成和应激反应相关，可能对不定根发育起重要作用。Shakeel等（2013）利用MudPIT及质谱法分析在热胁迫下龙舌兰差异表达蛋白，得到对照和热胁迫样品中特异表达的分别是433个和598个，均差异表达130个。选16个差异蛋白进行转录组分析，发现相关性极低，表明翻译后修饰在耐热机制中发挥作用。Valentina等（2013）以蚜虫诱导西红柿分析其在侵染后3个时间段的调控机制，通过SGN TomatoUnigene数据库用99个探针鉴定了819个差异表达基因。

随着研究的发展，转录组与蛋白质组关联分析在蔬菜、大田作物、水果等植物类型的基因组的测序，功能分类，各种胁迫、突变体等方面有了较深入的研究，促进了相关植物的分子生物学研究。

4 代谢组学

4.1 代谢组学研究进展

代谢组学应用的研究领域已经十分广阔，例如药物代谢、疾病诊断和微生物代谢组学等。Liu等（2012）基于药物代谢组学方法成功地进行了中药药效成分雷公藤甲素的个体化药代动力学参数预测研究。王晓飞等（2017）利用基于液相色谱/质谱的代谢组学技术，分析了经PM2.5悬混液气管滴注暴露后成年雄性大鼠睾丸代谢组的全局变化，结果表明，PM2.5暴露会引起大鼠睾丸的氨基酸和核苷酸代谢紊乱、类固醇激素代谢失衡以及脂类代谢异常。Brindle等（2002）应用1H-NM R技术以36例严重心血管疾病患者和30例心血管动脉硬化患者的血清和血浆为研究对象进行了代谢组学分析，结合PCA、SIMCA、PLS-DA、OSCPLS等模式识别技术实现了对心血管疾病及其严重程度的判别，得到了>90%的灵敏度及专一性。胡永胜等（2018）利用基于核磁共振的代谢组学方法研究了雷公藤红素处理后大鼠糖尿病溃疡组织代谢特征，结果表明，雷公藤红素可诱导大鼠溃疡创面上皮再生化，调节炎性细胞浸润和胶原纤维分布，促进溃疡创面愈合。Dalluge等人采用液相色谱与串联质谱联用对发酵过程中的氨基酸实现了监测，通过分析认为其中的一个子集可反映发酵的状态。

4.2 代谢物分析技术研究进展

代谢组学分析技术由代谢物的分离技术和检测鉴定技术组成，目前主流的分离技术有CE（capillary electrophresis，毛细管电泳）、LC（liquid chromatography，液相色谱）、GC（gas chromatography，气相色谱）等；检测和鉴定技术主要有NMR（nuclear magnetic resonance，核磁共振）、质谱（常规质谱、Q-TOF飞行时间质谱）、EC（electronic chemistry，电化学）、光谱（紫外、红外、荧光）等，代谢组学研究手段就是将各种代谢物分离技术和检测鉴定技术组合使用，集合多种技术的优势达到更好的检测效果。现阶段最常用、效果最好的代谢组学研究手段有GC-MS（气相色谱—质谱联用仪）、LC-MS（液相色谱—质谱联用仪）、FT-ICR-MS（傅里叶变换—离子回旋共振—质谱）、NMR（核磁共振）等。

4.3 基因组学、转录组学和代谢组学关联分析研究

目前，代谢组学与其他系统生物学方法的整合，如基因组学和转录组学等，被用于基因功能的研究和对生物体内代谢过程的深入剖析。淡墨等（2007）报道Nicolas对野生和

突变的西红柿进行了全面代谢轮廓分析和功能基因的分析，检测到与西红柿营养相关的代谢物基因50%和QTL识别相关。根据得到的基因代谢轮廓对西红柿不同株进行分类，并且揭示了与显性相关的代谢产物和与显性不相关的代谢物。转录组学和代谢组学联合分析，Hirai等（2005）利用FT-MS对拟南芥叶和根进行了无目标代谢组分析，检测到了大约2 000个代谢物，同时又用HPLC-MS对拟南芥的糖类、氨基酸类进行目标代谢组分析。然后基于微阵列方法mRNA分析技术检测到了21 500个转录物，应用BLSOM数据分析技术，将转录组和代谢租的数据进行整合，推测出与拟南芥糖代谢相关的调控基因。

5　展望

随着新的分析检测技术和生物信息学的发展，组学作为一个研究平台，为生物相关研究提供了全面、多维的视角，从而为人们从整体上全面理解生命活动及现象的内在机制提供了可能。后基因组时代众多组学的发展将生物学科带入了定量化和系统化科学的时代，同时向分析化学提出了更高、更严峻的挑战，新型的复杂样品处理技术灵敏、专一、原位、动态、无损、快速、表征与操纵技术，基因、mRNA、蛋白质和代谢物质结构和功能信息获取的新型表征技术和完整的数据采集和成像系统，有效、快速处理海量复杂数据的新化学信息学方法，以及这些技术和方法学的原始性创新、学科交叉和多维技术联用基本理论的开发研究十分重要。其次，格式纷繁的数据归一化和数据库的建立，制定工作标准（包括方法、信息和数据库），以及实现代谢组与基因组、转录组和蛋白质组等数据的整合、构建系统生物学知识库，以获得对生命过程的定量研究和复杂生物网络的系统认识，是未来组学研究的重要趋势。组学技术在相关研究领域中的应用确实取得了一些新进展，拓展了人们对于内在分子机理的认识，然而对于一些复杂的机制来说，我们现在的认识仍然十分有限，因此，开展更多的组学研究，无疑能促进人们对于生命活动规律的系统认知，再通过代谢组学、转录组学、蛋白质组学和基因组学的整合，有助于人们从整体水平上把握生物机制，进而应用于生产实践。

参考文献

淡墨，高先富，谢国祥，等，2007. 代谢组学在植物代谢研究中的应用[J]. 中国中药杂志（22）：2 337-2 341.

付畅，黄宇，2011. 转录组学平台技术及其在植物抗逆分子生物学中的应用[J]. 生物技术通报（6）：40-46.

郭春燕，詹克慧，2010. 蛋白质组学技术研究进展及应用[J]. 云南农业大学学报（自然科学版）（4）：583-591.

胡永胜，徐鹏涛，叶胜捷，等，2018. 核磁共振代谢组学方法研究雷公藤红素对大鼠糖尿病溃疡促愈合作用机制[J]. 分析化学，46（2）：170-177.

贾新平，叶晓青，梁丽建，等，2014. 基于高通量测序的海滨雀稗转录组学研究[J]. 草业学报，23（6）：242-252.

李华成，王建刚，费新应，等，2015. 膈下逐瘀汤加减方作用人肝癌细胞SMMC-7721 蛋白质组学研究[J]. 中西医结合肝病杂志，25（3）：156-172.

李滢，孙超，罗红梅，等，2010. 基于高通量测序454 GS FLX的丹参转录组学研究[J]. 药学学报，45（4）：524-529.

李子银，陈受宜，2000. 植物的功能基因组学研究进展[J]. 遗传，22（1）：57-60.

梁素芸，周正奎，侯水生，2017. 基于测序技术的畜禽基因组学研究进展[J]. 遗传，39（4）：276-292.

梁宇，荆玉祥，沈世华，2004. 植物蛋白质组学研究进展[J]. 植物生态学报，28（1）：114-125.

凌志琳，赵瑞琳，2018. 基因组学在食药用菌栽培育种中的研究进展[J]. 食用菌学报，25（1）：93-106.

刘颖，习羽，范梦茹，等，2017. 乳杆菌噬菌体基因组学研究进展[J]. 食品科学，38（3）：271-277.

王晓飞，蒋守芳，张维冰，等，2017. 利用代谢组学研究大气细颗粒物的生殖毒性效应[J]. 分析化学，45（5）：633-640.

Barbosa E G, Aburjaile F F, Ramos R T, et al., 2014. Value of a newly sequenced bacterial genome[J]. World Journal of Biological Chemistry, 5（2）：161-168.

Beiki H, Eveland A L, Tuggle C K, 2018. Recent advances in plant and animal genomics are taking agriculture to new heights[J]. Genome Biology, 19（1）：48-51.

Brindle J T, Antti H, Holmes E, et al., 2002. Rapid and noninvasive diagnosis of the presence and severity of coronary heart disease using 1HNM R-based metabonomics[J]. Nat Med, 8（12）：1 439-1 444.

Chen J, Zhan L, Lu X, et al., 2017. The alteration of ZiBuPiYin recipe on proteomic profiling of forebrain postsynaptic density of db/db mice with diabetes-associated cognitive decline[J]. J Alzheimers Dis, 56（2）：471-489.

Chetouhi C, Bonhomme L, Lecomte P, et al., 2015. A proteomics survey on wheat susceptibility to *Fusarium* head blight during grain development[J]. European Journal of Plant Pathology, 141（2）：407-418.

Coppola C, Coppola M, Rocco M, et al., 2013. Transcriptomic and proteomic analysis of a compatible tomato-aphid interaction reveals a predominant salicylic acid-dependent plant response[J]. BMC genomics, 14（1）：515-532.

Dalluge J J, Smith S, Sanchez-Riera F, et al., 2004. Potential of fermentation profiling via rapid measurement of amino acid metabolism by liquid chromatography-tandem mass spectrometry[J]. J Chromatogr A, 1 043（1）：3-7.

Forrest A R R, Carninci P, 2009. Whole genome transcriptome analysis[J]. RNA Biology, 6（2）：107-112.

Han H, Sun X, Xie Y, et al., 2014. Transcriptome and proteome profiling of adventitious root development in hybrid larch（*Larix kaempferi × Larix olgensis*）[J]. BMC Plant Biology, 14（1）：305-317.

Hirai Y, Klein M, Fujikawa Y, et al., 2005. Elucidation of gene-to-gene and metabolite-to-gene networks in arabidopsis by integration of metabolomics and transcriptomics[J]. Journal of Biological Chemistry, 280（27）：25 590-25 595.

Howe K, Clark M D, Torroja C F, 2013. The zebrafish reference genome sequence and its relationship to the human genome[J]. Nature, 496（7 446）：498-503.

Li Q, Chen X M, Li D, et al., 2011. Differences in protein expression and ultrastructure between two wheat near-isogenic lines affected by powdery mildew[J]. Russian Journal of Plant Physiology, 58（4）：686-695.

Marian A J, 2014. Sequencing your genome：what does it mean？[J]. Methodist DeBakey Cardiovascular Journal, 10（1）：3-6.

Shakeel S N, Aman S, Haq N U, et al., 2013. Proteomic and transcriptomic analyses of *Agave americana* in response to heat stress[J]. Plant Molecular Biology Reporter, 31（4）：840-851.

Srivastava V, Obudulu O, Bygdell J, et al., 2013. OnPLS integration of transcriptomic, proteomic and metabolomic data shows multi-level oxidative stress responses in the cambium of transgenic hipI-superoxide dismutase *Populus* plants[J]. BMC Genomics, 14（1）: 893-907.

Tang F, Lao K, Surani M A, 2011. Development and applications of single-cell transcriptome analysis[J]. Nature Methods, 8（4）: 6-11.

Velculescu V E, Zhang L, Vogelstein B, et al., 1995. Serial analysis of gene expression[J]. Science, 270（5 235）: 484-487.

Yang Y L, Wang L, Yin J G, et al., 2011. Immunoproteomic analysis of Brucella melitensis and identification of a new immunogenic candidate protein for the development of brucellosis subunitvaccine[J]. Molecular Immunology, 49（1/2）: 175-184.

植物体细胞胚胎发生过程miRNA研究进展

徐小萍，陈晓慧，霍　雯，张梓浩，林玉玲，赖钟雄[*]

（福建农林大学园艺植物生物工程研究所　福州　350002）

摘　要：植物体胚发生是植物组织培养过程中细胞全能性的重要体现，研究植物体胚发生分子调控机理有利于解析植物胚性与非胚性以及胚胎发生不同阶段特异表达调控网络研究。miRNA是一类内源性的长度约为21nt的单链小分子非编码RNA，是当今国际生物学研究热点之一。植物体胚发生与合子胚发生过程类似，伴随大量基因的差异表达，miRNA作为转录后水平重要的调控因子，在植物生长发育过程中扮演重要角色。本文参考植物生长发育过程miRNA的作用研究，结合近年来植物体胚发生过程miRNA相关研究，对miRNA在植物体胚中的研究进行了展望。

关键词：植物组织培养；体细胞胚胎发生；miRNA；生长发育

Research Progress of miRNA in Plant Somatic Embryogenesis

Xu Xiaoping，Chen Xiaohui，Huo Wen，Zhang Zihao，
Lin Yuling，Lai Zhongxiong[*]

（Institute of Horticultural Biotechnology，Fu jian Agriculture and Forestry University，Fuzhou 350002）

Abstract：Plant somatic embryogenesis is an important embodiment of cell totipotency in plant tissue culture. Studying the molecular regulation mechanism of plant somatic embryogenesis is helpful to solve the problem of plant embryogenesis

基金项目：国家自然科学基金（31572088）；福建省重大科技专项专题（2015NZ0002-1）；福建省高校学科建设项目（102/71201801101）；福建农林大学科技创新基金（CXZX2017189，CXZX2018076）

通讯作者：Author for correspondence（E-mail：laizx01@163.com）

and non-embryogenesis, as well as the study of specific expression regulation network at different stages of embryogenesis. miRNA is a kind of single-stranded small molecule non-coding RNA, with an endogenous length of about 21 nt, which is one of the hotspots in international biological research. Plant somatic embryogenesis is similar to zygotic embryogenesis. With the differential expression of a large number of genes, miRNA, as an important regulator at the post-transcriptional level, plays an important role in plant growth and development. According to the study of the role of miRNA in plant growth and development, combined with the related studies of plant somatic embryogenesis in recent years, the research of miRNA in plant somatic embryos was prospected.

Key words: Plant tissue culture; Somatic embryogenesis; miRNA; Growth and development

MicroRNA（miRNA），是一类长度20～24nt的内源非编码单链小分子RNA，主要通过与靶基因mRNA互补或不完全互补配对，在转录和转录后水平通过降解mRNA、抑制翻译或介导目标基因进行甲基化来调控基因的表达（Rogers and Chen，2013；Chen，2008）。植物中miRNA是由RNA聚合酶II（Pol II）转录产生的primary miRNA（pri-miRNA），经Dicer Like 1（DCL1）、HYPONASTIC LEAVES 1（HYL1）和SE（SERRATE）复合体加工成多数为21nt的二聚体（miRNA：miRNA*），该过程在细胞核中完成，之后转运到细胞质中，其中一条成熟体miRNA与AGO1结合形成RISC复合体对靶基因进行切割或抑制其翻译，或介导靶基因甲基化。在植物生长发育过程中，存在一类24nt的lmiRNA（long miRNAs）受DCL3剪切，并与AGO4结合形成复合体结构，这类lmiRNA能够参与植物DNA甲基化（Wu et al.，2010）。

研究表明，miRNA的调控作用贯穿植物幼年到成年整个生长发育过程（Samad et al.，2017），还包括逆境胁迫（Sun et al.，2019）、次生代谢物合成（Gupta et al.，2017）等生物过程。随着高通量测序技术和RNA功能验证生物技术的发展，越来越多的研究从miRNA的鉴定转向miRNA的功能验证，同时一些新的生物学功能也不断被揭示，与之相关的其他类型RNA如长链非编码RNA（lncRNA）、pri-miRNA可能编码的功能肽（mi-PEP）（Chen et al.，2015；Lauressergues et al.，2015）、内源诱捕靶标（eTM）竞争性结合miRNA（Franco-Zorrilla et al.，2007）、*MIRNA*基因或miRNA与DNA甲基化（Chellappan et al.，2010）等相关研究也逐步受到人们的关注。而关于miRNA在植物体胚发生的具体机制的深入研究还鲜见系统报道。因此，本文结合植物生长发育过程中miRNA的相关研究，对miRNA在植物体胚发生过程的功能做简要探讨。

植物体细胞胚胎（somatic embryogenesis，SE）发生是高等植物组织培养过程中植株再生的三种方式之一。体细胞胚胎发生是植物全能性的重要体现，是用于模拟植物体内合子胚发生分子、细胞组织水平上识别调控体细胞胚胎发生机制的重要模式系统，使得胚胎发育的每个阶段都能人为控制。植物体细胞胚胎发生包括三个阶段：胚性诱导、胚性发生初期和胚性程序的表达，其间伴随大量基因的差异表达，是一个复杂的分子调控网络（Tasiu Isah，2016）。并且，植物体胚发育的好坏直接影响作物的品质和产量，而体胚发生过程细胞的分化和去分化均受到了表观遗传调控（Miguel C and Marum L，2011）。拟南芥体胚研究表明microRNAs在调控转录因子基因（如*LEC2*和*FUS3*）中发挥重要作用（Willmann et al.，2011）。高通量测序已获得较多植物中胚胎发育相关miRNA，如：水稻（Luo et al.，2006；Chen et al.，2011）、棉花（Romanel et al.，2012）、玉米（Chávez-Hernández et al.，2015）、日本落叶松（Zhang et al.，2012）、龙眼（Lin and Lai，2013）、菊花（Zhang et al.，2015）、百合（Zhang et al.，2017）等。目前已有部分研究展开miRNA克隆、miRNA内参基因筛选等相关工作，而对于其在不同物种中的功能鉴定仅限于一些保守的miRNA家族成员。有关miRNA在体胚发生过程分子机理的研究仍有众多未知。本文在对miRNA影响植物生长发育进行简要概述的基础上，对miRNA在植物体胚中的研究进行探讨，加深体胚发生过程中相关miRNA的认识，同时结合近年来兴起的表观遗传影响的相关因素对体胚发生过程miRNA作用机制进行了展望（Mahdavi-Darvari et al.，2015）。研究植物体细胞胚胎发生分子机制包括表观遗传机理，有利于为体胚发生困难的植物提供分子改良依据。

1 植物生长发育过程中的miRNA及其作用

miRNA作为一类负调控因子，在植物生长发育过程中广泛参与细胞分化、极性建立、器官分化、根、叶和花的生长发育等，影响植物的形态多样性（D Ario M et al.，2017）。在植物生长发育过程中，miRNA能够通过调节STM-WUS-CLV途径相关基因调控茎尖分生组织（shoot apical meristem，SAM）和花分生组织（gaillochet and Lohmann，2015）。拟南芥茎尖分生组织包含三层干细胞层（L1-L3）（Satina et al.，1940），单层原胚层作为信号源，向底层细胞提供miR394，抑制下层细胞Skp2-like F box domain蛋白（LCR）基因表达，使得干细胞中WUS能够激活CLV调节干细胞的同一性，从而将干细胞的全能性与茎分生组织的顶端连接起来，但miR394信号的不同梯度是如何对LCR的局部起抑制作用还有待进一步研究（Knauer et al.，2013）。miR165/166在SAM中也发挥重要作用，它能被AGO10抑制，进而影响WUS的活性，并防止了靶基因*HD-ZIPIII*被降解，促进SAM的发育进程（Zhu et al.，2011；Liu et al.，2009）。且miR165/166本身的表达受到miRNA介导产生的siRNA的分子机制间接调控，即miR390，拟南芥中与AGO7其靶向指导TAS3的切割，*TAS3*是tasiRNAs的非编码基因前体，能够产生tasiRNAs并作用于ARF3（AUXIN RESPONSE FACTOR3）和ARF4（Xia et al.，2017），miR390-TAS-ARF模式同时也参与植物生长发育过程中根构型和侧根发育。研究发现，HD-ZIPIII和miR165/166同时参与维管组织发育和叶片极性的建立（Miyashima et al.，2012）。而miR164则通过靶向CUP-SHAPED COTYLEDON（CUC1，CUC2 and CUC3）调控腋下分生组织形成（Raman et al.，2008，Laufs et al.，2004）。miR156-TASSELSHEATH4（TSH4）和miR156-SPL通路能够调节单子叶植物腋生分生组织发育（分蘖）（Chuck et al.，2010），而在拟南芥中则相反，miR156调节影响叶片的裂突长度，而不是辅助分生组织的启动（Wang et al.，2008）。miR857能够靶向调控laccase7参与植物次生维管组织发育响应低铜处理（Zhao et al.，2015）。miR156-SPL-miR172模型参与植物幼年到成年期的转换（Wu et al.，2005）。拟南芥中TAS3这一lncRNA超表达能够使拟南芥侧根伸长转基因植株体内TAS3切割形成的miR390基因的靶基因，tasiARFs的转录水平显著提高，而miR390突变体中tasiARFs表达则显著降低，表明这些lncRNAs是miRNA的前体（Ben et al.，2008）。拟南芥生长发育过程中，渗透胁迫下植物HYL 1蛋白的稳态水平依赖于ABA响应SnRK 2激酶，SE（SER RATE）和HYL1（HYPONASTIC LEAVES）作为miRNA合成过程中关键蛋白复合体，能在体外被SnRK2激酶磷酸化，影响miRNA合成，从而调节植物生长发育（Yan et al.，2017）。

　　种子的生长发育是植物生长的基础要素，在大部分园艺植物中直接影响果实的品质和质量。种子发育分子机制与植物合子胚形成密切相关，进一步了解参与调控的miRNA有利于为植物体细胞胚胎发生相关miRNA的功能挖掘提供参考。

　　miRNA通过参与植物合子胚形成从而调控种子发育。拟南芥合子胚发育过程中DCL1单突变导致胚早熟，在DCL1突变体的八细胞期，miR156靶向调控的转录因子SPL10和SPL11出现明显上调表达，可见miRNA在植物胚胎中主要调节植物早期胚胎发育过程中的转录因子来调控植物胚胎发育（Nodine and Bartel，2010）。

　　miRNA通过调节激素信号转导调控种子发育。水稻中，miR156靶向调控转录因子MYB33、MYB101参与ABA信号转导途径，并且miR159在水稻劣质籽粒中的表达量高于优势籽粒，表明miR159通过调控种子对ABA信号的转导，影响了种子的灌浆（Peng et al.，2014）。MiR164c和miR168a的表达水平影响水稻种子的活力（Zhou et al.，2019）。而拟南芥中研究发现miR169、miR160分别通过调节其靶基因核转录因子NF-YA、ARF10调节种子对ABA信号转导的敏感性（Mu et al.，2013）。近期，Wang等研究发现，在水稻花药发育早期，长链非编码RNA（osa-eTM160）可以与osa-miR160竞争性结合osa-ARF18 mRNAs，从而调节水稻种子大小和结籽数量（Wang et al.，2017）。miR160通过调节生长素响应因子AUXIN RESPONSE FACTOR10（ARF10）调控种子萌发（Liu et al.，2007）。在拟南芥和水稻中miR167通过靶向调节ARF6和ARF8影响生长素在种子发育过程中的转导，该作用在拟南芥胚胎中同样存在（Jun et al.，2013；Su et al.，2016）；miR397调控的靶基因漆酶Laccase（LAC）可以调控水稻种子大小和产量，过表达漆酶的株系中油菜素内酯信号转导相关基因显著上调，表明油菜素内酯参与miR397-laccase模型中调控种子生长发育（Zhang et al.，2013）。此外，近期研究发现，茉莉酸甲酯（MeJA）在平衡植物生长和防御反应中起作用。李传友课题组JA-ERF109-ERF115-RBR-SCR信号途径调控根尖干细胞的活化和环境胁迫后组织的再生（Zhou et al.，2019），而关于植物生长发育过程中茉莉酸甲酯处理下参与调控的miRNA还未见报道，研究较多的是JA和逆境胁迫处理的关系。

miRNA通过抗氧化作用以及糖转化调控种子发育。miR397与miR408均能靶向调控铜蓝氧化酶家族基因LAC，叶绿体中异常丰富的铜相关蛋白，能够特异地清除超氧阴离子自由基，维持种子发育过程氧自由基的平衡（Wang et al.，2014）。在开花植物中，miR397靶向调控漆酶是木质素合成过程的关键酶，过表达miR397b可以减少木质素积累，使植物发育出两个以上的花芽序，从而提高种子数量（Lu et al.，2013）。而miR408除靶向调控通过漆酶调控种子发育外，水稻中miR408靶向一个非保守基因液泡转化酶基因（VIN1），将蔗糖水解成果糖和葡萄糖，影响水稻种子发育过程中糖的积累（马圣运，2012）。

此外，植物组织培养技术被广泛应用于大规模生产次生代谢产物。因此，近年来大量研究集中关注植物生长发育相关次生代谢产物的miRNA。miR156靶向SPL9蛋白，进而促进F3'H、DFR和其他花青素生物合成基因的表达，在黄酮类化合物生物合成途径中调节代谢通量（Gou et al.，2012）。IPS1作为miR399的内源诱捕靶标调控植物生长发育过程中磷营养元素的稳态（Franco-Zorrilla et al.，2007），樊龙江课题组NTA-eTMx 27抑制了NTA-miRx 27的表达和功能，该基因的靶标是喹啉磷酸核糖基转移酶2（Qpt 2）基因的mRNA，从而增强了打顶处理烟草中尼古丁的生物合成（Li et al.，2015）。

2 植物体胚发生过程中miRNA的作用

植物体胚发生（SE）是植物细胞全能性的重要体现，与合子胚发育类似，亦受到生长素和细胞分裂素的调控，其中miRNA调控途径，是植物体胚发育过程中重要的调控方式。在体细胞向胚胎转化过程中，细胞必须去分化，激活细胞分裂周期，重组其代谢和生理状态。

单子叶植物中，玉米体胚发生过程采用Illumina、降解组测序鉴定了102个已知miRNA，预测21个miRNA家族的87个靶标基因，其中*miR167*、*miR528*、*miR156*、*miR164*、*miR397*、*miR408*等miRNA在玉米体胚去分化高丰度表达（Shen et al.，2013）。*miR528*影响玉米EC中多核糖体分布，*miR168*能够靶向抑制调控玉米体胚AGO1表达，进而影响miRNA合成路径，调控光照、激素响应和植物生长发育相关miRNA表达（Pan et al.，2017）。中山大学屈良鹄和陈月琴课题组通过比较水稻分化和未分化的胚性愈伤组织获得31个差异表达的miRNA，其中miR156在进入分化的胚性愈伤组织阶段显著上调表达，而miR397则相反，在未分化愈伤组织中表达，且随分化进程表达量降低（Luo et al.，2006）。miR408则在粳稻胚性愈伤组织中显著上调表达将近11倍，且可能调控一种新的靶基因RNA聚合酶Ⅱ（Chen et al.，2011；Solanki et al.，2019）。百合体胚中鉴定452个已知miRNA，预测86个miRNA家族中396个miRNA的2 182个靶基因（Zhang et al.，2017）。李宏宇发现百合体胚中miR171通过调节靶基因SCL6参与胚性获得，并且可能参与了体胚发生过程子叶原基的发生和分化（李宏宇，2018）。王京发现miR171b的内源诱捕靶标eTM（c40253_g1_i1）在球形胚阶段表达量最高，在鱼雷形胚时表达量最低，参与百合体胚发育（王京，2018）。

　　双子叶植物中拟南芥体胚发生过程中通过原位杂交方法分析了miR156、miR166、miR390、miR167及miR166的靶基因*WOX5*和*PHABULOSA*的时空定位，在SE诱导的各个阶段，SAM的子叶和邻近区均表现出强烈的MIR167a和MIR167c启动子区的GUS信号，而miR390在球形胚阶段大量表达。在SE培养中检测到的miR390信号可能与次生体细胞胚的形成相对应（Wójcik et al.，2018）；龙眼体胚发生过程中采用Solexa、生物信息学法、降解组测序法鉴定367个已知miRNA，23个候选新miRNA，预测69个候选miRNA的70个靶标基因，miR156、miR166c*参与龙眼体胚发生早期形态建成，dlo-miR159、dlo-miR390、dlo-miR398b主要参与心形和鱼雷型胚的形态建成（Lin and Lai，2013）；龙眼体胚发生过程中2, 4-D和ABA能够抑制*eTMs* Unigene64827/66891表达，进而抑制miR160，使其靶基因*ARF10/16/17*调控GE到CE发育过程（Lin et al.，2015a）。并且在龙眼体胚发生过程中存在miR390-tasiRNAs-ARF调控龙眼GE到CE的形态建成（Lin et al.，2015b）。此外，结合lncRNA转录组测序，建立了龙眼体胚发生早期不同阶段生长素途径相关lncRNA-miRNA-mRNA调控网络，并通过瞬时表达验证了miR172a、miR159a.1和miR398a在龙眼体胚发生早期的作用，发现LTCONS-00042843能够作为内源诱捕靶标竞争性结合miR172a，进而影响靶基因*ERF*表达（Chen et al.，2018）。棉花体胚发生中ghrmiR 156在去分化期和EC期表现出极低的表达水平，但在体细胞胚发育过程中逐渐升高，在CE期达到较高的表达水平，而ghr-miR167和ghr-miR3476在0h也表现出较高的表达水平，随后在初始去分化期（诱导后6~48h）下调，晚期（48h）上调；达到NEC的最高水平（Yang et al.，2013）。刘雅美通过对柑橘体胚发生过程中Csi-miR390、156功能验证发现Csi-miR390、156对柑橘愈伤组织胚性的恢复可能起到了一定的促进作用（刘美雅，2011）；甜橙胚性愈伤组织特异性表达的10个保守miRNA与靶基因研究发现，miR156、miR168、miR171等在胚性愈伤组织阶段发挥调控作用，miR159、miR164、miR390以及miR397在球形胚阶段大量表达，miR398、miR167、miR166则在子叶胚阶段参与调控，可见在体胚发生不同阶段，miRNA家族具有不同分工（Wu et al.，2011）。日本落叶松miR159靶向调控*MYB33*参与胚性或非胚性潜能的维持和体细胞胚胎的成熟（Li et al.，2013）。

　　总之，miRNA作为植物生长发育和胚胎发育重要的表观调控因子，参与植物干细胞分化，在植物体细胞胚胎形成过程的各个阶段均发挥着极为重要的作用。但其网络框架已不仅仅局限于高通量测序技术下miRNA转录组数据库构建、直接克隆法、生物信息学进化分析法以及原位杂交验证miRNA细胞定位等，来探究miRNA与胚胎发生及代谢途径相关基因、转录因子之间关系，而其他调控因子eTM、lncRNA、miPEP以及DNA甲基化过程相关影响因子参与植物体胚发生过程的功能调控网络验证还鲜见报道。

3 展望

植物体细胞胚胎发生分子调控网络极其复杂，明晰植物体细胞胚性发生能力起关键作用的分子调控网络，及体胚发生早期受调控的代谢途径具有重要意义。植物体胚发生实则是一个逆境胁迫的过程，miRNA不仅在植物生长发育全过程发挥重要作用，也参与了逆境胁迫、激素转导、次生代谢物合成等重要途径。体胚发生是一个生长素逐渐降低的过程，miRNA调控途径是参与植物体胚发生的重要环节，从2010年植物胚胎发育相关miRNA的分离与鉴定的研究较少（林玉玲和赖钟雄，2010），到2017年已有较多物种体胚发生过程中的miRNA被分离鉴定。目前，关于植物体胚发生过程中miRNA功能验证的研究较少，部分保守的miRNA功能已得到验证。也有一部分研究转向miRNA的系统进化与分子特性进行分析（曾友竞等，2017），进一步挖掘miRNA可能存在的新功能仍存在较大挑战。已有研究表明，植物生长发育过程中除miRNA与靶基因有密切调控关系外，miRNA与miRNA之间也存在相互作用，然而，在植物体胚发生过程中miRNA与miRNA互作机制的研究仍相对较少。

植物体胚发生是一个及其复杂的过程，伴随大量复杂网络途径的激活和抑制，miRNA作为一个强大的调控因子，在细胞分化和分裂过程中，植株再生过程乃至植物生长发育的全过程均占据重要地位。目前，已有研究者开始从lncRNA、DNA甲基化以及eTM与miRNA的互作角度对植物生长发育过程中相关的miRNA进行机制分析，如何挖掘这些机制在植物体胚发生过程中发挥的作用，将可以为植物体胚发生过程复杂的调控网络提供新的思考。

随着生物技术的发展，基因编辑是近年来研究热点，边红武等已采用CRISPR-Cas9系统对水稻MIRNA393b茎环序列以及miR408、miR528等基因进行基因编辑（Zhou et al.，2017，边红武等，2006），表明miRNA研究技术也逐步更新，结合基因编辑，对植物体胚发生过程中感兴趣的关键miRNA基因进行编辑，从一个新的角度对植物体胚进行选择性调控。王佳伟等通过对拟南芥根尖细胞进行单细胞RNA转录组测序鉴定了根细胞分化过程的表达特征具有高度异质性（Zhang et al.，2019）。单细胞RNA转录组测序在干细胞中的应用，为进一步挖掘胚胎发育各阶段不同类型细胞异质性表达的基因具有重要意义。不同类型细胞受调控的关键差异表达基因也必然受miRNA及甲基化调控，为进一步揭示胚性细胞发育和体胚发生早期胚胎发育方向与生理生化变化的分子机制提供新的研究机遇。

参考文献

边红武，韩凝，郭荸，等，2016-06-08. 运用CRISPR-Cas9系统敲除水稻MIRNA393b茎环序列的基因编辑方法：中国，CN201610085619. 6[P].

李宏宇，2018. 百合体胚发生相关基因*MIR171*的克隆及其启动子功能分析[D]. 沈阳：沈阳农业大学.

林玉玲，赖钟雄，2010. 植物胚胎发育MicroRNA研究进展[J]. 生物技术通报（10）：20-25.

刘美雅，2011. 柑橘体细胞胚发生相关Csi-miR390、156功能验证[D]. 武汉：华中农业大学.

马圣运，2012. Os-miR408的表达模式及其在水稻种子发育中的功能[D]. 杭州：浙江大学.

王京，2018. 百合体胚发生过程中*pre-miR171*及*eTM171*表达分析与载体构建[D]. 沈阳：沈阳农业大学.

曾友竟，林玉玲，崔彤彤，等，2017. 龙眼miR171家族进化特性及其表达分析[J]. 西北植物学报，37
（2）：258-265.

Ben Amor B，Wirth S，Merchan F，et al.，2008. Novel long non-protein coding RNAs involved in
Arabidopsis differentiation and stress responses[J]. Genome Research，19（1）：57-69.

Chávez-Hernández E C，Alejandri-Ramírez N D，Juárez-González V T，et al.，2015. Maize miRNA and target
regulation in response to hormone depletion and light exposure during somatic embryogenesis[J]. Frontiers in
Plant Science，6（555）：1-14.

Chellappan P，Xia Jing，Zhou Xue-feng，et al.，2010. siRNAs from miRNA sites mediate DNA methylation
of target genes[J]. Nucleic Acids Research，38（20）：6 883-6 894.

Chen C，Liu Q，Zhang Y，et al.，2011. Genome-wide discovery and analysis of microRNAs and other small
RNAs from rice embryogenic callus[J]. RNA Biology，8（3）：538-547.

Chen J，Quan M，Zhang D，2015. Genome-wide identification of novel long non-coding RNAs in *Populus
tomentosa* tension wood，opposite wood and normal wood xylem by RNA-seq[J]. Planta，241（1）：
125-143.

Chen Y，Li X，Su L，et al.，2018. Genome-wide identification and characterization of long non-coding RNAs
involved in the early somatic embryogenesis in *Dimocarpus longan* Lour[J]. BMC Genomics，19（805）：
1-19.

Chuck G，Whipple C，Jackson D，et al.，2010. The maize SBP-box transcription factor encoded by
tasselsheath4 regulates bract development and the establishment of meristem boundaries[J]. Development，
137（8）：1 243-1 250.

Chun J，Wang W，Wang S，et al.，2013. The study on auxin-miR167-ARF8 signal pathway during the growth
and development process of rice callus[J]. Journal of Sichuan University（Natural Science Edition），50
（4）：863-868.

D Ario M，Griffiths-Jones S，Kim M，2017. Small RNAs：Big impact on plant development[J]. Trends in
Plant Science，22（12）：1 056-1 068.

Franco-Zorrilla J M，Valli A，Todesco M，et al.，2007. Target mimicry provides a new mechanism for
regulation of microRNA activity[J]. Nature Genetics，39（8）：1 033-1 037.

Gaillochet C，Lohmann J U，2015. The never-ending story：from pluripotency to plant developmental
plasticity[J]. Development，142（13）：2 237-2 249.

Gou J，Felippes F F，Liu C，et al.，2012. Negative regulation of anthocyanin biosynthesis in *Arabidopsis* by a
miR156-targeted SPL transcription factor[J]. The Plant Cell，23（4）：1 512-1 522.

Gupta O P，Karkute S G，Banerjee S，et al.，2017. Contemporary understanding of miRNA-Based regulation
of secondary metabolites biosynthesis in plants[J]. Frontiers in Plant Science，8（374）：1-10.

Knauer S，Holt A L，Rubio-Somoza I，et al.，2013. A protodermal miR394 signal defines a region of stem cell
competence in the *Arabidopsis* shoot meristem[J]. Developmental Cell，24（2）：125-132.

Laufs P，Peaucelle A，Morin H，et al.，2004. MicroRNA regulation of the CUC genes is required for
boundary size control in *Arabidopsis* meristems[J]. Development，31（17）：4 311-4 322.

Lauressergues D，Couzigou J，Clemente H S，et al.，2015. Primary transcripts of microRNAs encode regulatory peptides[J]. Nature, 520（7 545）：90–93.

Li F, Wang W, Zhao N, et al., 2015. Regulation of nicotine biosynthesis by an endogenous target mimicry of microRNA in tobacco[J]. Plant Physiology, 169（2）：1 062–1 071.

Li W, Zhang S, Han S, et al., 2013. Regulation of *LaMYB33* by miR159 during maintenance of embryogenic potential and somatic embryo maturation in *Larix kaempferi*（Lamb.）Carr[J]. Plant Cell, Tissue and Organ Culture, 113（1）：131–136.

Lin Y, Lai Z, Tian Q, et al., 2015. Endogenous target mimics down-regulate miR160 mediation of ARF10, -16, and -17 cleavage during somatic embryogenesis in *Dimocarpus longan* Lour[J]. Frontiers in Plant Science, 6（956）：1–16（a）.

Lin Y, Lai Z, 2013. Comparative analysis reveals dynamic changes in miRNAs and their targets and expression during somatic embryogenesis in longan（*Dimocarpus longan* Lour.）[J]. PLoS ONE, 8（4）：1–11.

Lin Y, Lin L, Lai R, et al., 2015. MicroRNA390-directed TAS3 cleavage leads to the production of tasiRNA-ARF3/4 during somatic embryogenesis in *Dimocarpus longan* Lour[J]. Frontiers in Plant Science, 6（1 119）：1–15（b）.

Liu P, Montgomery T A, Fahlgren N, et al., 2007. Repression of AUXIN RESPONSE FACTOR10 by microRNA160 is critical for seed germination and post-germination stages[J]. The Plant Journal, 52（1）：133–146.

Liu Q, Yao X, Pi L, et al., 2009. The ARGONAUTE10 gene modulates shoot apical meristem maintenance and establishment of leaf polarity by repressing miR165/166 in *Arabidopsis*[J]. The Plant Journal, 58（1）：27–40.

Lu S, Li Q, Wei H, et al., 2013. Ptr-miR397a is a negative regulator of laccase genes affecting lignin content in *Populus trichocarpa*[J]. Proceedings of the National Academy of Sciences, 110（26）：10 848–10 853.

Luo Y, Zhou H, Li Y, et al., 2006. Rice embryogenic calli express a unique set of microRNAs, suggesting regulatory roles of microRNAs in plant post-embryogenic development[J]. FEBS Letters, 580（21）：5 111–5 116.

Mahdavi Darvari F, Noor N M, Ismanizan I, 2015. Epigenetic regulation and gene markers as signals of early somatic embryogenesis[J]. Plant Cell, Tissue and Organ Culture, 120（2）：407–422.

Miguel C, Marum L, 2011. An epigenetic view of plant cells cultured *in vitro*：somaclonal variation and beyond[J]. Journal of Experimental Botany（11）：3 713–3 725.

Miyashima S, Sebastian J, Lee J Y, et al., 2012. Stem cell function during plant vascular development[J]. The EMBO Journal, 32（2）：178–193.

Nodine M D, Bartel D P, 2010. MicroRNAs prevent precocious gene expression and enable pattern formation during plant embryogenesis[J]. Genes & Development, 24（23）：2 678–2 692.

Pan L, Zhao H, Yu Q, et al., 2017. *miR397/Laccase* gene mediated network improves tolerance to fenoxaprop-p-ethyl in *Beckmannia syzigachne* and *Oryza sativa*[J]. Frontiers in Plant Science, 8（879）：1–14.

Peng T, Sun H, Qiao M, et al., 2014. Differentially expressed microRNA cohorts in seed development may contribute to poor grain filling of inferior spikelets in rice[J]. BMC Plant Biology, 14（196）：1–17.

Raman S, Greb T, Peaucelle A, et al., 2008. Interplay of miR164, cup-shaped cotyledon genes and lateral suppresor controls axillary meristem formation in *Arabidopsis thaliana*[J]. The Plant Journal, 55（1）：65–76.

Rogers K, Chen X, 2013. microRNA biogenesis and turnover in plants[J]. Cold Spring Harbor Symposia on Quantitative Biology, 77（14 530）：183–194.

Romanel E, Silva T F, Corrêa R L, et al., 2012. Global alteration of microRNAs and transposon-derived small RNAs in cotton (*Gossypium hirsutum*) during cotton leafroll dwarf polerovirus (CLRDV) infection[J]. Plant Molecular Biology, 80 (4-5) : 443-460.

Samad A, Sajad M, Nazaruddin N, et al., 2017. MicroRNA and transcription factor: key players in plant regulatory network[J]. Frontiers in Plant Science, 8: 565.

Satina S, Blakeslee A F, Avery A G, 1940. Demonstration of the three germ layers in the shoot apex of Datura by means of induced polyploidy in periclinal chimeras[J]. American Journal of Botany, 27 (10) : 895-905.

Shen Y, Jiang Z, Lu S, et al., 2013. Combined small RNA and degradome sequencing reveals microRNA regulation during immature maize embryo dedifferentiation[J]. Biochemical and Biophysical Research Communications, 441 (2) : 425-430.

Solanki, M, Anshika S, et al., 2019. The miR408 expression in scutellum derived somatic embryos of *Oryza sativa* L. ssp. indica varieties: media and regenerating embryos[J]. Plant Cell, Tissue and Organ Culture, (138) : 53-66.

Su Y, Liu Y, Zhou C, et al., 2016. The microRNA167 controls somatic embryogenesis in *Arabidopsis* through regulating its target genes *ARF6* and *ARF8*[J]. Plant Cell, Tissue and Organ Culture, 124 (2) : 405-417.

Sun X, Lin L, Sui N, 2019. Regulation mechanism of microRNA in plant response to abiotic stress and breeding[J]. Molecular Biology Reports, 46 (1) : 1 447-1 457.

Wang C, Zhang S, Luo Y, et al., 2014. miR397b regulates both lignin content and seed number in *Arabidopsis* via modulating a laccase involved in lignin biosynthesis[J]. Plant Biotechnology Journal, 12 (8) : 1 132-1 142.

Wang J, Schwab R, Czech B, et al., 2008. Dual effects of miR156-targeted *SPL* genes and CYP78A5/KLUH on plastochron length and organ size in *Arabidopsis thaliana*[J]. Plant Cell, 20 (5) : 1 231-1 243.

Wang M, Wu H, Fang J, et al., 2017. A long noncoding RNA involved in rice reproductive development by negatively regulating osa-miR160[J]. Science Bulletin, 62 (7) : 470-475.

Willmann M R, Mehalick A J, Packer R L, et al., 2011. MicroRNAs regulate the timing of embryo maturation in *Arabidopsis*[J]. Plant Physiology, 155 (4) : 1 871-1 884.

Wójcik A M, Mosiolek M, Karcz J, et al., 2018. Whole mount in situ localization of miRNAs and mRNAs during somatic embryogenesis in *Arabidopsis*[J]. Frontiers in Plant Science, 9 (1 277) : 1-13.

Wu G, Park M Y, Conway S R, et al., 2009. The sequential action of miR156 and miR172 regulates developmental timing in *Arabidopsis*[J]. Cell, 138 (4) : 750-759.

Wu L, Zhou H, Zhang Q, et al., 2010. DNA methylation mediated by a microRNA pathway[J]. Molecular Cell, 38 (3) : 465-475.

Wu X, Liu M, Ge X, et al., 2011. Stage and tissue-specific modulation of ten conserved miRNAs and their targets during somatic embryogenesis of *Valencia* sweet orange[J]. Planta, 233 (3) : 495-505.

Xia R, Xu J, Meyers B C, 2017. The Emergence, evolution, and diversification of the miR390-TAS3-ARF pathway in land plants[J]. The Plant Cell, 29: 1 232-1 247.

Yan J, Wang P, Wang B, et al., 2017. The SnRK2 kinases modulate miRNA accumulation in *Arabidopsis*[J]. PLOS Genetics, 13 (4) : e1006753·

Yang X, Wang L, Yuan D, et al., 2013. Small RNA and degradome sequencing reveal complex miRNA regulation during cotton somatic embryogenesis[J]. Journal of Experimental Botany, 64 (6) : 1 521-1 536.

Zhang F, Dong W, Huang L, et al., 2015. Identification of microRNAs and their targets associated with embryo abortion during *Chrysanthemum* cross breeding via high-throughput sequencing[J]. PLOS ONE, 10

（4）：1-18.

Zhang J，Zhang S，Han S，et al.，2012. Genome-wide identification of microRNAs in larch and stage-specific modulation of 11 conserved microRNAs and their targets during somatic embryogenesis[J]. Planta，236（2）：647-657.

Zhang T，Xu Z，Shang G，et al.，2019. A single-cell RNA sequencing profiles the developmental landscape of *Arabidopsis* root[J]. Molecular Plant，12（5）：648-660.

Zhang Y，Yu Y，Wang C，et al.，Overexpression of microRNA OsmiR397 improves rice yield by increasing grain size and promoting panicle branching[J]. Nature Biotechnology，31（9）：848-852.

Zhao Y，Lin S，Qiu Z，et al.，2015. MicroRNA857 is involved in the regulation of secondary growth of vascular tissues in *Arabidopsis*[J]. Plant Physiology，169（4）：2 539-2 552.

Zhou W，Lozano Torres J L，et al.，2013. A jasmonate signaling network activates root stem cells and promotes regeneration[J]. Cell，177（4）：942-956.

Zhou Y，Zhou S，Wang L，et al.，2019. miR164c and miR168a regulate seed vigor in rice[J]. Journal of Integrative Plant Biology，62（4）：470-486.

Zhu H，Hu F，Wang R，et al.，2011. *Arabidopsis* argonaute10 specifically sequesters miR166/165 to regulate shoot apical meristem development[J]. Cell，145（2）：242-256.

豌豆组织培养研究进展

马　蕾[1, 2]，李　胜[1, 2]，马绍英[3*]，杨　宁[2]，张旭辉[2]，王　娜[2]

（1.甘肃省干旱生境作物学国家重点实验室培训基地　兰州　730070；2.甘肃农业大学生命科学技术学院　兰州　730070；3.甘肃农业大学基础实验教学中心　兰州　730070）

摘　要：豌豆作为我国主要食用豆类作物具有较高的营养价值和经济价值。本文从再生体系建立、花药离体培养、体细胞胚培养、原生质体培养4个方面对豌豆组织培养的研究进行了综述，旨在为以豌豆组织培养为基础进行的离体快繁、分子育种、遗传转化、基因功能验证等方面提供科学依据。

关键词：豌豆；组织培养；研究进展

Research Advances in Tissue Culture of Pea

Ma Lei[1, 2]，Li Sheng[1, 2]，Ma Shaoying[3*]，Yang Ning[2]，Zhang Xuhui[2]，Wang Na[2]

（1.Gansu Provincial Key Laboratory of Arid Land Crop Science，Lanzhou 730070，China；2.College of Life Science and Technology，Gansu Agricultural University，Lanzhou 730070，China；3.Basic Experimental Educational Center of Gansu Agricultural University，Lanzhou 730070，China）

Abstract：As a main edible bean crop in China，pea has high nutritional value and economic value. In this paper，the research on pea tissue culture was reviewed from four aspects：regeneration system establishment，anther culture *in vitro*，somatic embryo culture and protoplast culture，which aims to provide scientific basis for in vitro rapid propagation，molecular breeding，heritage transformation and gene function verification based on pea tissue culture.

Key words：Pea；Tissue culture；Research advances

基金项目：国家自然科学基金项目（31860067）

＊通讯作者：Author for correspondence（E-mail：mashy@gsau.edu.cn）

豌豆作为我国主要食用豆类作物，因其具有较高的营养价值和经济价值备受人们喜爱。但干旱、低温、病虫害等影响导致豌豆的品质和产量不佳，用传统育种方法进行豌豆的品种改良周期长效率低，严重限制了豌豆育种及繁殖工作的开展。植物组织培养作为一种新兴技术，因其繁殖系数高、周期短，同时可保持母株的优良性状而得到迅速发展（文书生等，2018）。目前植物组织培养在植物快速繁殖、苗木脱毒、新品种选育、遗传资源保存等方面广泛应用（陶阿丽等，2018）。豌豆组织培养的研究始于1979年（Malmberg，1979），先后通过外植体、花药、体细胞和原生质体进行豌豆愈伤组织、胚胎发生和不定芽的产生已有报道，但豆科植物的再生较为困难，豌豆的组织培养研究较为滞后，其中大部分的研究局限于外植体、外源激素种类、基本培养基的选择等方面。根据目前的研究基础，对豌豆的组织培养研究进行综述，以期为建立高效稳定的豌豆再生体系和以豌豆组织培养为基础的相关研究提供参考。

1 豌豆再生体系建立

外植体是植物进行组织培养的外源，在豆科植物中外植体的选择较广泛，包括子叶、胚轴、带芽茎段、胚根、成熟种子等，但不同的外植体有不同分化能力，不同处理方式和不同发生途径下的同一外植体会导致诱导结果不同。因此，综合各种因素才能建立有效的组织培养体系。目前对豌豆再生体系的研究主要集中在外植体的品种、类型以及培养基的选择和生长调节剂的添加等方面。

1.1 外植体的选择

1.1.1 外植体的品种

研究发现，不同的豌豆品种诱导结果存在一定的差异。Malmberg（1979）在对豌豆再生体系的研究中选取了16个豌豆品种进行愈伤组织诱导，结果发现其中6个品种在诱导两个月后产生愈伤组织，4个品种在诱导4个月后产生愈伤组织，2个品种在诱导6个月后产生愈伤组织，还有2个品种无法产生愈伤组织。刘家本等（2016）在对两个不同品种的豌豆进行再生体系的建立及遗传稳定性的研究中发现，选择茎段为外植体诱导愈伤组织和分化，其中"陇豌1号"诱导率和分化率分别为88.7%、76.7%，"S3008"的诱导率和分化率分别为86.7%、74.7%。Tzitzikas等（2004）对4个豌豆品种的再生体系研究中发现，4个豌豆品种均能产生分生组织，他认为分生组织的发生与豌豆的基因型无关。

1.1.2 外植体的类型

根据植物细胞全能性，理论上任何活组织在适宜的条件下都能发育成完整的植株。但是，生长状况、发育阶段、生长环境和不同的外植体存在一定差异，因此选择不同外植体可影响组织培养的形态发生。以紫花豌豆未成熟子叶节和胚轴为外植体进行试管内再生，可诱导大量不定芽从而形成完整植株（Das et al.，2014）。分离单个豌豆胚轴愈伤组织诱导产生不定芽，不定芽嫁接到豌豆幼苗可再生成植株（Bhmer et al.，1995）。王江波（1999）以豌豆下胚轴为外植体诱导胚性愈伤组织，发现以下胚轴节段为外植体可诱导产生大量不定芽并正常生根且获得再生植株（Ochatt et al.，2000）。利用具有分生能力的带节茎段诱导形成大量不定芽，进而再生成完整植株（Malmberg，1979）。苏承刚等（2007）用食荚型豌豆的叶、茎、真叶为材料进行外植体筛选及组织培养研究，结果表明豌豆带节茎段是最佳实验材料。杨柯（2013）发现豌豆茎段最易诱导形成愈伤组织，其细胞胚性较强有利于细胞分裂和分化。豌豆栽培种下胚轴、叶片、根和成熟胚为外植体进行愈伤组织诱导，其中下胚轴是愈伤增殖最佳外植体。

1.2　培养基的选择

植物组织诱导和分化培养在很大程度上取决于对培养基的选择。豌豆组织培养最常用的基本培养基是MS和1/2MS培养基，较少用B5培养基和MB5（1/2MS培养基，附加维生素B5）培养基。MS固体培养基可用于诱导愈伤组织，也可用于胚、茎段、茎尖及花药的培养。MB5培养基多用于愈伤组织诱导。Griga等（1995）采用MB5培养基进行豌豆愈伤组织诱导，进而诱导胚胎发生，结果发现培养基中添加物对豌豆组织培养影响不同。Loiseau等（1996）在对29个豌豆品种进行体细胞胚胎发生研究时发现，培养基中的碳源不同体细胞胚胎发生的豌豆品种数量不同。因此，碳源在豌豆体细胞胚胎发生中起重要作用。Ozcan等（1992）认为附加$AgNO_3$不能提高豌豆不定芽的增殖数量但能促进不定芽形成发达的卷须和大的托叶以提高其支持能力。

1.3　生长调节剂

植物组织培养过程中生长调节剂的配比直接影响苗和根的形成（李胜等，2015）。不同植物在不同生长阶段其所需的生长调节剂种类和配比均不相同。另外，不同植物生长调节剂配比不同，其诱导效果也不同。豌豆组织培养中常用的生长素有NAA、2,4-D、IAA、IBA；细胞分裂素有6-BA、KT、TDZ。

生长素有利于营养器官伸长生长，可以使细胞进入持续分裂的增殖状态。Ozcan等（1992）在MS培养基中添加0.5mg/L 6-BA和4mg/L NAA可诱导豌豆愈伤组织产生。Kosturkova等（1997）在只附加0.2mmol/L 2,4-D或5mmol/L BA即可诱导愈伤组织。苏承刚等（2007）研究发现，在附加1mg/L 6-BA和1mg/L NAA的MS培养基中，豌豆愈伤组织诱导率可达100%。

在培养基中添加较高浓度的细胞分裂素（如BA、KT、TDZ）和较低浓度的生长素类物质（如NAA、2,4-D、IBA）能促进豌豆侧芽萌发和不定芽的产生。2mg/L BA+1mg/L NAA的MS培养基是诱导不定芽的最佳培养基，未成熟子叶附1mg/L BA可进行不定芽高频增殖（Kosturkova et al.，1997）。带节茎段在附加2~3mg/L BA和0.1mg/L NAA的MS培养基中，腋芽和丛生芽产生率达100%，芽增殖系数在3以上（苏承刚等，2007）。

低浓度的生长素可诱导生根，研究发现0.5mg/L NAA、IAA或IBA的生根培养基均可诱导生根。在附加3mg/L NAA的MS培养基不定芽的生根率可达86%，豌豆试管苗移栽成活率可达85%（苏承刚等，2007）。在附加0.02mg/L BAP的培养基中进行不定芽预培养有益于诱导生根或移栽，在附加1.0mg/L NAA的生根培养基中豌豆生根率大大提高（Pniewski et al.，2003）。

2　花药培养

花药培养是利用组织培养技术，诱导花粉粒改变发育进程，形成花粉胚或愈伤组织，进而分化成苗的技术。豌豆单倍体研究开始于20世纪70—80年代，并在豌豆花药培养物中获得了愈伤组织、少量根、芽和胚（Bobkov，2014）。近年来关于豌豆花药培养的研究主要集中在各种基因型、营养培养基和胁迫处理对豌豆花药培养物中愈伤组织、胚状体和再生植株产生的影响。Bobkov（2014）在冷热应激作用对豌豆花药培养中愈伤组织、胚状体和再生植株的影响中发现，冷处理（4℃）后，在具有2，4-D的培养基上，从豌豆花药培养物中可获得愈伤组织和花药胚状体，冷（4℃）和加热（32℃和35℃）的花药培养处理的实验中成功诱导出花药胚状体和愈伤组织并获得再生植株。同时发现在含有2，4-D的培养基上诱导的绿色胚性愈伤组织能够在添加BA和NAA的培养基上形成芽并发育。Gosal等（1991）研究发现在分离的豌豆花药培养物中获得的胚状体，在低温（4℃）下处理72h，未发现愈伤组织、胚胎和再生体细胞的发生。Ochatt等（2009）研究发现在使用冷、渗透压和电穿孔后，在分离的豌豆小孢子培养物中发现少量单倍体再生植株。Zulkarnain（2007）研究认为培养基中甘露醇的含量和低温预处理在豌豆花药组织生长成胚性愈伤组织和随后花药愈伤组织的体细胞胚胎发生中起着关键作用。Touraev等（1997）认为冷预处理的重要性归因于温度对组织代谢的影响。在低温下，由于酶活性降低、代谢速率减慢使，配子体分化被抑制，当组织从冷预处理中释放并经受正常的体外条件时发生分裂和再生。

3　体细胞胚培养

体细胞胚的直接发生是指单或双倍的体细胞在特定的条件下，不经过性细胞融合而直接通过与合子胚发生类似的途径发育出新个体的形态发生过程。王江波等（2000）在通过海边香豌豆下胚轴来源的愈伤组织诱导得到了体细胞胚，包括大量的球形胚和心形胚以及少量的鱼雷胚和子叶胚，但未能得到再生植株。Tetu等（1990）在对9个豌豆品种的体细胞胚进行体外培养时发现，体细胞胚胎发生的频率取决于所选用的品种，在含有43μmol/L NAA、盐酸硫胺（15μmol/L）、烟酸（40μmol/L）和精氨酸（60μmol/L）的MS培养基黑暗中培养4～5周，部分品种可获得胚胎发生。在MS+0.01mol/L KNO$_3$培养基上，辅以15μmol/L IBA和2.2μmol/L BAP，部分品种可发育成植株。采用含16μmol/L NAA、

13.3μmol/L BAP和0.2μmol/L TIBA的MS可直接进行器官发生，部分品种不能再生。

4　原生质体培养

原生质体具有植物细胞的全能性，是进行遗传转化的理想受体，通过转基因技术向细胞中导入特定基因，可以改良植物的品质、产量和抗性等（苏彤等，2018）。目前，对豌豆原生质体的研究主要集中在如何获得较高原生质体产量和存活率，以及豌豆原生质体与其他作物原生质体融合创造光能利用率高、品质好、抗性强和高产的新突变体。贾士荣等（1982）以不同品种的豌豆叶片为材料研究了影响原生质体的分离和分裂的因素，表明植物的品种基因型和叶片年龄及叶位是影响原生质体的分离得率和相对分裂率的主要因素。吴耀武等（1990）研究发现培养基中的激素组合对原生质体的培养成功具有重要作用，只有在附加2,4-D（0.5~1.0mg/L）和6-BA（1.0mg/L）时细胞分裂并形成愈伤组织。Gamborg等（1975）则以豌豆幼苗为实验材料进行研究，发现幼苗的年龄对原生质体的存活及分裂是重要的，其中3d的幼苗顶端原生质体存活显著较大苗好，且豌豆原生质体的细胞分裂同时需KT和2,4-D，并且2,4-D是不可缺少的因素。

5　展望

豌豆作为典型的固氮植物，离体再生较为困难。近年来，对豌豆的不同外植体类型获得再生植株以及影响再生的主要因素进行了大量的研究，并构建了不同再生途径的豌豆再生体系。但是，豌豆的组织培养依然存在诸多问题，例如愈伤组织和胚再生成完整植株较为困难，花药培养的愈伤组织和单倍体胚诱导率低，原生质体培养较为困难等严重制约了基因工程、遗传转化等分子育种工作的开展。因此，建立一套高效稳定的豌豆再生体系与转基因受体系统，可为以后豌豆大规模的离体快繁、分子育种、遗传转化、基因功能验证以及豌豆与根瘤菌共生固氮的内在机理的研究奠定基础。

参考文献

贾士荣，高国楠，1982. 提高豌豆叶肉原生质体分裂频率的研究[J]. 中国农业科学（4）：20-25.

李胜，杨宁，2015. 植物组织培养[M]. 北京：中国林业出版社.

刘本家，杨晓明，2016. 豌豆离体再生体系建立及遗传稳定性研究[J]. 甘肃农业大学学报，51（1）：40-48.

苏承刚，吴学科，郑占伟，等，2007. 食荚型豌豆组织培养和植株再生研究[J]. 西南师范大学学报（自然科学版），32（4）：30-32.

苏彤，姚陆铭，张鑫，等，2018. 大豆愈伤原生质体的制备和培养方式探究[J]. 大豆科学，37（5）：741-747.

陶阿丽，曹殿洁，华芳，等，2018. 植物组织培养技术研究进展[J]. 长江大学学报（自科版），15（18）：31-35.

王江波，王毓美，贾敬芬，2000. 海边香豌豆胚性愈伤组织的诱导和体细胞胚发生[J]. 西北植物学报，20

（3）：352-357.

王江波，1999. 海边香豌豆组织培养和遗传转化的研究[D]. 兰州：兰州大学.

文书生，何绒绒，郑佳康，等，2018. 牡丹组织培养技术研究进展[J]. 林业科学，54（10）：143-155.

吴耀武，马彩萍，1990. 豌豆叶肉原生质体的分离和培养及其愈伤组织的形成[J]. 西北植物学报，10（4）：269-274.

杨柯，2013. 豌豆离体再生体系的建立及其NO提高豌豆幼苗耐盐性的生理机制研究[D]. 兰州：甘肃农业大学.

Bhmer P，Meyer B，Jacobsen H J，1995. Thidiazuron induced high frequency of shoot induction and plant regeneration in protoplast derived pea callus[J]. Plant Cell Reports，15（1）：26-29.

Bobkov S，2014. Obtaining calli and regenerated plants in anther cultures of pea[J]. Czech Journal of Genetics & Plant Breeding，50（2）：123-129.

Das A，Kumar S，Nandeesha P，et al.，2014. An efficient in vitro regeneration system of field pea（*Pisum sativum* L.）via shoot organogenesis[J]. Journal of Plant Biochemistry and Biotechnology，23（2）：184-189.

Gamborg O L，Shyluk J，Kartha K K，1975. Factors affecting the isolation and callus formation in protoplasts from the shoot apices of *Pisum sativum* L[J]. Plant Science Letters，4（5）：285-292.

Griga M，Stejskal J，Beber K，1995. Analysis of tissue culture derived variation in pea（*Pisum Sativum* L.）Preliminary results[J]. Euphytica，85（1）：335-339.

Kosturkova G，Mehandjiev A，Dobreva I，et al.，1997. Regeneration systems from immature embryos of Bulgarian pea genotypes[J]. Plant Cell Tissue and Organ Culture，48（2）：139-142.

Loiseau J，Marche C，Deunff Y L，1996. Variability of somatic embryogenic ability in the genus *Pisum* L：effects of genotype，explant source and culture medium[J]. Agronomie，16（5）：299-308.

Malmberg R L，1979. Regeneration of whole plants from callus culture of diverse genetic lines of *Pisum sativum* L[J]. Planta，146（2）：243-244.

Ochatt S J，Pontcaille C，Rancillac M，2000. The growth regulators used for bud regeneration and shoot rooting affect the competence for flowering and seed set in regenerated plants of protein peas[J]. In Vitro Cellular & Developmental Biology Plant，36（3）：188-193.

Ochatt S，Pech C，Grewl，R，et al.，2009. Abiotic stress enhances androgenesis from isolated microspores of some legume species（*Fabaceae*）[J]. Journal of Plant Physiology，166（12）：1 314-1 328.

Ozcan S，Barghchi M，Firek S，et al.，1992. High frequency adventitious shoot regeneration from immature cotyledons of pea（*Pisum sativum* L.）[J]. Giornale Botanico Italiano，11（1）：44-47.

Pniewski T，Wachowiak J，Kapusta J，et al.，2003. Organogenesis and long term micropropagatlon of Polish pea cultivars[J]. Acta Societatis Botanicorum Poloniae，72（4）：295-302.

Tetu T，Sangwan R S，Sangwan N B S，1990. Direct somatic embryogenesis and organogenesis in cultured immature zygotic embryos of pea[J]. Journal of Plant Physiology，137（1）：102-109.

Touraev A，Vicente O，Heberle-Bors E，1997. Initiation of microspore embryogenesis by stress[J]. Trends in Plant Science，2（8）：297-302.

Tzitzikas E N，Bergervoet M，Raemakers K，et al.，2004. Regeneration of pea（*Pisum sativum* L.）by a cyclic organogenic system[J]. Plant Cell Reports，23（7）：453-460.

Zulkarnain Z，2007. Pretreatment stress enhances embryogenic callus production in anther culture of sturt's desert pea[J]. Hayati Journal of Biosciences，14（1）：28-30.

马铃薯单倍体诱导及其育种研究进展

廖钰秋[1]，唐　勋[1,2]，刘维刚[2,3]，杨江伟[1,2]，张　宁[1,2*]，司怀军[1,2]

（1.甘肃农业大学生命科学技术学院　兰州　730070；2.甘肃省干旱生境作物学省部共建国家重点实验室培育基地　兰州　730070；3.甘肃农业大学农学院　兰州　730070）

摘　要：在生产上马铃薯（*Solanum tuberosum* L.）广泛栽培品种为四倍体植株（$2n=4x=48$）。由于四倍体马铃薯植株存在遗传基础复杂、难以获得具有优良性状的纯合四倍体等诸多问题，阻碍了马铃薯相关的深入研究及育种方面相关进程。有学者提出使用二倍体马铃薯进行育种提高其育种效率，而自然界中二倍体马铃薯品种资源较为局限。通过单倍体诱导可快速大量地获得遗传稳定、性状明显的马铃薯双单倍体或一单倍体植株，为使用二倍体马铃薯进行育种提供了丰富且广泛的薯种基础。本文介绍了马铃薯单倍体诱导及其在育种方面的相关研究进展。

关键词：马铃薯；单倍体诱导；四倍体；双单倍体；育种

Research Progress on Haploid Induction And Breeding of Potato

Liao Yuqiu[1]，Tang Xun[1,2]，Liu Weigang[2,3]，Yang Jiangwei[1,2]，
Zhang Ning[1,2*]，Si Huaijun[1,2]

（[1]College of Life Science and Technology，Gansu Agricultural University，Lanzhou 730070，China；[2]Gansu Provincial Key Laboratory of Aridland Crop Science，Gansu Agricultural University，Lanzhou 730070，China，[3]College of Agronomy，Gansu Agricultural University，Lanzhou 730070，China）

基金项目：甘肃省现代农业马铃薯产业技术体系项目（GARS-03-P1）；国家马铃薯标准化区域服务与推广平台项目（NBFW-17-2019）

* 通讯作者：Author for correspondence（E-mail：ningzh@gsau.edu.cn）

Abstract：In production，the widely cultivated varieties of Potato（*Solanum tuberosum* L.）are tetraploid plants（$2n=4x=48$）．Due to the complex genetic basis of the tetraploid potato plants，it is difficult to obtain a number of problems such as the homozygous tetraploid with excellent characters，and the related progress in the research and breeding of the potato is hindered．These hinder the further research of potato and the related process of breeding．Some scholars have suggested that diploid potato breeding should be used to improve its breeding efficiency，but the resources of diploid potato varieties in nature are relatively limited．Through haploid induction，a large number of potato dihaploid or haploid plants with obvious characters could be obtained quickly and extensively，which provides a rich and extensive basis for diploid potato breeding．In this paper，the haploid induction of potato and its related research progress in breeding were introduced．

Key words：Potato；Haploid induction；Tetraploid；Dihaploid；Breeding

1 马铃薯单倍体育种的意义

马铃薯（*Solanum tuberosum* L.）常见的栽培品种为四倍体。但作为四倍体，以其遗传基础的复杂性限制了马铃薯的基础研究及增加在育种方面的研究难度。通过常规的杂交育种方法，对于马铃薯存在多种障碍，首先，四倍体基因组高度杂合，遗传复杂，育种过程中性状分离不明显，致使育种周期长（李颖等，2013）；其次，品种遗传基础狭窄，缺乏抗病和抗逆基因，直接影响杂交品种的质量（戴朝曦等，1990a；李峰等，2019）。此外，马铃薯主要通过薯块繁殖，繁殖系数低、易携带病虫害，由于病毒的侵染逐代积累使得品种迅速退化（戴朝曦等，1990a）。

因此，有国外学者Chase（1963）提出马铃薯育种的"分解—综合育种法"（戴朝曦等，1990b）。其主要内容在于将四倍体降到二倍体水平，在二倍体基础上进行选择，二倍体通过染色体加倍后恢复到四倍体水平，从而大大提高育种效率。在我国，中国农业科学院深圳农业基因组所黄三文研究员联合国内外优势单位发起了"优薯计划"，以二倍体杂交所获得种子替代薯块，解决四倍体杂交筛选效率低、种薯栽培占地大及运输不方便的问题。培育二倍体马铃薯自交系存在自交不亲和与自交衰退两大障碍，制约了二倍体马铃薯育种的可持续性发展。2018年，黄三文团队采用基因组编辑的方法攻克了自交不亲和的问题（Ye et al.，2018），扫清了第一道障碍。近期，该团队在马铃薯自交衰退遗传机制解析方面的研究成果（Zhang et al.，2019）解决了第二道障碍。两大障碍解决为之后"优薯计划"育种奠定了坚实的理论基础，接下来所需要的是建立具有可遗传的性状优良的马铃薯二倍体自交系。

无论是"分解—综合育种法"还是"优薯计划"，均需要将马铃薯四倍体降为二倍体进行杂交或自交选择，从而较高效率地获得具有可持续可遗传优良性状的马铃薯植株。而马铃薯二倍体的获得，由于染色体的倍性水平不同等诸多原因，使得不能直接利用自然界中的二倍体种资源，这在很大程度上限制了马铃薯优良品种的选育（罗杰等，2019）。进行马铃薯单倍体诱导，由四倍体获得双单倍体（dihaploid）和一单倍体（monohaploid），单倍体经加倍后可获得纯合二倍体，从而获得可用来杂交选育的马铃薯二倍体。同时，单倍体的诱导和加倍，能获得纯合的二倍体和四倍体。不同纯合四倍体之间的相互杂交，可以获得不分离的杂种一代实生种子，对于用实生种子留种以解决品种的退化和种薯的调运，这对节约生产成本具有十分重要的意义（刘文萍，2005）。因此，对单倍体诱导技术的研究在马铃薯的遗传育种具有重要的理论作用与实践意义。

2　马铃薯单倍体诱导方法

植物单倍体诱导主要包括：（1）花药培养或雄核发育；（2）子房培养或雌核发育；（3）染色体消除；（4）半配生殖；（5）单倍体诱导系；（6）减数有丝分裂（王葆生等，2018）。其中最为常采用方法为两种：一种是孤雌生殖，包括辐射或化学诱导的孤雌生殖、远源花粉刺激的孤雌生殖和孤雌生殖诱导系诱导的孤雌生殖；另一种是植物单倍体组织离体培养，包括雄配子体和未受精的雌核的离体培养（卜华虎等，2017）。与此相同的是，在马铃薯单倍体获得的方法中研究相对较为深入的方法为花药培养和孤雌生殖（罗杰等，2019）。

2.1　马铃薯花药培养获得单倍体

花药培养方法可用于由四倍体、二倍体或已经降倍的双单倍体植株，获得双单倍体和一单倍体。一般选取单核中期到单核后期发育阶段的花药，经过预处理和灭菌，接种到诱导培养基上诱导出胚状体或愈伤组织，甚至是胚性细胞团，后将其转移到分化培养基上分化出有正常根茎叶的再生植株（越恋和何凤发，2008）。以MS+NAA 2mg/L+2, 4-D 1mg/L+KT 0.05mg/L+5%马铃薯块茎提取液为培养基培养2 960枚四倍体马铃薯栽培品种花药，获得38块愈伤组织（分化出5株绿色小植株），25个胚状体（分化出5株绿色小植株），2块胚性细胞团（分化出30株绿色小植株），总获得绿色小植株40株，绿色小植株占接种花药比例达1.35%（戴朝曦等，1982）。数据分析得出在花药培养中胚状体较愈伤组织更为有利：（1）胚状体比愈伤组织具有更高的分化小植株能力；（2）花粉形成的愈伤组织与体细胞形成的愈伤组织不容易区分；（3）愈伤组织在发育过程中易发生染色体畸变。相对胚状体与愈伤组织，胚性细胞团具有更可持续的更高的增值分化能力，对其的研究更应继续深入。用花药培养法由马铃薯雄性不育双单倍体诱导一单倍体植株，进一步提高了花药培养适用范围（戴朝曦等，1993）。

在对马铃薯花药培养诱导单倍体的花药培养再生体系的优化研究中，$AgNO_3$能够促进马铃薯四倍体、二倍体花药胚状体的产生（冉毅东和戴朝曦，1993）。进行35℃高温预培养可提高胚状体的数量（王蒂等，1987）。同时，不同基因型的所选双单倍体材料获得一单倍体的效率不同（冉毅东等，1996）。

2.2 马铃薯孤雌生殖获得单倍体

孤雌生殖诱导单倍体是利用在二倍体中发现的能产生2n配子花粉的诱导者，通过种间杂交，诱导四倍体普通栽培种孤雌生殖产生双单倍体（刘文萍，2005）。天然发生的孤雌生殖发生的频率非常低（越恋和何凤发，2008）。人工诱导的方法主要分为活体诱导和离体诱导。影响其诱导频率的因素主要有：（1）寻找到适合的育种材料，包括优良的授粉者和适合的四倍体亲本；（2）培养环境的温度和湿度；（3）授粉量（金黎平和杨宏福，1996）。

2.3 马铃薯花粉培养获得单倍体

除花药培养和孤雌生殖诱导这两种主要获得马铃薯单倍体的方法外，花粉培养也是马铃薯获得单倍体的途径之一。马铃薯花粉培养的影响因素主要包括以下两点：（1）花药的预培养时间；（2）培养基中补充物的添加，如肌醇、马铃薯提取液等（越恋和何凤发，2008）。但采用液体浅层培养法培养四倍体栽培种花粉仅得到愈伤组织，未获得再生植株（左秋仙等，1990）。故而马铃薯花粉培养有待进一步改善实验技术体系从而高效地获得单倍体植株。花粉原生质体具有单倍体与原生质体的双重优点，故而花粉原生质体的分离为花粉培养提供了一个迂回途径。分离得到花粉原生质体通过细胞培养获得具有再生为小植株能力的活性愈伤组织。对影响花粉原生质体分离因素的研究结果显示，酶的种类和渗透压调节剂这两个因素最为重要，其中蜗牛酶对二分体和四分体时期的小孢子原生质体的游离具有良好的效果，而渗透压调节剂以蔗糖为最好，甘露醇次之，山梨醇和葡萄糖作渗透压调节剂时酶解效果较差（王蒂等，1999）。

3 展望

马铃薯单倍体育种提供了更为高效快速的育种方法，但是对其育种的最佳方法体系及条件的研究未达到足够的完善，故而仍需对其进行更为深入的研究。通过马铃薯单倍体育种获得育种所需的二倍体，双单倍体或一单倍体后，选择建立主要由二倍体自交系进行性状筛选和育种，还是单倍体经过染色体加倍后恢复为纯合四倍体再进行后续选择和育种，两种育种思路哪个更为高效便捷还有待比较讨论。

参考文献

卜华虎，任志强，王晓清，等，2017.植物单倍体育种研究进展[J].山西农业科学，45（12）：2 032-2 037.

戴朝曦，于品华，冉毅东，等，1993.用花药培养法由马铃薯雄性不育双单倍体诱导一单倍体植株的研究[J].遗传学报，20（2）：141-146.

戴朝曦，于品华，王蒂，等，1990a. 马铃薯遗传工程技术的研究[J]. 马铃薯杂志，4（1）：23-28.

戴朝曦，于品华，王蒂，等，1990b. 马铃薯生物工程技术的研究[J]. 甘肃农业大学学报，25（1）：1-13.

戴朝曦，1982. 用花药培养法诱导马铃薯产生双单倍体植株的研究[J]. 科学通报，27（24）：1 529-1 532.

金黎平，杨宏福，1996. 马铃薯双单倍体的产生及其在遗传育种中的应用[J]. 马铃薯杂志，10（3）：180-186.

李峰，王志刚，王占海，等，2019. 马铃薯杂交育种的障碍及解决途径[J]. 农业开发与装备（1）：50.

李颖，李广存，李灿辉，等，2013. 二倍体杂种优势马铃薯育种的展望[J]. 中国马铃薯，27（2）：96-99.

刘文萍，2005. 马铃薯单倍体诱导及在育种中的应用[J]. 黑龙江农业科学，2：52-54.

罗杰，唐唯，李灿辉，2019. 中国马铃薯单倍体诱导进展[J]. 中国马铃薯，33（2）：114-118.

冉毅东，戴朝曦，1993. 马铃薯花药培养硝酸银对诱导双单倍体及一单倍体的效果[J]. 西北农业学报，2（4）：43-47.

冉毅东，王蒂，戴朝曦，1996. 提高马铃薯双单倍体花药培养产生胚状体及再生植株频率的研究[J]. 马铃薯杂志，10（2）：74-78.

王葆生，刘湘萍，廉勇，等，2018. 单倍体育种技术研究进展[J]. 北方农业学报，46（5）：44-49.

王蒂，冉毅东，戴朝曦，1990. 马铃薯花药培养中高温前处理的作用及不同基因型的反应[J]. 马铃薯杂志，4（3）：39-143.

王蒂，司怀军，王清，1999. 马铃薯花粉原生质体分离的研究[J]. 园艺学报，6（5）：323-326.

越恋，何凤发，2008. 马铃薯单倍体培养研究进展[J]. 中国马铃薯，22（2）：103-105.

左秋仙，李淑媛，林自安，等，1990. 马铃薯花粉粒的分离培养和愈伤组织的形成[J]. 马铃薯杂志，4（1）：19-22.

Zhang C，Wang P，Tang D，et al.，2019. The genetic basis of inbreeding depression in potato[J]. Nature Genetics，51（2）：374-378.

Ye M，Peng Z，Tang D，et al.，2018. Generation of self-compatible diploid by knock out of *S-RNase*[J]. Nature Plants，4（9）：651-654.

蔬　菜

外植体和植物生长调节剂对大蒜体细胞胚发生的影响

李　萍[1, 2]，刘　敏[1, 2]，李梦倩[1, 2]，张　蒙[1, 2]，蒋芳玲[1, 2]，吴　震[1, 2*]

（1.南京农业大学园艺学院　南京　210095；2.农业部华东地区园艺
作物生物学与种质创制重点实验室　南京　210095）

摘　要：为了优化大蒜体细胞胚再生体系，本研究以大蒜品种"二水早"为试材，探讨不同外植体和植物生长调节剂对大蒜胚性愈伤组织诱导、体细胞胚成熟和萌发的影响。结果表明，"二水早"发芽叶基部胚性愈伤组织诱导最适宜的2，4-D浓度为2.0～3.0mg/L。蒜瓣和气生鳞茎试管苗的根尖在B5+3.0mg/L 2，4-D+0.5mg/L KT固体培养基中的胚性愈伤组织诱导率较高，分别为80%和96%。降低2，4-D浓度有助于体细胞胚发育成熟和萌发，0.25mg/L 2，4-D+0.5mg/L 6-BA条件下，体细胞胚的萌发系数最高。

关键词：大蒜（*Allium sativum* L.）；胚性愈伤组织；体细胞胚发生；发育；成熟萌发

Effects of Explant and Plant Growth Regulator on the Somatic Embryogenesis of Garlic

Li Ping[1, 2]，Liu Min[1, 2]，Li Mengqian[1, 2]，Zhang Meng[1, 2]，
Jiang Fangling[1, 2]，Wu Zhen[1, 2*]

（[1]College of Horticulture，Nanjing Agricultural University，[2]Key Laboratory of Biology
and Germplasm Enhancement of Horticultural Crops in East China，Ministry of Agriculture，
Nanjing 210095，China）

基金项目：国家自然科学基金项目（31372056和31872125）；中央高校基本科研业务费（科技扶贫专项）（KJFP201702）；江苏高校优势学科（现代园艺科学）建设工程资助项目

作者简介：李萍，女，硕士研究生，主要从事蔬菜栽培和生理研究，E-mail：2017104071@njau.edu.cn

* 通讯作者：吴震，男，教授，博士生导师，主要从事蔬菜生理生态以及生物技术的研究，Author for correspondence（E-mail：zpzx@njau.edu.cn）

Abstract：To optimize the somatic embryogenesis system of garlic, garlic variety "Ershuizao" was selected to investigate the effects of explants and plant growth regulator on the induction of embryonic callus and development and germination of the somatic embryo *in vitro*. The results showed that the most suitable 2, 4-D concentration of embryonic callus induction was 2.0 ~ 3.0mg/L. The embryogenic callus induction rate of root tip was always the highest under solid B5 medium with 3.0 mg/L 2, 4-D and 0.5 mg/L KT. The induction rate of bulbs or aerial bulbs roots were 80% and 96%, respectively. Lower 2, 4-D concentration was beneficial to the development and germination of somatic embryo. The germination coefficient of the somatic embryo was highest under the medium with 0.25 mg/L 2, 4-D and 0.5 mg/L 6-BA.

Key words：Garlic（*Allium sativum* L.）；Embryonic callus；Somatic embryogenesis；Development；Mature and germination

大蒜（*Allium sativum* L.）又名胡蒜或蒜，是我国栽培历史悠久的重要经济作物和药用作物（程智慧，2010）。大蒜不能形成真正种子，主要通过鳞茎进行无性繁殖。常年的无性繁殖导致大蒜病毒积累、品种退化，进而影响其产量和品质。利用组织培养技术来进行大蒜脱毒快繁，使大蒜组培快繁技术真正成熟可用，对大蒜产业的发展意义重大。

植物组织培养主要分为两种途径：器官发生途径和体细胞胚发生途径。植物体细胞胚发生是指在离体条件下，植物体细胞通过与合子胚发育相类似的途径，发育形成具有胚性细胞形态和功能的细胞，又称胚状体。体细胞胚在一定条件下，可形成完整植株（Johng，1990）。相比于器官发生途径，体细胞胚发生途径具有繁殖系数高、遗传稳定性强和结构完整等优点。Aboelnil（1977）首次以大蒜品种"Extra Early White"的茎盘和茎尖为外植体，诱导出胚性愈伤组织和体细胞胚，并成功培育得到再生植株。自此之后，有关大蒜体细胞胚发生的研究报道逐渐增多。

张忠新（1983）利用蒜瓣组织块成功诱导出胚性愈伤组织，并观察到发育不同阶段的胚状体，且有试管苗的分化，这在国内尚属首次。何俊英等（1990）以大蒜发芽叶为外植体，经诱导培养获得愈伤组织及再生植株，该研究还发现发芽叶不同部位的愈伤组织诱导率存在差异，其中发芽叶下部诱导率最高。Gabriela（2006）研究发现，相比于毒莠定，2，4-D更有利于大蒜愈伤组织的诱导。张芬（2008）比较研究不同基本培养基MS和B5对大蒜愈伤组织诱导的影响，发现以B5为基本培养基的诱导效果优于MS。马琳等（2011）研究发现，"苍山蒜"和"二水早"愈伤组织诱导率高于"苏联蒜"和"金蒜三号"，其中"苍山蒜"诱导率最高，为76.89%。武延生等（2013）以大蒜根尖为外植体，在MS中培养得到结构致密的愈伤组织，转接至添加NAA、6-BA的1/2MS中继代培养，形成了带有根状物和芽点的体细胞胚。孔素萍等（2016）研究不同因素对大蒜愈伤组织诱导的影响，结果表明大蒜根尖和鳞芽基部比茎尖和试管苗叶片易于诱导愈伤组织，其中根尖愈伤组织诱导率最高。Benke（2018）以大蒜根尖为外植体，发现降低植物生长调节剂浓度，添加0.5mg/L 2, 4-D和0.1mg/L BAP，愈伤组织增殖显著。

虽然有关大蒜体细胞胚发生的研究已有较多报道，但体细胞胚发生的影响因素较多，大蒜体细胞胚再生体系尚不稳定，距离高效的生产应用还有一定的差距。因此，本试验以大蒜品种"二水早"为材料，探究不同2, 4-D浓度和外植体类型对大蒜胚性愈伤组织诱导、不同植物生长调节剂组合对体细胞胚成熟和萌发的影响，旨在优化大蒜体细胞胚再生体系，为今后建立高效稳定的大蒜体细胞胚再生体系奠定基础。

1 材料与方法

1.1 实验材料与培养

本试验以大蒜品种"二水早"作为供试材料，该品种保存于本实验室。"二水早"为蒜薹用早熟品种，蒜薹抽薹率高，蒜薹产量高，品质好。

挑选大小和生理年龄一致的蒜瓣和气生鳞茎，在饱和洗衣粉溶液中浸泡30min，流水冲洗15min，然后在超净工作台用75%酒精消毒90s，无菌水清洗1次，再用2%次氯酸钠溶液消毒，其中气生鳞茎消毒4～8min，蒜瓣消毒8～12min，然后无菌水清洗3～4次，最后置于无菌滤纸上吸干表面水分待用。

以蒜瓣发芽叶基为外植体：去掉蒜瓣底部约1mm的木栓化组织，去除贮藏叶及茎盘部分，留下发芽叶基部约5mm，再纵切均匀分成2份接种到诱导培养基中；以蒜瓣和气生鳞茎试管苗根尖、根段等为外植体：先利用蒜瓣和气生鳞茎诱导试管苗，然后将获得的试管苗根尖、根段和叶等切为长约5mm的小段接种到诱导培养基中。

胚性愈伤组织诱导基本培养基为B5培养基，体细胞胚发育基本培养基为MS培养基。除特殊处理外，培养基中添加0.7%琼脂和3%蔗糖，pH值调整为5.8，培养温度为（25±1）℃，暗培养。

1.2 试验设计和处理方法

1.2.1 不同浓度2, 4-D对大蒜发芽叶基部胚性愈伤组织诱导的影响

试验所添加的生长素为2, 4-D，设0、1.0mg/L、2.0mg/L、3.0mg/L和4.0mg/L 5个浓度，共5个处理。以上5个处理的基本培养基为B5培养基，均添加0.5mg/L KT、0.7%琼脂和3%蔗糖，pH值调整为5.8。黑暗条件下培养，观察胚性愈伤组织生长状态并拍照，60d后统计其胚性愈伤组织诱导率。

1.2.2 大蒜鳞茎试管苗不同部分形成胚性愈伤组织的差异

试验所用的外植体为"二水早"蒜瓣诱导的试管苗根尖、根段、成熟叶片、幼叶和叶基部。培养基中所添加的2, 4-D浓度为3.0mg/L，其他条件同1.2.1。观察不同外植体胚性愈伤组织生长状况并拍照，60d后统计胚性愈伤组织诱导率。

1.2.3 大蒜气生鳞茎及其试管苗不同部分形成胚性愈伤组织的差异

试验所用的外植体为气生鳞茎的基部（长约3mm）、气生鳞茎中部（长约3mm）、气生鳞茎顶部（长约3mm）、气生鳞茎试管苗叶片、根尖和根段。培养基中所添加的2,4-D浓度为3.0mg/L，其他条件同1.2.1。观察不同外植体胚性愈伤组织生长状况并拍照，60d后统计其胚性愈伤组织诱导率。

1.2.4 不同植物生长调节剂组合对大蒜体细胞胚成熟和萌发的影响

以诱导得到的发育状态良好且长势一致的球形胚为材料，MS为基本培养基，添加2,4-D浓度分别为0.25mg/L、1.0mg/L和3.0mg/L，6-BA浓度分别为0.5mg/L、2.0mg/L和4.0mg/L，共9个处理组合。观察体细胞胚发育状况并拍照，60d后统计体细胞胚的萌发系数。

1.3 调查项目与方法

在接种后的60d统计产生胚性愈伤组织的外植体数及体细胞胚萌发的苗数，并计算胚性愈伤组织的诱导率和体细胞胚的萌发系数：

胚性愈伤组织诱导率（%）=产生胚性愈伤组织的外植体数/（接种的外植体总数−污染和褐化的外植体数）×100

体细胞胚萌发系数（个/g）=萌发苗数/接种的球形胚鲜重

1.4 数据处理与分析

试验数据采用Excel和SPSS等软件进行统计与分析，用Duncan新复极差法测验不同处理间的差异显著性，显著水平$P<0.05$。

2 结果与分析

2.1 不同浓度2,4-D对大蒜发芽叶基部胚性愈伤组织诱导的影响

在接种后20d，外植体分化出白化幼叶的形态，肉眼均未能直接观察到愈伤组织的产生。4个添加2,4-D的处理在拨开幼叶后，观察到其基部有愈伤组织形成。未添加2,4-D的处理没有观察到愈伤组织产生（表1，图1B）。在接种60d后，4个添加2,4-D的处理均有胚性愈伤组织形成，但它们之间的诱导率差异不显著。较低浓度的2,4-D处理（1.0mg/L）和较高浓度的2,4-D处理（4.0mg/L）形成的颗粒状的胚性愈伤组织的量明显少于2.0mg/L和3.0mg/L 2,4-D的处理（图1C，D，E，F）。因此，诱导"二水早"发芽叶基部胚性愈伤组织最适宜2,4-D浓度为2.0~3.0mg/L。

表1 不同浓度2,4-D对大蒜发芽叶基部胚性愈伤组织诱导的影响

2,4-D浓度（mg/L）	诱导率（%）	愈伤组织状态
0	0	—
1.0	79.98 ± 2.11a	黄白色，少量颗粒

（续表）

2, 4-D浓度（mg/L）	诱导率（%）	愈伤组织状态
2.0	82.55 ± 3.06a	黄白色，颗粒状
3.0	83.40 ± 6.73a	黄白色，颗粒状
4.0	71.32 ± 2.57a	黄白色，少量颗粒

注：表中不同字母表示差异显著（$P<0.05$）。下同

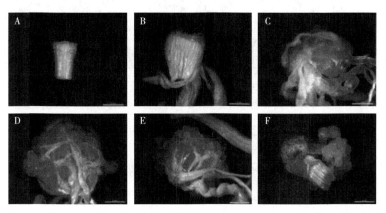

A. 外植体（0d）；B. 未添加2, 4-D的外植体生长状态；C. 1.0mg/L 2, 4-D诱导形成的胚性愈伤组织；
D. 2.0mg/L 2, 4-D诱导形成的胚性愈伤；E. 3.0mg/L 2, 4-D诱导形成的胚性愈伤组织；
F. 4.0mg/L 2, 4-D诱导形成的胚性愈伤组织

图1 不同浓度2, 4-D处理下大蒜发芽叶基部胚性愈伤组织生长状况

2.2 大蒜鳞茎试管苗不同部分形成胚性愈伤组织的差异

以"二水早"蒜瓣诱导的试管苗根尖、根段、幼叶、成熟老叶及叶基部为外植体诱导胚性愈伤组织，结果如表2所示。试管苗根尖的胚性愈伤组织诱导率显著高于其他外植体，为80.00%，且根尖诱导形成的胚性愈伤组织量多、颗粒状明显（图2A-2）。试管苗幼叶、叶基部和根段的胚性愈伤组织诱导率依次为60.71%、55.17%和47.62%，其诱导形成的胚性愈伤成黄白色，其中根段诱导形成的颗粒状胚性愈伤组织的量少于幼叶和叶基部（图2B-2，图2C-2和图2D-2），而成熟老叶不能诱导出愈伤组织。

表2 大蒜鳞茎试管苗不同部分形成胚性愈伤组织的差异

外植体	诱导率（%）	愈伤状态
试管苗根尖	80.00 ± 5.09a	黄白色，颗粒状
试管苗根段	47.62 ± 3.15b	黄白色，少量颗粒
试管苗幼叶	60.71 ± 3.57b	黄白色，颗粒状
试管苗叶基部	55.17 ± 3.45b	黄白色，颗粒状

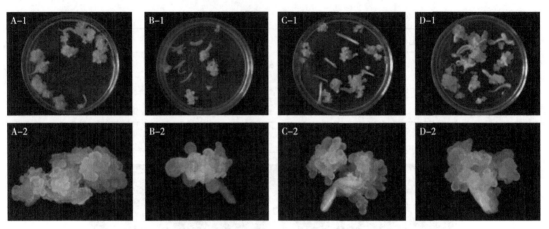

A.试管苗根尖诱导形成的胚性愈伤组织；B.试管苗根段诱导形成的胚性愈伤组织；
C.试管苗幼叶诱导形成的胚性愈伤组织；D.试管苗叶基部诱导形成的胚性愈伤组织

图2 大蒜鳞茎试管苗不同部分形成的胚性愈伤组织

2.3 大蒜气生鳞茎及其试管苗不同部分形成胚性愈伤组织的差异

对"二水早"气生鳞茎及其试管苗根尖、根段和叶片进行胚性愈伤组织诱导，试验结果如表3所示。气生鳞茎的基部、中部和顶部在该培养条件中均未能诱导出愈伤组织。气生鳞茎的试管苗叶片、根尖和根段均能诱导得到胚性愈伤组织（图3A，B，C）。其中叶片胚性愈伤组织诱导率较低，只有5.13%；根尖胚性愈伤组织诱导率显著高于根段和叶片，达96%。

表3 大蒜气生鳞茎及其试管苗不同部分形成胚性愈伤组织的差异

外植体	诱导率（%）	愈伤状态
试管苗根尖	96.00 ± 2.31a	黄白色，颗粒状
试管苗根段	50.67 ± 4.81b	黄白色，少量颗粒
试管苗叶片	5.13 ± 1.28c	黄白色，颗粒状

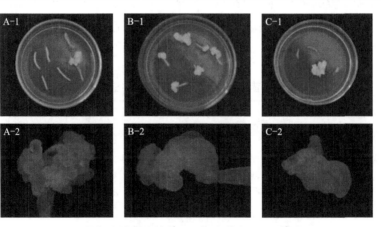

图3 大蒜气生鳞茎试管苗不同部分形成的胚性愈伤组织

2.4 不同植物生长调节剂组合对大蒜体细胞胚成熟和萌发的影响

由表4可以看出，随着2，4-D浓度增加，大蒜体细胞胚的萌发系数降低，当2，4-D浓度升至3.0mg/L时，体细胞胚未能萌发成苗。培养基中添加0.25mg/L 2，4-D和0.5mg/L 6-BA的体细胞胚萌发系数显著高于其他处理，说明较低浓度的2，4-D有助于体细胞胚的成熟和萌发。在体细胞胚发育阶段，观察到球形胚（图4B）可进一步发育形成梨形胚（图4C）和子叶胚（图4D）。在体细胞胚萌发时，大部分都是芽和根同时发生，少部分只长芽或只生根。本部分试验发现促进大蒜体细胞胚成熟和萌发最佳激素组合为：0.25mg/L 2，4-D+0.5mg/L 6-BA。

表4 不同植物生长调节剂组合对大蒜体细胞胚成熟和萌发的影响

2，4-D浓度（mg/L）	6-BA浓度（mg/L）	萌发系数（苗数/g）
0.25	0.5	35.56 ± 5.88a
0.25	2.0	18.89 ± 2.22b
0.25	4.0	14.44 ± 5.88b
1.0	0.5	11.11 ± 6.19b
1.0	2.0	11.11 ± 4.00b
1.0	4.0	0

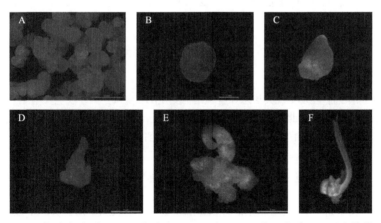

A，B.接种的球形胚；C.梨形胚；D.子叶胚；E.体胚萌芽；F.再生植株

图4 大蒜体细胞胚的发育成熟和萌发

3 讨论

众多大蒜体细胞胚发生的研究表明，多种大蒜品种均能诱导得到体细胞胚，而且大蒜基因型不同，其胚性细胞的诱导率也不同。"二水早"为本试验的供试材料，是由本实验室保存、筛选出来的体细胞胚发生效率较高的品种（程雅琪，2016）。本试验发现不添加

2,4-D不能诱导出愈伤组织，较低或较高的生长素浓度均不利于胚性愈伤组织的诱导，这与百子莲愈伤组织诱导规律一致（邹梦雯，2015）。大蒜体细胞胚发生的研究表明：大蒜的茎尖、根尖、茎盘、幼叶和花序轴等均可诱导形成胚性愈伤组织。本研究中，气生鳞茎诱导的试管苗根尖和蒜瓣诱导的试管苗根尖均有较高的胚性愈伤组织诱导率。这可能是由于胚性细胞的诱导受内源激素的影响较大，细胞分裂旺盛、内源激素较多的部位较易获得胚性愈伤组织，而远离旺盛生长的组织较难获得胚性愈伤组织（Fereol et al.，2002；詹园凤，2004；Gabriela et al.，2006）。胚性愈伤组织进一步发育形成体细胞胚需要降低生长素的浓度，否则胚性细胞不能进一步的生长和发育（Xue et al.，1991；武延生等，2013；Benke et al.，2018），我们的研究也发现在大蒜体细胞胚成熟和萌发过程中，其对生长素的需求较低，较高浓度的生长素会使体细胞胚发育停滞，甚至可能使其退回到愈伤组织状态。试验还发现大蒜体细胞胚发育经历球形胚、梨形胚和子叶胚阶段，然后发育形成完整植株，这与百合、菠萝等单子叶植物体细胞胚发生过程相类似（何业华等，2012；吴泽等，2014），大蒜体细胞胚发育过程也与单子叶植物合子胚的发育过程相似。

本研究针对大蒜体细胞胚发生影响因素较多、培养体系尚不稳定的问题，筛选得到了大蒜胚性愈伤组织诱导适宜的2,4-D浓度和外植体类型，以及促进体细胞胚成熟及萌发的适宜植物生长调节剂组合。然而，大蒜体细胞胚发育的同步性问题尚未解决，大蒜体细胞胚的萌发系数仍然不高。后续研究应该重点解决大蒜体细胞胚发育一致性的问题，同时在大蒜体细胞胚发育过程中还可进行添加外源ABA、PEG，以及添加不同碳源、氨基酸、活性炭等以促进其成熟萌发。

参考文献

程雅琪，2016. 大蒜体细胞胚发生及其形态和组织结构变化[D]. 南京：南京农业大学.

程智慧，2010. 园艺学概论[M]. 北京：中国农业出版社.

何俊英，王洪隆，马筠，等，1990. 大蒜发芽叶愈伤组织的诱导及植株再生[J]. 天津农林科技（1）：17-20.

何业华，方少秋，胡中沂，等，2012. 菠萝体细胞胚发育过程的形态学和解剖学研究[J]. 园艺学报，39（1）：57-63.

孔素萍，杜红霞，杨妍妍，等，2016. 不同外植体和植物激素对大蒜愈伤组织诱导的影[J]. 山东农业科学，48（12）：20-24.

马琳，刘世琦，张自坤，等，2011. 光质对大蒜愈伤组织诱导、增殖及器官分化的影响[J]. 西北农业学报，20（6）：118-122.

吴泽，钟雄辉，曹兴，等，2014. 百合类体细胞胚和体细胞胚的形态学与组织学研究[J]. 园艺学报，41（8）：1 716-1 722.

武延生，2013. 多倍体大蒜胚状体及再生幼苗诱导研究[J]. 种子，32（11）：28-30.

詹园凤，2004. 大蒜体细胞胚胎发生及相关生理生化研究[D]. 南京：南京农业大学.

张芬，2008. 大蒜种质资源的形态学评价、愈伤诱导再生和原生质体培养[D]. 杭州：浙江大学.

张忠新，李仁敬，1983. 大蒜组织培养中胚状体的发生[J]. 实验生物学报，16（3）：241-246.

邹梦雯，2015. 毒莠定（PIC）调控百子莲愈伤组织胚性诱导与保持生理生化基础的研究[D]. 上海：上海交通大学.

Aboelnil M M, 1977. Organogenesis and embryogenesis in callus of garlic (*Allium sativum* L.) [J]. Plant Science Letters, 9（3）: 259-264.

Carman J G, 1990. Embryogenic cells in plant tissue cultures: occurrence and behavior[J]. Vitro Cellular & Developmental Biology, 26（8）: 746-753.

Fereol L, Chovelon V, Causse S, et al., 2002. Evidence of a somatic embryogenesis process for plant regeneration in garlic (*Allium sativum* L.) [J]. Plant Cell Reports, 21（3）: 197-203.

Luciani G F, Mary A K, Pellegrini C, et al., 2006. Effects of explants and growth regulators in garlic callus formation and plant regeneration[J]. Plant Cell Tissue & Organ Culture, 87（2）: 139-143.

Xue H M, Ha J A, Ling S, et al., 1991. Somatic embryogenesis and plant regenaration in basal plate and receptacle derived callus cultures of garlic (*Allium sativum* L.) [J]. Journal of Japanese Soceity of Horticultral Science, 60（3）: 627-634.

甘薯脱毒和组培快繁技术研究初探

张　秦，杨会苗，刘兰英，张军民，李春玲*

（北京市海淀区植物组织培养技术实验室　北京市植物组织

培养工程技术研究中心　北京　100091）

摘　要：为建立甘薯有效的脱毒和快繁技术体系，本研究主要探索适宜甘薯快速繁殖的培养基，并针对茎尖培养、高温及药剂处理三种方法对甘薯病毒的脱除技术进行研究。研究结果表明，烟薯25茎尖培养脱毒试验中7种病毒脱除率为28.6%；京6脱毒率为0。烟薯25在40℃条件下分别处理2h或8h，可有效脱除甘薯羽状斑驳病毒（SPFMV）及甘薯卷叶病毒（SPLCV）；京6在40℃条件下处理2h、4h、8h，SPFMV病毒全部脱除，SPLCV病毒脱除率均为85.7%；烟薯25盆栽苗于35~40℃，处理30d可有效脱除SPFMV。茎尖培养与药剂共同处理，SPLCV病毒脱除率为100%；培养基MS+2.0mg/L 6-BA+1.0mg/L KT适宜烟薯25、普薯32、济薯26扩繁。

关键词：甘薯；脱毒；快繁

Preliminary Study on Detoxification and Tissue Culture and Rapid Propagation of Sweet Potato

Zhang Qin，Yang Huimiao，Liu Lanying，Zhang Junmin，Li Chunling*

（Laboratory of Plant Tissue Culture Technology of Haidian District，Beijing Engineering and Technological Research Center of Plant Tissue Culture；Beijing 100091，China）

Abstract：In order to establish the effective antivirus and fast propagation technology system of sweet potato，the medium suitable for rapid propagation of sweet potato was explored，and studied the technology of removing sweet potato

基金项目：北京市粮经作物产业创新团队项目（BAIC09-2018，BAIC09-2019）

* 通讯作者：Author for correspondence（E-mail：zupeishi@139.com）

virus using three methods：stem tip culture，high temperature and drug. The results showed that the virus-free rate of Yanshu 25 by stem tip culture was 28.6%，and the virus-free rate of jing 6 was 0.The treatment of 2h or 8h at 40℃ can effectively remove SPFMV and SPLCV of Yanshu 25. The virus-free rate of SPFMV in Jing 6 under the conditions of 40℃ for 2 h，4 h，8 h was 100%，SPLCV was 85.7%；The potted seedlings at 35～40℃ for 30 days can effectively remove the SPFMV. SPLCV can be removed through stem tip culture and drug，the virus-free rate of Yanshu 25 was 100%. The medium suitable for the propagation of sweet potato was MS+2.0mg/L 6-BA+1.0mg/L KT.

Key words：Sweet potato（*Ipomoea batatas* Lam.）；Virus-free；Rapid propagation

甘薯（*Ipomoea batatas* Lam.）又称山芋、番薯、红薯、地瓜，为旋花科甘薯属一年生或多年生蔓性草本植物，耐旱，耐贫瘠，产量高，富含多种营养物质，具有良好的保健功能。我国的甘薯种植面积及产量均居世界首位，主要用作粮食、饲料及工业原料，在国家粮食安全与能源安全方面占有重要地位。病毒病是甘薯的主要病害之一（秦梅等，2014；康明辉等，2010），一旦感染病毒，会导致产量品质降低，种性退化，严重可导致减产（杨松涛，2006）。为提高甘薯脱毒率，满足脱毒苗产业化生产的需求，本文对甘薯茎尖培养、高温和药剂三种脱毒方法进行了研究；对繁殖速度慢的甘薯品种，进行了增殖培养基的筛选试验，以提高繁殖速率，短期内获得大量的脱毒组培苗。

1 材料与方法

1.1 实验材料

甘薯试验品种为烟薯25、京6、济薯26、普薯32，由北京市农业技术推广站及北京市密云区和合元种植专业合作社提供。

1.2 实验材料准备

准备大号塑料钵，底部铺设报纸，以防浇水时基质随水从排水孔中流出；栽培基质选用蛭石和草炭，比例2：1；基质提前用500倍百菌清溶液喷湿，将薯块平铺或直插入基质中，注意直插时分清上下部，浇水后放于适宜温度下催芽。催芽条件29～32℃。待苗出芽后降低温度，控制在25～28℃。

从携带有SPLCV病毒的烟薯25盆栽苗上剪插条，插条长约10cm，去除叶片，插条上部平切，下部斜切；将插条放于500倍百菌清溶液中浸泡10s，再用浓度为100～500mg/kg萘乙酸溶液处理，以利快速生根；扦插基质为蛭石和草炭，扦插容器选用塑料钵，从底部到上部依次为报纸、草炭、蛭石，同样用500倍百菌清溶液处理；将处理好的插条扦插于基质中，喷水后放置于25～28℃的环境条件下培养。待生根并长出新芽后即可进行药剂脱毒试验。

1.3 茎尖剥离技术

1.3.1 材料准备

当甘薯块茎长出新芽后，切下顶部约2cm的芽段，剪去已展开的叶片，放入烧杯中，倒入洗涤灵进行洗涤，流水冲洗30min左右，置于超净工作台上。在超净工作台内先用酒精处理30s，再用0.2%升汞或5%次氯酸钠进行消毒，倒去消毒液后，用无菌水冲洗3～5次，将芽段放在灭过菌的滤纸上吸干水分。

1.3.2 茎尖培养

在解剖镜下对芽段进行处理，剪去较小未展开叶片和较大的叶原基，切下带有1～2个叶原基的生长点，长度为0.2～0.3mm，用解剖针将茎尖挑到装有培养基的三角瓶中进行培养，每瓶接种3～5个外植体，每接种一个茎尖换一次手术刀及解剖针，以降低污染。培养基为MS+1.0mg/L6-BA+0.5mg/L IAA，培养基中附加30g/L蔗糖和6g/L琼脂，pH值5.8。培养条件为温度25℃，光照强度2 000lx，光照时间12h/d。培养30d后转到MSO培养基。

1.4 高温处理结合茎尖剥离技术脱毒

剥离烟薯25与京6茎尖，茎尖剥离方法参照1.3，统计脱毒效果；将未脱除病毒的烟薯25与京6茎尖组培苗置于恒温箱40℃分别处理2h、4h、8h，之后进行病毒检测，并统计脱毒效果。

另对营养钵中的烟薯25直接进行高温处理，处理温度35～40℃，处理时间为30d，参照1.6进行病毒检测并统计脱毒效果。

1.5 药剂结合茎尖剥离技术脱毒

以携带有SPLCV病毒的烟薯25盆栽苗为实验材料，进行药剂脱毒试验。即在甘薯植株上喷药，处理1d后剥取带1～2个叶原基的茎尖进行分生组织剥离和培养，方法参照1.3。脱毒药剂为宁南霉素、毒氟磷、新奥甘肽、阿泰灵；处理浓度为宁南霉素3.33ml/L，毒氟磷3.33g/L，新奥甘泰1.33ml/L，阿泰灵3.33g/L；待愈伤生成不定芽，转至MSO培养基成苗后，再进行病毒检测。病毒检测参照1.6。

1.6 病毒检测

病毒检测方法采用RT-PCR检测技术。检测病毒种类共7种，分别为甘薯褪绿斑病毒（SPCFV）、甘薯褪绿矮化病毒（SPCSV）、甘薯羽状斑驳病毒（SPFMV）、甘薯卷叶病毒（SPLCV）、甘薯病毒2号（SPV2）、甘薯病毒G（SPVG）和甘薯潜隐病毒（SPLV）。病毒引物如表1所示。

序号	病毒	引物序列
1	甘薯褪绿斑病毒（SPCFV）	SPCFV F 5′-CTATGCTGCTCACTCAAGC-3′ R 5′-TTGATTGGCCACAAGCGAAG-3′
2	甘薯褪绿矮化病毒（SPCSV）	SPCSV F 5′-AGTAAACGATGACAAGAACT-3′ R 5′-CATGTCTCTTCTTCCCACA-3′
3	甘薯羽状斑驳病毒（SPFMV）	SPFMV F 5′-GGATTAYGGTGTTGACGAC-3′ R 5′-TCGGGACTGAARGAYACGAATTTAA-3′
4	甘薯卷叶病毒（SPLCV）	SPLCV F 5′-CCCCKGTGCGWRAATCCAT-3′ R 5′-ATCCVAAYWTYCAGGGAGCTAA-3′
5	甘薯病毒2号（SPV2）	SPV2 F 5′-CGTACATTGAAAAGAGAAACAGGATA-3′ R 5′-TCGGGACTGAARGAYACGAATTTAA-3′
6	甘薯病毒G（SPVG）	SPVG F 5′-GTATGAAGACTCTCTGACAAATTTTG-3′ R 5′-TCGGGACTGAARGAYACGAATTTAA-3′
7	甘薯潜隐病毒（SPLV）	SPLV F 5′-GCCGAYGAAACCATCMTCGAT-3′ SPLV R 5′-GTCTCYGGTATAAGACAAAAAG-3′

1.7　增殖培养基筛选

以烟薯25、济薯26、普薯32为材料，转接于不同培养基中，以探求适宜甘薯快繁的最佳增殖培养基。每瓶4棵，20棵为一个重复，共三次重复，60棵为一个处理。

培养基：（1）MS；（2）MS+2.0mg/L 6-BA+1.0mg/L KT；（3）MS+1.0mg/L 6-BA+0.5mg/L KT

以上培养基中添加蔗糖30g/L，琼脂6g/L。

2　结果与分析

2.1　茎尖培养结合高温处理脱毒结果

茎尖培养与脱毒情况如表2所示，烟薯25与京6茎尖出苗率分别为80.0%、56.2%；茎尖成苗后选取部分植株进行7种病毒检测，检测结果显示，烟薯25与京6病毒脱除率分别为28.6%、0。

表2　不同甘薯茎尖培养和脱毒结

品种	茎尖（个）	成苗率（%）	脱毒率（%）
烟薯25	73	80.0	28.6
京6	53	56.2	0

高温处理脱毒结果如表3所示，烟薯25与京6在40℃条件下处理2h、4h、8h后，SPFMV病毒脱除率均为100%；烟薯25携带的SPLCV病毒，处理2h、8h均可100%脱除，而处理4h，不能完全脱除，脱毒率为66.7%；京6携带的SPLCV病毒在40℃条件下经2h、4h、8h处理，脱毒率均为85.7%。由此推断，40℃条件下分别处理2h或8h可有效脱除烟薯25中SPFMV及SPLCV病毒。处理时间的长短对京6中SPFMV及SPLCV病毒的脱除无明显影响。

表3 高温处理对不同甘薯脱毒率的影响 （%）

品种	2h		4h		8h	
	SPLCV	SPFMV	SPLCV	SPFMV	SPLCV	SPFMV
烟薯	100	100	66.7	100	100	100
京6	85.7	100	85.7	100	85.7	100

塑料钵中种植的携带有SPFMV及少量SPLCV病毒的烟薯25高温处理之后的病毒检测结果显示，SPFMV病毒已被脱除，但仍携带SPLCV。由此可知，35～40℃处理时间30d可有效脱除SPFMV病毒。

2.2 药剂处理结合茎尖培养脱毒结果

茎尖培养与药剂处理脱毒结果如表4所示，四种药剂处理之后的茎尖成苗率相差较大，宁南霉素处理的成苗率最低，为25.0%；其他均高于80%。脱毒效果较好，均为100%，说明茎尖培养与脱毒药剂共同处理对SPLCV病毒有明显脱除作用。

表4 不同药剂对烟薯25茎尖培养与脱毒率的影响

药剂	成苗率（%）	脱毒率（%）
宁南霉素	25.0	100
毒氟磷	83.3	100
新奥甘泰	85.7	100
阿泰灵	100	100

2.3 不同激素对甘薯生长发育的影响

含不同激素的增殖培养基筛选试验结果如表5与图1所示，烟薯25在三种培养基中叶片颜色均是绿色，生长健壮，株高、节间数、叶片数相差不大，但是在2号培养基中萌发芽数较1号、3号培养基要多；普薯32在1号培养基中叶片呈浅绿色，植株较为细弱，在2、3号培养基中叶片浓绿色，茎秆粗壮，成红色；在植株高度、节间数与叶片数量上，2、3号培养基中的甘薯明显高于1号，而在分化芽的数量上相比，2号培养基又高于3号培养基。

济薯26在三种培养基上的生长状况相比，1号培养基中的叶片呈浅绿色，植株较为细弱；在2、3号培养基中叶片更为浓绿，茎秆粗壮，呈红色，且在植株高度、节间数、分化芽的数量方面明显要高于1号培养基。综上所述，烟薯25、普薯32、济薯26在2号培养基中更适宜扩繁增殖。

表5 不同浓度激素对甘薯生长发育影响

品种	培养基	株高（cm）	节间（个）	芽（个）	叶（个）	备注
烟薯25	①	6.06	11.53	1.05	9.58	
	②	5.22	9.48	2.05	8.1	叶片绿色，植株健壮，3种培养基相差不大
	③	5.45	10.75	1.33	8.77	
普薯32	①	3.29	6.53	1.28	4.4	叶片浅绿且较小，新萌发芽体较小，植株较弱
	②	6.51	10.12	1.87	9.08	叶片浓绿，且相对①号大，茎段为红色，植株健壮
	③	7.41	10.73	1.42	9.92	
济薯26	①	2.96	6.48	1.48	3.05	叶片浅绿且较小，新萌发芽体叫小，植株较弱
	②	6.08	11.47	1.45	9.22	叶片浓绿，且相对①号大，茎段为红色，植株健壮
	③	6.03	10.55	1.27	8.45	

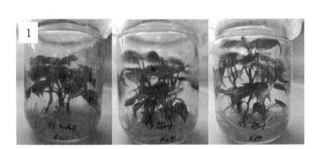

（1. 烟薯25；2. 济薯26；3. 普薯32）

图1 不同培养基中甘薯扩繁情况

3 结果与讨论

在农业生产中的植物病害中，病毒为害是最为严重的。植物病毒一般是通过病叶汁液、各种昆虫介体、真菌、土壤及种子传毒（熊克娟等，2003）。甘薯是无性繁殖植物，一旦感染病毒，其种性、品质、产量等都会受到影响，且逐年加重（杨松涛，2006）。为了防止甘薯病毒病的为害，现在多采用茎尖培养、热处理、抗病毒药剂脱毒法进行防治。

本研究中利用茎尖培养脱毒的方法处理烟薯25与京6，茎尖出苗率分别为80.0%、56.2%；7种病毒脱除率为28.6%。辛国胜等（2017）以烟薯25为材料，在室内和田间条件下，进行不同茎尖剥离方式对比试验，研究发现常规茎尖剥离技术脱毒率为25%，而采用"一刀切"的茎尖剥离技术病毒脱除率可达50%，且茎尖成苗率也比常规剥离技术高429.7%。本研究中利用茎尖培养技术的烟薯病毒脱除率与辛国胜等研究中利用常规剥离技术的脱除率相差不大，但明显低于"一刀切"剥离技术，因此在之后的研究中，可尝试"一刀切"的茎尖剥离技术以提高茎尖成苗率和脱毒率。

高温处理试验中，烟薯25携带的SPFMV与SPLCV病毒在40℃高温条件下处理2h、4h、8h后，SPFMV病毒全部脱除；但SPLCV病毒，处理2h、8h均可脱除，处理4h，不能完全脱除，对于出现这种结果的原因还需要进一步的探索研究。盆栽烟薯25于35～40℃处理30d可有效脱除SPFMV。京6携带的SPFMV与SPLCV病毒在40℃高温条件下处理2h、4h、8h后的脱除效果相同，并不受处理时间限制。

药剂脱毒法主要是通过药剂处理竞争寄主细胞表面受体，提高寄主抗病性，阻碍病毒穿入、病毒生物合成以达到抑制病毒的目的（李军等，2014）。病毒唑是应用较多的病毒抑制剂。

在本研究中利用茎尖培养与毒氟磷、阿泰灵、宁南霉素、新奥甘泰四种药剂进行脱毒处理研究，发现浓度分别为3.33g/L、3.33g/L、3.33ml/L、1.33ml/L，结合茎尖处理能够有效脱除烟薯25中的SPLCV病毒。而该种脱毒方法对烟薯25中其他病毒或其他甘薯品种的病毒脱除效果还需要进一步研究。

在本研究中通过含不同激素的培养基筛选试验，发现MS+2.0mg/L 6-BA+1.0mg/L KT较适宜烟薯25、普薯32、济薯26组培苗扩繁，能在短时间内获得大量脱毒苗。

参考文献

康明辉，刘德畅，海燕，等，2010.甘薯脱毒技术的原理及方法[J].种业导刊（1）：14-15.

李军，高广春，李白，等，2014.植物组培脱毒技术及其在药用植物藏红花中的应用[J].生物技术通报（7）：44-48.

秦梅，张燕，徐美恩，等，2014.甘薯茎尖脱毒及组培快繁技术[J].安徽农业科学，42（32）：11 238-11 239，11 258.

熊克娟，陈绳亮，范兆军，等，2003.植物病毒及其危害[J].生物学通报，38（4）：12-13

辛国胜，邱鹏飞，商丽丽，等，2017.甘薯茎尖快速剥离及成苗技术研究[J].上海农业学报，33（1）：69-73.

杨松涛，2006.脱毒甘薯综合高产栽培技术[J].农业新技术（2）：36-37.

蔗糖、KNO_3和水杨酸对"红香芋"试管球茎诱导的影响

刘　敏[1,2]，臧玉文[1,2]，蒋芳玲[1,2]，吴　震[1,2*]

（1.南京农业大学园艺学院　南京　210095；2.农业农村部华东地区园艺作物生物学与种质创制重点实验室　南京　210095）

摘　要：为了进一步优化"红香芋"试管球茎离体诱导体系，本试验以"红香芋"试管苗为材料，研究了不同浓度蔗糖、KNO_3和水杨酸对试管球茎形成的影响。结果表明：添加60～120g/L蔗糖能够有效地诱导芋试管苗形成球茎，并且球茎开始形成的时间早于添加KNO_3和SA的处理。蔗糖以60g/L的添加浓度效果最好，诱导率为89.3%，形成的试管球茎大于90～120g/L蔗糖处理。添加KNO_3和SA能促进试管球茎的形成。KNO_3以50mmol/L浓度为宜，诱导率为94.6%，试管球茎平均鲜重为0.80g；SA的适宜浓度为0.1～0.5mmol/L，试管球茎诱导率在80%以上，其促进球茎膨大的效果不如KNO_3。

关键词：红香芋；试管球茎；蔗糖；KNO_3；水杨酸

Effect of Sucrose，KNO_3 and Salicylic Acid on Induction of Corms *in vitro* of Taro[*Colocasia esculenta*（L.）Schott]

Liu Min[1,2]，Zang Yuwen[1,2]，Jiang Fangling[1,2]，Wu Zhen[1,2*]

（1.College of Horticulture，Nanjing Agricultural University；2.Key Laboratory of Biology

基金项目：中央高校基本科研业务费（科技扶贫专项）（KJFP201702）；江苏高校优势学科（现代园艺科学）建设工程资助项目

作者简介：刘敏，女，助理研究员，博士研究生，主要从事蔬菜栽培和生理研究，E-mail：minliu@njau.edu.cn

* 通讯作者：吴震，男，教授，博士生导师，主要从事蔬菜生理生态以及生物技术的研究，Author for correspondence（E-mail：zpzx@njau.edu.cn）

and Germplasm Enhancement of Horticultural Crops in East China，Ministry of Agriculture，Nanjing 210095，China）

Abstract：To optimize the bulblets induction system of taro corms *in vitro*，plantlets of "hongxiangyu" were cultured on the MS medium，respectively supplemented with different concentrations of sucrose，KNO₃，and SA. The results indicated that the formation of microcorms induced by sucrose was earlier than that by KNO_3 and SA. Sixty g/L sucrose treatment was the best concentration and the induction rate was 89.3% with a bigger and earlier corms formation. The addition of KNO_3 and SA promoted corms formation. When KNO_3 was 50 mmol/L，the induction reached 94.6%，and the fresh weight of corm was 0.80 g on average. The induction frequency was over 80% by 0.1 ~ 0.5 mmol/L SA，but the effect of SA promoting microcorm expansion was weaker than KNO_3.

Key words：Taro；*In vitro* corms；Sucrose；Salicylic acid；KNO_3

芋常规的离体保存方法是试管苗缓慢生长保存法，这种方法是以试管苗为保存材料（黄新芳等，2005）。但试管苗保存仍存在一些不足，而且在应用时，还存在驯化要求较严、运输困难、移栽成活率低等问题（韩晓勇等，2013）。有学者认为，对于以变态器官为繁殖材料的植物，如马铃薯（Momena et al.，2014）、山药（韩晓勇等，2013）等，可以利用这一特点，通过离体培养诱导出试管器官，以解决上述问题。因此，芋试管球茎的诱导，也可以作为一种芋种质资源的离体保存方法。

在有关马铃薯（Gao et al.，2005）、百合（赵海涛，2010；朱志国，2013）、大蒜（梁艳等，2010）、山药（Li et al.，2014）、银条（郭东伟等，2006）、半夏（薛建平等，2006）等植物的变态器官离体诱导的报道中可知，在离体条件下，块茎、球茎、鳞茎等繁殖器官的形成也受到培养条件中多种因素的影响，包括碳源、矿质营养、外源激素等。

Fuentes等（2000）认为，蔗糖是培养基主要的碳源，对培养物的生长发育具有重要意义。Motallebi-Azar等（2013）在诱导马铃薯试管薯时，发现在培养基中加入较高浓度的蔗糖，能促进试管薯形成，并且其鲜重和纵横径均较大。钾是植物体内所必需的大量元素之一，能影响植物的光合作用，并促进植物体内碳水化合物的运输和转化。薛建平等（2006）研究表明培养基中添加钾盐，对半夏试管块茎的形成有促进作用，但钾浓度不应超过4.02mmol/L。水杨酸是植物自身形成的酚类物质，大量研究表明，外源水杨酸能够影响植物的多种生理过程（邱龙等，2008；孟雪娇等，2010；王磊等，2011）。在离体条件下，水杨酸对大蒜鳞茎（熊正琴等，1999）、马铃薯块茎（陈大清等，2005）和山葵根茎（翁忙玲等，2005）等变态器官的形成均有促进作用，但最佳添加浓度依物种不同而有差异。

尽管已有较多关于植物离体器官诱导的研究报道，但有关芋试管球茎诱导技术的研究较少，而且因品种不同，诱导条件也不尽一致（Zhou et al., 1999；杜红梅等，2009）。本试验以来自江苏金坛市的多子芋品种红香芋为材料，以蔗糖、K^+（KNO_3）及水杨酸（SA）作为诱导物质，研究不同诱导物质和不同浓度对红香芋试管球茎形成及膨大的影响，为完善芋种质资源离体保存技术提供依据。

1 材料与方法

1.1 植物材料

试验在南京农业大学园艺学院组培室进行，供试芋品种为建昌红香芋，是江苏省金坛市的优良地方品种，在园艺学院保存。选择顶芽饱满、未感病的球茎，割取顶芽，剥掉最外层芽鳞片，流水冲洗30min以上；然后，在超净工作台上，利用75%的乙醇表面消毒30s，无菌水冲洗2次，然后再用1%的次氯酸钠消毒12min，期间不断搅拌；消毒后，再用无菌水冲洗5次，放在无菌滤纸上吸干水分。外植体的消毒过程完成后，切取0.5cm的茎尖接种在含2mg/L 6-BA+0.2mg/L NAA+30g/L蔗糖+6.5g/L琼脂的MS培养基上，培养50d，长成带有2～3片叶的小植株，再转接到含1mg/L 6-BA+0.1mg/L NAA+30g/L蔗糖+6.5g/L琼脂的MS培养基上进行继代培养。

1.2 试验设计和处理

选择生长状态良好、株高约4cm的无菌试管苗，分别按以下不同处理要求，将试管苗转接在相应培养基中。每处理均重复3次，每重复接种30株试管苗。

1.2.1 不同蔗糖浓度试验

以MS+0.2mg/L TDZ+0.1mg/L NAA+6.5g/L琼脂为基本培养基，添加的蔗糖浓度分别为30g/L、60g/L、90g/L、120g/L，以不添加蔗糖为对照。培养50d后，当蔗糖某一浓度处理的芋试管苗几乎全部枯萎时，统一观察所有处理的芋试管球茎形成情况，并对球茎形态进行测量。

1.2.2 不同KNO_3浓度试验

基本培养基同蔗糖试验。为避免蔗糖对芋试管球茎的影响，在基本培养基中加入较低浓度蔗糖（40g/L），添加KNO_3的浓度分别为10mmol/L、30mmol/L、50mmol/L、90mmol/L，以不添加KNO_3为对照。培养60d后，当KNO_3某一浓度处理的芋试管苗基乎全部枯萎时，统一观察所有处理的芋试管球茎形成情况，并对球茎形态进行测量。

1.2.3 不同SA浓度试验

基本培养基及添加蔗糖的浓度同KNO_3试验。添加SA（经过滤灭菌）的浓度分别为10mmol/L、30mmol/L、50mmol/L、90mmol/L，以不添加SA为对照。培养60d后，当SA某一浓度处理的芋试管苗基乎全部枯萎时，统一观察所有处理的芋试管球茎形成情况，并对球茎形态进行测量。

1.3 测定指标

1.3.1 试管球茎诱导率

试管球茎诱导率（%）=形成球茎的苗数/接种苗数×100

1.3.2 球茎形态指标的测定

利用游标卡尺测量试管球茎的纵、横径；烘干法测定干重，以单球的平均值表示。

1.4 数据处理与统计分析

所有数据测定均重复3次，结果取平均值。利用Microsoft Excel 2003和SPSS16.0进行数据处理与分析。

2 结果与分析

2.1 蔗糖浓度对试管球茎形成的影响

由表1可知，利用不添加蔗糖或含30g/L蔗糖的MS培养基培养芋试管苗，50d后均未形成试管球茎。将蔗糖的浓度提高，球茎诱导率增大，当添加浓度为90g/L和120g/L时，试管球茎诱导率达到100%。不同浓度蔗糖诱导所形成的芋试管球茎，在质量和大小上也呈现一定的差异。60g/L蔗糖诱导形成的球茎，鲜重、干重和横径均显著大于更高浓度的处理，纵径显著大于120g/L的处理。不同蔗糖浓度对试管球茎形成起始时间的影响也不同，浓度越高，球茎形成时间越早。在含有90g/L和120g/L蔗糖的培养基中，试管球茎开始膨大的时间早于60g/L处理，培养至40d，几乎全株枯萎。

表1 不同浓度蔗糖处理对红香芋试管球茎形成的影响

蔗糖浓度（g/L）	诱导率（%）	鲜重（g）	干重（g）	纵径（mm）	横径（mm）
0	0 ± 0.00c	—	—	—	—
30	0 ± 0.00c	—	—	—	—
60	89.3 ± 3.53b	0.57 ± 0.06a	0.11 ± 0.00a	12.95 ± 1.28a	8.83 ± 0.49a
90	100 ± 0.00a	0.28 ± 0.01b	0.07 ± 0.01b	10.87 ± 0.57ab	6.69 ± 0.16b
120	100 ± 0.00a	0.25 ± 0.00b	0.08 ± 0.01b	8.77 ± 0.29b	6.84 ± 0.24b

注：表中不同字母表示在0.05水平上差异显著，下同

2.2 KNO$_3$浓度对试管球茎形成的影响

芋试管苗在不含有KNO$_3$（对照）的培养基中，试管球茎的诱导率为0，添加一定浓度的KNO$_3$能促进试管球茎的形成（表2）。在含有10～50mmol/L KNO$_3$的培养基中，芋球茎

诱导率随KNO₃浓度升高而增大，但在KNO₃的浓度提高到70mmol/L后，诱导率与50mmol/L的处理无差异。在培养基中添加50mmol/L KNO₃时，芋试管球茎质量与大小均达到最大值，鲜重平均值为0.80g，纵径为15.23mm，显著高于其他处理。KNO₃的浓度达到70mmol/L时，不利于球茎的膨大。

表2　不同浓度KNO₃处理对红香芋试管球茎形成的影响

硝酸钾浓度（mmol/L）	诱导率（%）	鲜重（g）	干重（g）	纵径（mm）	横径（mm）
0	0 ± 0.00c	—	—	—	—
10	78.6 ± 1.33b	0.37 ± 0.02b	0.04 ± 0.01c	9.50 ± 0.69c	5.99 ± 0.08b
30	85.3 ± 3.53b	0.53 ± 0.04b	0.08 ± 0.01a	12.34 ± 0.56b	8.18 ± 0.21a
50	94.6 ± 4.64a	0.80 ± 0.08a	0.10 ± 0.01a	15.23 ± 0.76a	8.96 ± 0.35a
70	91.6 ± 2.67a	0.48 ± 0.06b	0.05 ± 0.01b	11.15 ± 0.87b	7.97 ± 0.55a

2.3　水杨酸浓度对试管球茎形成的影响

由表3可知，芋试管苗在未添加水杨酸的处理中（对照）培养60d，没有形成小球茎。当培养基中SA低于1.0mmol/L时，试管球茎诱导率随浓度升高而增大，添加0.5mmol/L SA时，达到最大值，为84.0%。当SA浓度大于1.0mmol/L，诱导率下降。芋试管球茎的鲜重、干重、纵横径均在0.5mmol/L SA处理下达到最大值，添加更高浓度的SA对球茎的生长表现出抑制作用，平均单球质量减小。

表3　不同浓度SA处理对红香芋试管球茎形成的影响

水杨酸浓度（mmol/L）	诱导率（%）	鲜重（g）	干重（g）	纵径（mm）	横径（mm）
0	0 ± 0.00c	—	—	—	—
0.1	81.3 ± 1.33a	0.17 ± 0.01c	0.03 ± 0.01b	8.55 ± 0.5bc	5.47 ± 0.52c
0.5	84.0 ± 2.31a	0.47 ± 0.02a	0.09 ± 0.00a	10.83 ± 0.52a	9.17 ± 0.51a
1.0	70.67 ± 1.33b	0.20 ± 0.01c	0.03 ± 0.00b	7.24 ± 0.56c	5.67 ± 0.21bc
2.0	53.3 ± 3.53c	0.27 ± 0.03b	0.04 ± 0.01b	9.66 ± 0.96ab	6.68 ± 0.3b

3　讨论

前人研究表明，糖类是芋荠试管球茎形成必不可少的营养物质（曹碚生等，1999），百合试管内结鳞茎形成的决定性因素是蔗糖及其浓度（张洁等，2010）。本研究同样证明糖类在芋球茎的离体诱导中发挥着主要作用，并且较高浓度蔗糖可促进芋变态茎的形成，而0或30g/L蔗糖不能诱导芋形成试管球茎。这和张燕等（2013）对尖尾芋试管根状茎的研究结果一样。淀粉是植物变态器官的形态建成物质（孙玉燕等，2015）。宋东光等

（1998）认为高浓度的蔗糖能诱导淀粉合成酶基因的表达。因此，高浓度蔗糖不仅是试管球茎膨大所需的碳源，并且可能影响试管球茎膨大发育过程中某些重要酶的基因表达，从而较高浓度蔗糖利于试管器官的形成。但本研究中蔗糖浓度超过90g/L时，形成的试管球茎较小。可能是因为蔗糖在植物组织培养中还起到调节培养环境渗透势的作用（Ovono et al., 2009），高浓度蔗糖引起了培养基的渗透压升高，进而对芋试管苗造成渗透胁迫，加速了芋叶片等器官老化枯萎，导致球茎中营养物质积累少。因此，60g/L蔗糖适宜红香芋试管球茎的诱导。

本研究发现添加50mmol/L KNO$_3$，不仅能提高红香芋试管球茎的诱导率，还显著提高了球茎的鲜重，其纵径也达到最大值。K$^+$作为植物体内主要的平衡离子，参与了植物生长发育过程中多种生理活动（Oosterhuis et al., 2013）。植物变态器官的形成及发育的物质、能量和营养，来源于淀粉和蛋白质等贮藏物质，而K$^+$能够促进蛋白质的合成和碳水化合物的运输与形成，并且是细胞中多种酶的调节剂，例如K$^+$能够抑制IAA氧化酶的活性，减缓内源IAA的降解（赵仲仁等，1997）。而李春燕等（2007）认为IAA的含量与淀粉积累速率呈显著正相关；吴秋云等（2006）认为IAA能够促进马铃薯试管薯的鲜重增加。因此，K$^+$有利于植物变态器官的形成与膨大。但K$^+$浓度过高，反而会抑制某些酶的活性，并且影响植物体内的离子平衡，从而不利于变态器官的膨大发育。这可能就是本试验中KNO$_3$浓度升高至70mmol/L，芋试管球茎质量和大小均降低的原因。

SA广泛分布在高等植物体内，被认为是一种新型的植物激素，在植物体内发挥多种生理作用。熊正琴等（1999）发现在离体条件下，添加SA能促进大蒜试管鳞茎的形成与膨大。本研究中添加少量的SA有利于红香芋试管球茎的形成，浓度为0.1~0.5mmol/L时，其诱导率均在80%以上。说明SA对不同物种试管器官的形成均能够起促进作用，有研究表明SA能够促进植物叶片中的蔗糖运输到贮藏器官，促进淀粉的合成与积累，从而有利于变态器官的形成（陈大清等，2005）。但SA浓度超过0.5mmol/L后，芋球茎诱导率降低且球茎较小，可能是由于较高浓度的SA抑制了芋试管植株的生长发育，加速了叶片的衰老，导致营养物质在试管球茎中的积累少。SA为0.5mmol/L鲜重最大，但仍小于KNO$_3$和蔗糖处理中的最大鲜重，说明SA对试管球茎中营养物质的积累的促进作用较弱。

综上所述，在培养基中添加蔗糖、KNO$_3$和SA，均可以诱导芋试管球茎的形成，但作用效果不同。在3种物质中，以蔗糖的效果最好，适宜的添加浓度为60g/L。50mmol/L KNO$_3$不仅能促进球茎的形成，还可显著增加球茎的质量和大小。虽然0.1~0.5mmol/L SA可诱导试管球茎形成，但诱导率较低，形成的球茎均较小。本试验结果表明，对于红香芋试管球茎的诱导，以培养基中添加浓度为60g/L蔗糖或50mmol/L的KNO$_3$效果最好。

参考文献

曹碚生，蔡汉，李良俊，等，1999. 荸荠球茎离体诱导技术的研究[J]. 园艺学报，26（5）：335-336.

陈大清，王雪英，李亚男，2005. 水杨酸和茉莉酸甲酯对试管马铃薯形成的影响[J]. 华中农业大学学报，

24（1）：74-78.

杜红梅，丁明，唐东梅，等，2009. 香酥芋试管球茎诱导的影响因素研究[J]. 上海交通大学学报，27（4）：389-393.

郭东伟，马有志，周一龙，等，2006. 银条根茎离体诱导[J]. 园艺学报，33（4）：873-875.

韩晓勇，闫瑞霞，殷剑美，2013. '台州紫山药'试管薯诱导体系研究[J]. 园艺学报，40（10）：1 999-2 005.

黄新芳，柯卫东，叶元英，等，2005. 中国芋种质资源研究进展[J]. 植物遗传资源学报，6（1）：119-123.

梁艳，陈典，黄晓梅，2010. 多效唑对大蒜试管苗鳞茎化培养的影响[J]. 湖南农业大学学报，36（4）：422-425.

孟雪娇，邱昆，丁国华，2010. 水杨酸在植物体内的生理作用研究进展[J]. 中国农学通报，26（15）：207-214.

邱龙，王海斌，熊君，等，2008. 外源水杨酸调控水稻化感抑草作用及其分子生理特性[J]. 应用生态学报，19（2）：330-336.

孙玉燕，李锡香，2015. 蔬菜变态根茎发育的分子机理研究进展[J]. 中国农业科学，48（6）：1 162-1 176.

王磊，隆小华，孟宪法，等，2011. 水杨酸对NaCl胁迫下菊芋幼苗光合作用及离子吸收的影响[J]. 生态学杂志，30（9）：1 901-1 907.

翁忙玲，吴震，刘霞，2005. 水杨酸对山葵试管根茎形成的影响[J]. 植物生理学通讯，41（2）：178-180.

熊正琴，李式军，周燮，等，1999. 茉莉酸甲酯和水杨酸促进大蒜试管鳞茎的形成[J]. 园艺学报，26（6）：408-409.

薛建平，张爱民，盛玮，等，2006. 钾盐对半夏试管块茎诱导的影响[J]. 中国中药杂志，37（7）：546-548.

张洁，蔡宣梅，林真，等，2010. 百合试管鳞茎诱导及膨大技术的研究[J]. 福建农业学报，25（3）：328-331.

张燕，邵会会，王广东，2013. 蔗糖浓度对尖尾芋试管根状茎形成及发育的影响[J]. 南京农业大学学报，36（1）：35-39.

赵海涛，刘春，明军，2010. ABA对"西伯利亚"百合试管鳞茎发育及休眠的影响[J]. 园艺学报，37（3）：428-434.

朱志国，2013. 百合试管鳞茎诱导技术研究[J]. 浙江农业学报，25（5）：971-974.

Fuentes S R L, Calheiros M B P, Manetti-Filho J, et al., 2000. The effects of silver nitrate and different carbohydrate sources on somatic embryogenesis in *Coffea canephora*[J]. Plant Cell Tissue & Organ Culture, 60（1）：5-13.

Gao X Q, Wang F, Yang Q, et al., 2005. Theobroxide triggers jasmonic acid production to induce potato tuberization in vitro[J]. Plant Growth Regulation, 47（1）：39-45.

Li M J, Li J H, Liu W, et al., 2014. A protocol for in vitro production of microtubers in Chinese yam（*Dioscorea opposita*）[J]. Bioscience, Biotechnology, and Biochemistry, 78（6）：1 005-1 009.

Momena K, Adeeba R, Mehraj H, et al., 2014. In vitro microtuberization of potato（*Solanum Tuberosum* L.）cultivar through sucrose and growth regulator[J]. Journal of Bioscience and Agriculture Research, 2（2）：76-82.

Motallebi-Azar A, Kazemiani S, Yarmohamadi F, 2013. Effect of sugar/osmotica levels on in vitro microtuberization of potato（*Solanum tuberosum* L.）[J]. Russian Agricultural Sciences, 39（2）：112-116.

Oosterhuis D M, Loka D A, Raper T B, 2013. Potassium and stress alleviation：Physiological functions and management of cotton[J]. Journal of Plant Nutrition & Soil Science, 176（3）：331-343.

Ovono P O, Kevers C, Dommes J, 2009. Effects of reducing sugar concentration on in vitro tuber formation and sprouting in yam（*Dioscorea cayenensis-D. rotundata complex*）[J]. Plant Cell Tissue & Organ Culture, 99（1）：55-59.

Zhou S P, He Y K, Li S J, 1999. Induction and characterization of in vitro corms of diploid-taro[J]. Plant Cell Tissue & Organ Culture, 57（3）：173-178.

番茄试管苗遗传稳定性的研究

潘　红[1, 2]，赖呈纯[1*]，张　静[1, 2]，黄贤贵[1]，赖钟雄[2*]

[1.福建省农业科学院农业工程技术研究所/福建省农产品（食品）加工重点实验室
福州　350003；2.福建农林大学园艺植物生物工程研究所　福州　350002]

摘　要：利用筛选出的15条适合番茄试管苗的ISSR分子标记引物，以"夏日阳光""曼西娜""黑珍珠"和"金桃"4个良种番茄不同继代次数试管苗基因组DNA为模板进行PCR扩增，分析试管苗的遗传稳定性。结果表明，4个番茄品种试管苗不同代数之间虽表观上无可见差异，但遗传上存在一定差异；变异率最小的是"夏日阳光"试管苗，遗传相似系数为0.94～1.00，而"金桃"遗传相似系数为0.87～1.00，"曼西娜"遗传相似系数为0.78～1.00，变异率最高的是"黑珍珠"，遗传相似系数为0.74～1.00。产生变异的单株在不同的继代代数上均有可能出现，不同品种的番茄之间遗传稳定性具有差异性，番茄试管苗继代次数越多，遗传稳定性越差。本研究结果为番茄试管苗生产过程的变异率控制及检测提供技术支持。

关键词：番茄；试管苗；继代次数；遗传变异；ISSR

Study on the Genetic Stability in Plantlets of Tomato（*Lycopersion esculentum* Mill.）

Pan Hong[1, 2]，Lai Chengchun[1*]，Zhang Jing[1, 2]，
Huang Xiangui[1]，Lai Zhongxiong[2*]

[1*Institute of Agricultural Engineering and Technology/Fujian Key Laboratory of Agricultural Product（Food）Processing，Fujian Academy of Agricultural Sciences，Fuzhou 350003，China；2Institute of Horticultural Biotechnology，Fujian Agriculture and Forestry University，Fuzhou 350002，China]

基金项目：福建省科技厅星火计划项目（2017S0023）；福建省农业科学院科技创新团队项目（STIT2017-1-10）

* 通讯作者：Author for correspondence（E-mail：lccisland@163.com；laizx01@163.com）

Abstract：Using 15 ISSR molecular marker primers selected for tomato plantlets and taking the genomic DNA of the plantlets with different generations of 4 improved varieties of tomatoes such as "Summer sunshine" "Manxina" "Black pearl" and "Golden peach" as the template，PCR amplification was performed to analyze the genetic stability of these plantlets. The results showed that it was no apparent difference between the each of four varieties of tomato plantlets，but it was some genetic difference. The plantlets with the lowest mutation rate were "Summer sunshine" plantlets，and the genetic similarity coefficient was between 0.94 and 1.00. The genetic similarity coefficient of "golden peach" was between 0.87 and 1.00. The genetic similarity coefficient of "Manxina" was between 0.78 and 1.00. The highest mutation rate was "Black pearl" plantlets with genetic similarity coefficient of 0.74–1.00. The mutant single plantlet may appear in different successive generations. The genetic stability of different varieties of tomato plantlets was different. The genetic stability of tomato plantlets was worse with more successive generations. The results of this study provided technical support for the control and detection of the mutation rate of tomato plantlets.

Key words：Tomato（*Lycopersion esculentum* Mill.）；Plantlet；Subculture times；Genetic variation；TSSR

番茄（*Lycopersion esculentum* Mill.）是茄科（Solanaceae）番茄属（*Lycopersicon*）一年生或多年生植物，是世界上最重要的蔬菜作物之一。具有风味佳、营养高、品种丰富等优点。其中含有的番茄红素具有抗氧化和抗癌的特性，多方面的优势促进番茄的消费量和产量不断增加（Bharti et al.，2018）。通过植物组织培养对番茄进行育苗，具有周期短、易繁殖、保持母本优良性状等特点，但离体培养植株在长期的继代培养过程中会发生生理和遗传的变化（Hao et al.，2002），如川棉239体细胞在长期继代培养过程中，细胞再生能力下降、畸形胚发生频率增高、植株再生不育率增加，棉花胚性愈伤组织的继代时间不宜超过1.5年（薛美凤等，2002）。多数植物离体培养的材料经长期继代，其形态发生能力和遗传稳定性等都将会有较大程度的变化（刘玲梅等，2008）。在继代培养过程中，植株的体细胞无性系变异广泛存在，分为不可以遗传变异和可遗传变异，不可遗传的变异即表观遗传变异，但大多数是可遗传变异。这些变异的累积，必定会对试管苗原种的商品性产生不利影响。ISSR分子标记技术是物种亲缘性鉴定（Afonso et al.，2019；董海燕等，2014）、遗传多样性分析（沈奇等，2019；江亚雯等，2017）、无性系变异（Solano et al.，2019）检测等的常用手段。本研究利用ISSR分子标记技术检测番茄试管苗无性系变异，以期为番茄离体培养中试管苗变异率的控制提供技术支撑。

1 材料与方法

1.1 材料处理

以本实验室诱导培养的4个番茄良种试管苗"夏日阳光"（XG）、"曼西娜"（MG）、"黑珍珠"（HG）和"金桃"（JG）为材料。每6周继代一次，分别收集培养3代、4代、7代和13代的试管苗材料，每个阶段的试管苗随机选取6株，液氮速冻后，于-80℃下保存，备用。

1.2 DNA提取

取每份供试材料的幼嫩叶片，用液氮研磨成粉，称取0.1g，按照TIANGEN公司的植物基因组DNA提取试剂盒说明书操作，提取各样本的基因组DNA。1.5%琼脂糖凝胶电泳检测质量，Nano Drop 2000超微量分光光度计检测DNA浓度，然后用超纯水将基因组DNA稀释至40ng/μl，于-20℃保存备用。

1.3 引物合成与筛选

试验采用加拿大哥伦比亚大学（University of British Columbia，UBC）所设计的ISSR引物，根据相关文献，选取27条ISSR引物由上海生工合成（表1）。以"夏日阳光"第3代第1株番茄试管苗（XG3-1）为模板，进行其ISSR引物筛选，每个引物设两个重复。

1.4 ISSR-PCR扩增

ISSR扩增的反应体积为20μl，成分包括25mmol/L $MgCl_2$ 3.5μl，10×PCR Buffer 2.0μl，10mmol/L dNTPs 0.3μl，5U/μl *Taq* E 0.15μl，10ng/μl Primer 3μl，40ng/μl模板DNA 3μl，灭菌双蒸水8.05μl。番茄试管苗ISSR-PCR反应的具体步骤和参数为：PCR反应在Biometra梯度PCR仪上进行，扩增程序为：94℃预变性5min；94℃变性1min，50~52℃（不同引物退火温度有差异）退火1min，72℃延伸1min 30s，设40个循环，最后72℃延伸10min，10℃保存。PCR产物用2.0%琼脂糖凝胶于4V/cm电场下电泳60min，电泳结束后琼脂糖凝胶经胶EB（0.5μg/L）染色，于UVP的GelDoc-It Ts Imaging System凝胶成像系统进行拍照分析，获得各引物的DNA扩增图谱。

1.5 数据分析

根据PCR扩增产物的电泳结果，采用人工读带的方式，在凝胶的相同迁移位置上的DNA条带，有带记为1，无带记为0，同时剔除模糊不清的条带，由此生成由0和1组成的原始矩阵。利用NTSYSpc V2.10e软件计算遗传相似系数及遗传距离，并依据遗传相似系数利用UPGMA法进行聚类分析，绘制树状聚类图。

2　结果与分析

2.1　ISSR引物筛选

以番茄试管苗XG3-1为模板，对合成的27条ISSR引物进行PCR扩增，根据扩增条带的清晰度、重复性及稳定性，筛选出UBC809、UBC826、UBC830、UBC835、UBC836、UBC840、UBC844、UBC847、UBC855、UBC856、UBC873、UBC884、UBC887、UBC888、UBC889等15条引物（表1），可用于后续番茄试管苗ISSR-PCR反应。而其他引物重复性、清晰度都比较差，不适合用于番茄试管苗ISSR-PCR反应。

表1　ISSR引物筛选结果

编号	引物序列	退火温度（℃）	稳定性
UBC807	AGA GAG AGA GAG AGA GT	50	不稳定
UBC809	AGA GAG AGA GAG AGA GG	52	稳定
UBC812	GAG AGA GAG AGA GAG AA	50	不稳定
UBC815	CTC TCT CTC TCT CTC TG	52	不稳定
UBC818	CAC ACA CAC ACA CAC AG	52	不稳定
UBC825	ACA CAC ACA CAC ACA CT	50	不稳定
UBC826	ACA CAC ACA CAC ACA CC	52	稳定
UBC830	TGT GTG TGT GTG TGT GG	52	稳定
UBC834	AGA GAG AGA GAG AGA GYT	50	不稳定
UBC835	AGA GAG AGA GAG AGA GYC	52	稳定
UBC836	AGA GAG AGA GAG AGA GYA	50	稳定
UBC840	GAG AGA GAG AGA GAG AYT	50	稳定
UBC841	GAG AGA GAG AGA GAG AYC	52	不稳定
UBC843	CTC TCT CTC TCT CTC TRA	51	不稳定
UBC844	CTC TCT CTC TCT CTC TRC	52	稳定
UBC847	CAC ACA CAC ACA CAC ARC	52	稳定
UBC848	CAC ACA CAC ACA CAC ARG	52	不稳定
UBC855	ACA CAC ACA CAC ACA CYT	51	稳定
UBC856	ACA CAC ACA CAC ACA CYA	51	稳定
UBC864	ATG ATG ATG ATG ATG ATG	50	不稳定
UBC866	CTC CTC CTC CTC CTC CTC	52	不稳定
UBC873	GAC AGA CAG ACA GAC A	50	稳定

（续表）

编号	引物序列	退火温度（℃）	稳定性
UBC884	HBH AGA GAG AGA GAG AG	50	稳定
UBC885	BHB GAG AGA GAG AGA GA	50	不稳定
UBC887	DVD TCT CTC TCT CTC TC	50	稳定
UBC888	BDB CAC ACA CAC ACA CA	50	稳定
UBC889	DBD ACA CAC ACA CAC AC	50	稳定

2.2 "夏日阳光"番茄试管苗遗传稳定性分析

从"夏日阳光"番茄试管苗的3代、4代、7代和13代分别随机选取了6株试管苗，共计24株，这些试管苗在外观上没有太大差异。利用筛选出的15条引物，对这24株"夏日阳光"试管苗进行ISSR-PCR扩增。15条引物共扩增出177条谱带，扩增谱带最多的是888号引物，为18条谱带，最少的是855和809，为7条。利用NTSYSpc V2.10e软件构建的树状聚类图见图1。24份番茄试管苗的遗传相似系数为0.94~1.00，这说明24个试管苗植株之间变异率很小，遗传稳定性较好。遗传相似系数0.973左右时，可以将24株试管苗分成4个类群，XG13-5单独为一个类群，XG13-6单独为一个类群，XG4-1、XG7-3、XG7-2、XG7-4和XG7-5为一个类群，其余的为一个大类群。其中，XG3-4、XG4-5和XG7-1没有差异，XG3-2、XG4-3和XG4-4没有差异，XG3-3和XG4-2没有差异，XG3-5和XG7-6没有差异；XG13-5与所有的其他所有的试管苗遗传距离最远，其次是XG13-6，这说明虽然第13代变异率不大，但随继代次数的增加，"夏日阳光"番茄试管苗的变异率会逐步扩大。

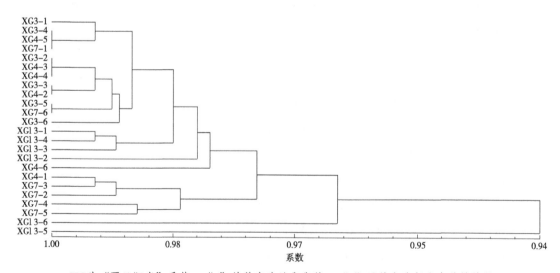

XG为"夏日阳光"番茄；"-"前数字为继代代数；"-"后数字为每代中单株编号

图1 "夏日阳光"番茄24株试管苗的聚类分析

2.3 "曼西娜"番茄试管苗遗传稳定性分析

"曼西娜"番茄试管苗不同代数24个单株，在表观上无太大差异。15条引物共扩增出189条谱带，扩增谱带最多的是836号引物，为17条谱带，最少的是830和856，为8条。利用NTSYSpc V2.10e软件构建的树状聚类图见图2。24份"曼西娜"番茄试管苗的遗传相似系数为0.78~1.00，其中MG7-6遗传距离最远，说明该植株发生变异，其余23株试管苗遗传相似系数为0.936~1.00，遗传稳定性较好。遗传相似系数0.936左右时，将24株试管苗分成2个大类群，第一类群只有MG7-6，其余的23株试管苗为另外一个类群。从聚类图也可以看出，"曼西娜"番茄试管苗的变异率比夏日阳光高。

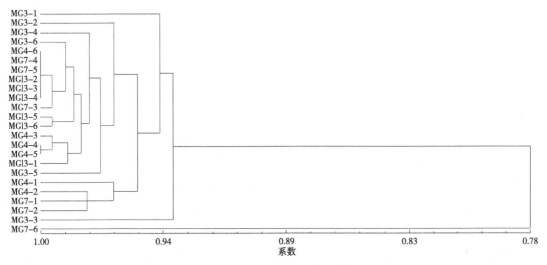

图2 "曼西娜"番茄24株试管苗的聚类分析

2.4 "黑珍珠"番茄试管苗遗传稳定性分析

"黑珍珠"番茄不同代数的取样的24株试管苗外观无明显差异，15条引物共扩增出159条谱带，扩增谱带最多的是847号引物，为14条谱带，最少的是809，为6条。利用NTSYSpc V2.10e软件构建的树状聚类图见图3。24份"黑珍珠"番茄试管苗的遗传相似系数为0.74~1.00，其中，HG13-5遗传距离最远，为0.74，其次是HG3-2，遗传距离为0.884，说明这2株发生了较大变异，其他22株试管苗遗传相似系数为0.95~1.00，遗传稳定性较好。当遗传距离为0.95左右时，24株试管苗可以分成4组，第一组就是变异最大的HG13-5，第二组是次之的HG3-2，第三组HG4-5和HG7-4，余下的为第4组。从聚类图的分析还可以看出，"黑珍珠"番茄试管苗的变异程度比"夏日阳光""曼西娜"的试管苗大。

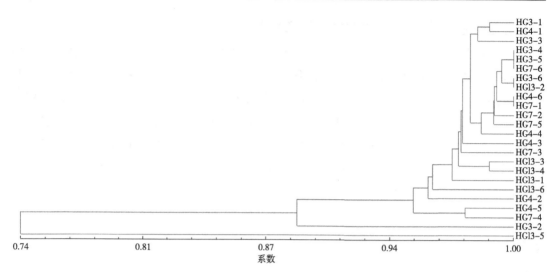

图3 "黑珍珠"番茄24株试管苗的聚类分析

2.5 "金桃"番茄试管苗遗传稳定性分析

在3代、4代、7代、13代中随机取样的24株"金桃"番茄试管苗外观上无明显可见差异。利用筛选出的15条引物,对这24株"金桃"试管苗进行ISSR-PCR扩增。15条引物共扩增出159条谱带,扩增谱带最多的是847号引物,为18条谱带,最少的是809,为7条。利用NTSYSpc V2.10e软件构建的树状聚类图见图4。24份番茄试管苗的遗传相似系数为0.87~1.00,变异最大的是JG13-4和JG13-6,与其他试管苗的遗传相似系数为0.87;在遗传相似系数0.94时,可将24株试管苗分成4组,第一组为遗传关系最远的JG13-4和JG13-6组成,第二组只有JG13-5,第三组只有JG13-1,余下的为第四组,该组遗传相似系数大于0.96,遗传稳定性较好。从聚类图的分析可以看出,"金桃"试管苗变异程度大于"夏日阳光"试管苗,而比"曼西娜""黑珍珠"试管苗的变异率小。

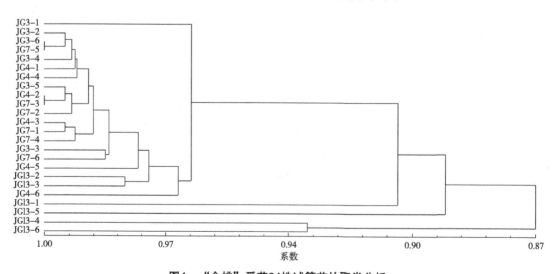

图4 "金桃"番茄24株试管苗的聚类分析

3 讨论

长期继代培养能够影响试管苗的形态发生和遗传稳定性，在本试验中，4个良种番茄（"夏日阳光""曼西娜""黑珍珠"和"金桃"）不同继代代数之间增殖能力、生根能力及植株外表无明显可见差异。在ISSR分子标记遗传稳定性分析结果中，"夏日阳光"遗传稳定性最好；"金桃"遗传稳定性大于"曼西娜"；"黑珍珠"遗传稳定性最差。遗传稳定性与基因型、外植体部位、培养条件等有着密切关系（Bradaï et al.，2019）。不同的品种变异植株出现的代数具有差异，"夏日阳光""黑珍珠"和"金桃"遗传稳定距离最远的为13代，"曼西娜"试管苗遗传距离最远为第7代。番茄的遗传稳定性相较于苹果（杜国强等，2006）、杏（Martins et al.，2004.）、草莓（朱海生等，2010）等长期继代保存的试管苗差，因此在长期继代过程中要注意监测遗传变异。同时，本试验中筛选出的15条引物在番茄上具有特异性，扩增条带丰富，可以灵敏地分析试管苗的遗传背景。本试验为番茄组织培养过程中优良性状遗传稳定性的鉴定提供技术支持，并为番茄试管苗长期继代的变异控制提供参考依据。

参考文献

董海燕，季孔庶，侯伯鑫，等，2014. 基于ISSR标记的红花檵木品种亲缘关系分析[J]. 园艺学报，41（2）：365-374.

杜国强，师校欣，张庆良，等，2006. 苹果不同继代次数的茎尖组培苗同工酶酶谱及RAPD分析[J]. 园艺学报，33（14）：33-37.

江亚雯，孙小琴，罗火林，等，2017. 基于ISSR标记的江西野生寒兰居群遗传多样性研究[J]. 园艺学报，44（10）：162-169.

刘玲梅，汤浩茹，刘娟，2008. 试管苗长期继代培养中的形态发生能力与遗传稳定性[J]. 生物技术通报（5）：22-27.

沈奇，张盾，臧春鑫，等，2019. 基于ISSR分子标记的野生桃儿七遗传多样性研究[J]. 植物遗传资源学报，20（1）：133-140.

薛美凤，郭余龙，李名扬，等，2002. 长期继代对棉花胚性愈伤组织体胚发生能力及再生植株变异的影响[J]. 西南农业学报，15（4）：19-21.

朱海生，李永平，林珲，等，2010. 草莓品种的亲缘关系及其不同继代次数的叶片组培苗的RAPD分析[J]. 核农学报，24（2）：264-268.

Afonso S D J，Moreira R F C，Da Silva Ledo C A，et al.，2019. Genetic structure of cassava populations（*Manihot esculenta* Crantz）from Angola assessed through（ISSR）markers[J]. African Journal of Biotechno，18（7）：144-154.

Bharti N，Kapoor B，Shaunak I，et al.，2018. Effect of sterilization treatments on *in vitro* culture establishment of tomato（*Solanum lycopersicum* L.）[J]. International Journal of Chemical Studies，6（5）：1 165-1 168.

Hao Y，You C，Deng X，2002. Effects of cryopreservation on developmental competency, cytological and molecular stability of citrus callus[J]. Cryo Letters，23（1）：27-35.

Martins M，Sarmento D，Oliveira M M，2004. Genetic stability of micropropagated almond plantlets, as assessed by RAPD and ISSR markers[J]. Plant Cell Reports, 23（7）: 492-496.

Solano M C P, Ruíz J S, Arnao M T G, et al., 2019. Evaluation of in vitro shoot multiplication and ISSR marker based assessment of somaclonal variants at different subcultures of vanilla（*Vanilla planifolia*, Jacks）[J]. Physiology and Molecular Biology of Plants, 25（2）: 561-567.

苦瓜离体培养不定芽再生研究

李　梅，王超楠，黄志银，张　红，范伟强，闻凤英，刘晓晖，张　斌*

（天津科润蔬菜研究所　天津　300384）

摘　要：以苦瓜茎尖和带芽茎段为外植体，研究不同浓度6-BA对其不定芽再生率的影响。结果表明，适宜不定芽再生的外植体为带芽茎段，不定芽再生适宜6-BA浓度为1mg/L。

关键词：苦瓜；不定芽；再生

Study on Adventitious Bud Regeneration *in vitro* in Bitter Gourd（*Momordica charantia* L.）

Li Mei，Wang Chaonan，Huang Zhiyin，Zhang Hong，

Fan Weiqiang，Wen Fengying，Liu Xiaohui，Zhang Bin*

（Tianjin Kernel Vegetable Institute，Tianjin 300384）

Abstract：The effects of different concentrations of 6-BA on adventitious bud regeneration rate of bitter gourd were studied with apical and node as explants. The results showed that the suitable explants for adventitious bud regeneration were node，and the suitable concentration of 6-BA for adventitious bud regeneration was 1 mg/L.

Key words：Bitter gourd；Adventitious bud；Regeneration

苦瓜（*Momordica charantia* L.）属葫芦科（Cucurbitaceae）苦瓜属，果实可以作为鲜食、加工（苦瓜茶、苦瓜酒等）之用；而且果实、苦瓜籽和茎叶富含多肽-P、皂苷等重要生物活性物质可用于疾病的治疗和保健功效。苦瓜组织培养技术国内外研究较广泛，外植体类型多样，包括茎尖（Huda et al.，2006；唐琳等，1997）、茎段（Munsur et al.，2009；潘绍坤等，2006）、叶柄（Thiruvengadam et al.，2012）、叶片（Maz et al.，

---

* 通讯作者：Author for correspondence（E-mail：zhangbin65@126.com）

2014；王国莉等，2008）、子叶（Dorica et al., 2014；吴海滨等，2014）、下胚轴（武鹏等，2012）等，外植体多数来自种子无菌苗，少数源于田间（Saha et al., 2016；刘玉晗等，2008；刘继等，2010；吴蓓等，2017）。本研究拟以采自田间的茎尖和带芽茎段为外植体，筛选不定芽再生适宜的外植体类型和激素浓度，为田间重要材料（如全雌株）的保存奠定技术基础。

1 材料与方法

1.1 实验材料

供体材料为本研究室苦瓜商品种"圆梦08"和3个组合16F5、16F176、16F69，所有材料2019年3月中旬定植于日光温室，4月22日取各自侧枝的茎尖和带芽茎段为外植体材料，5月15日调查不定芽再生率。

1.2 外植体消毒

外植体先用洗涤灵或洗衣粉泡1min，然后在流水下冲洗10min；放入超净工作台中先用75%乙醇浸泡30s，然后用1%次氯酸钠浸泡3～5min，无菌水冲洗5遍后接种。

1.3 不定芽诱导培养基

以MS为基本培养基，6-BA的浓度设为0、1mg/L、2mg/L和4mg/L，蔗糖30g/L，琼脂8g/L，pH值为6.0，121℃高压灭菌20min；茎尖接种1瓶5个，带芽茎段接种3瓶共15个。

1.4 培养条件

培养室温度设置为25℃，光照强度2 000lx，光照时间16h/d。

2 结果与分析

2.1 茎尖外植体不定芽的分化

从表1和图1可以看出，4种参试基因型在无激素的MS培养基中的表现为：基部无愈伤组织形成，上部没分化新的不定芽，初始茎尖没有伸长生长。圆梦08茎尖在3种添加激素的培养基中无不定芽再生；16F176在1mg/L 6-BA中不定芽再生率50%；16F5和16F69在1mg/L6-BA中不定芽再生率均达100%。结论：以茎尖为外植体进行苦瓜不定芽的分化较难，并存在基因型的差异，6-BA浓度在1mg/L不定芽分化相对较好。

表1 不同浓度6-BA对茎尖不定芽的再生率

基因型	6-BA浓度（mg/L）			
	0	1	2	4
圆梦08	0	0	0	0

（续表）

基因型	6-BA浓度（mg/L）			
	0	1	2	4
16F5	0	100%	0	0
16F69	0	100%	0	0
16F176	0	50%	0	0

图1　不同浓度6-BA对茎尖不定芽分化影响

2.2　带芽茎段外植体不定芽的分化

从表2和图2可以看出，4种参试基因型在无激素的MS培养基中的表现为：基部无愈伤组织形成，上部没分化新的不定芽。圆梦08带芽茎段在1mg/L和2mg/L的6-BA中不定芽再生率均达100%，但不定芽长度在2mg/L6-BA中均较短，分化速度慢；在1mg/L6-BA中不定芽长度36%较短。16F5在1mg/L的6-BA中不定芽再生率达100%，但较短不定芽占33%；随6-BA浓度增加再生率降低。16F69在1mg/L 6-BA中不定芽再生率较高。16F176在3种添加激素的培养基中不定芽再生率均达100%。结论：以带芽茎段为外植体进行不定芽再生存在基因型差异，6-BA浓度1mg/L适宜不定芽的分化，适宜基因型为16F176。

表2　不同浓度6-BA对带芽茎段不定芽的再生率

基因型	6-BA浓度（mg/L）			
	0	1	2	4
圆梦08	0	100%	100%	0
16F5	0	100%	67%	67%
16F69	0	85%	62%	71%
16F176	0	100%	100%	100%

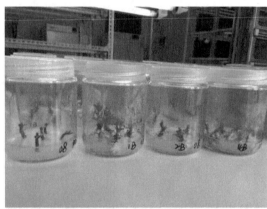

图2　不同浓度6-BA对带芽茎段不定芽分化影响

3　讨论

在观察再生不定芽发现两种现象较普遍，一是玻璃化现象严重，二是不定芽分化不完全形态类似叶原基。根据前人研究结果，下一步拟采用适当降低培养基中蔗糖的浓度和激素浓度来控制和改善。

参考文献

刘继，2010. 田间"碧秀"苦瓜带芽茎段的离体繁殖[D]. 成都：四川农业大学.

刘玉晗，王永清，秦红梅，2008. 田间"碧秀"苦瓜茎段离体启动培养的研究[J]. 北方园艺（11）：148-150.

潘绍坤，王永清，2006. 苦瓜离体快速繁殖技术体系的研究[J]. 北方园艺（4）：156-158.

唐琳，陈放，贾勇炯，1997. 苦瓜的离体繁殖[J]. 植物生理学报（2）：126-127.

王国莉，范红英，林润银，等，2008. 不同基因型苦瓜离体植株再生体系的建立[J]. 安徽农业科学，36（28）：12 125-12 127.

吴蓓，戴修纯，郑岩松，等，2017. 刘绍钦大田苦瓜的离体快繁研究[J]. 广东农业科学，44（12）：27-32.

吴海滨，罗剑宁，何晓莉，等，2014. 苦瓜高频组培再生体系的建立[J]. 园艺学报，41（S）：2 725.

武鹏，方锋学，黄如葵，等，2012. 苦瓜离体再生体系建立的研究[J]. 北方园艺（2）：132-134.

Al Mansur M A Z，Haque M S，Nasiruddin K M，et al.，2010. *In vitro* propagation of bitter gourd（*Momordica charantia* L.）from nodal and root segments[J]. Plant Tissue Culture & Biotechnology，19（1）：45-52.

Al Maz，Ms Munsur，Km Haque，2013. *In vitro* regeneration of bitter gourd（*Momordica charantia* L.）from leaf segments and root tips[J]. Experimental Gerontology，18（2）：36-38.

Botau D，Simina A，2014. The bitter melon callus growth（*Momordica charantia* L.）in different *in vitro* systems[J]. Journal of Horticulture Forestry & Biotechnology，18（2）：133-136.

Huda A，Sikdar B，2008. In vitro，Plant production through apical meristem culture of bitter gourd（*Momordica charantia*，L.）[J]. Plant Tissue Culture & Biotechnology，16（1）：31-36.

Saha S，Behera T K，Munshi A D，et al.，2016. Novel strategy for maintenance and mass multiplication of gynoecious line in bitter gourd through micropropagation[J]. Indian Journal of Horticulture，73（2）：208-212.

Thiruvengadam M，Chung I M，Chun S C，2012. Influence of polyamines on *in vitro* organogenesis in bitter melon（*Momordica charantia* L.）[J]. Journal of Medicinal Plant Research，6（6）：3 579-3 585.

不同外植体和培养基组分对大蒜试管苗
玻璃化和植株再生的影响

刘　敏[1, 2]，张　蒙[1, 2]，李梦倩[1, 2]，李　萍[1, 2]，蒋芳玲[1, 2]，吴　震[1, 2*]

（1.南京农业大学园艺学院　南京　210095；2.农业农村部华东地区园艺作物
生物学与种质创制重点实验室　南京　210095）

摘　要：为了明确大蒜试管苗玻璃化的发生规律，本研究以大蒜品种"二水早""正月早""苍山蒜"和"徐州白"为实验材料，研究了不同外植体和培养基组分对大蒜试管苗玻璃化和植株再生的影响。结果发现，初代培养比继代培养的更易发生玻璃化。与鳞茎盘诱导的试管苗比，花序轴诱导试管苗的增殖系数更高，但也更易发生玻璃化。基因型、生理年龄和外植体大小对初代培养中试管芽的玻璃化影响大，对继代培养试管苗的玻璃化影响不大。大蒜花序轴生理年龄越小，切割大小越小，试管芽越容易玻璃化。提高细胞分裂素浓度，降低培养基的凝固剂浓度会加剧玻璃化发生。提高培养基中蔗糖浓度可有效降低试管苗玻璃化发生。MS培养基比B5培养基更易诱导试管芽和试管苗发生玻璃化。合理选择外植体，调整培养基成分有助于降低玻璃化率和降低培养成本。

关键词：大蒜（*Allium sativum* L.）；试管苗；外植体；玻璃化；再生

Effects of Explants and Media Components on the Hyperhydricity and Regeneration of Plantlets *in vitro* of *Allium sativum* L.

Liu Min[1, 2], Zhang Meng[1, 2], Li Mengqian[1, 2], Li Ping[1, 2],

基金项目：国家自然科学基金项目（31372056和31872125）；中央高校基本科研业务费（科技扶贫专项）（KJFP201702）；江苏高校优势学科（现代园艺科学）建设工程资助项目

作者简介：刘敏，女，助理研究员，博士研究生，主要从事蔬菜栽培和生理研究，E-mail：minliu@njau.edu.cn

* 通讯作者：吴震，男，教授，博士生导师，主要从事蔬菜生理生态以及生物技术的研究，Author for correspondence（E-mail：zpzx@njau.edu.cn）

Jiang Fangling[1, 2]，Wu Zhen[1, 2*]

（1.College of Horticulture，Nanjing Agricultural University；2.Key Laboratory of Biology and Germplasm Enhancement of Horticultural Crops in East China，Ministry of Agriculture，Nanjing 210095，China）

Abstract：To clarify the occurrence regularities of hyperhydricity，garlic varieties of "Ershuizao" "Zhengyuezao" "Cangshansuan" and "Xuzhoubai" were selected as explant to study the effects of explants and culture media components on the hyperhydricity and regeneration of garlic plantlets *in vitro*. Our results showed that the initial culture induced more hyperhydric shoots than the subculture. Shoots induced by inflorescences showed a higher hyperhydric rate and proliferation coefficient than those induced by bulbs. Genotype，physiological age，and explant size affected hyperhydricity of shoots in initial culture，not that of plantlets in subculture. Younger inflorescence and smaller explant were more easily to be hyperhydric. Hyperhydricity was aggravated at increased cytokinin concentrations and was alleviated by increasing gelling agent and sucrose concentrations. Shoots and plantlets in the MS medium were more easily to be hyperhydric than those in B5 basal medium. Proper selection of explants and adjustment of media components contribute to less hyperhydricity and reduce culture costs.

Key words：Garlic（*Allium sativum* L.）；Plantlet *in vitro*；Explant；Hyperhydricity；Regeneration

玻璃化（hyperhydricity）是植物组织培养过程中一种普遍存在的生理异常现象（Kevers et al.，2004）。Phillips（1964）首次在康乃馨茎尖培养中报道了这一现象。目前，已经在1 000多种物种中发现了试管苗玻璃化的现象，其中超过150种的植物比较容易发生玻璃化（Bakir et al.，2016；Chakrabarty et al.，2006；Mayor et al.，2003；Wu et al.，2009；Zhou et al.，1995）。玻璃化试管苗组织超度含水，呈现半透明水浸状（fernandez-Garcia et al.，2011），分化、繁殖、生根困难，移栽后存活率低，后期生长差（Picoli et al.，2001）。对于容易发生玻璃化的物种，植物的工厂化生产常因玻璃化损失严重（Tabart et al.，2015；Tian et al.，2016；van den Dries et al.，2013）。濒危植物物种的种质资源保存因玻璃化而变得愈加困难（Pence et al.，2014）。转基因植株的玻璃化导致前期工作的前功尽弃（Van Altvorst et al.，1996）。

影响试管苗玻璃化的因素多而复杂，归纳起来，主要可以分为4类：（1）外植体，主要包括基因型、生理年龄、器官和外植体大小等（Fei and Weathers，2015；Mayor et al.，2003；Tsay et al.，2006；Vasudevan and Van Staden，2011）；（2）培养基组分，例如基本培养基、生长调节物质、凝固剂等（Ivanova and van Staden，2008；Vasudevan and Van Staden，2011）；（3）培养条件，例如光照强度和通气情况（Ivanova and Van Staden，2010；Saez et al.，2012；Tsay et al.，2006）；（4）外源添加物质，例如SA、PEG 6000、H_2O_2和Ag^+等（Hassannejad et al.，2012；Sen and Alikamanoglu，2013；Tian et al.，2015；Vinoth and Ravindhran，2015）。

玻璃化影响因素的复杂性直接导致了玻璃化防控的复杂和不确定性，根据以上影响因素，提出了以下玻璃化相应的防控技术：（1）选择适宜的基因型和器官作为外植体（Tsay et al.，2006；Vasudevan and Van Staden，2011）；（2）调整培养基成分，例如减少NH_4^+和细胞分裂素浓度，增加Ca^{2+}、Fe^{2+}、Mg^{2+}（Ivanova and Van Staden，2009；Machado et al.，2014；Vasudevan and Van Staden，2011；Yadav et al.，2003）；（3）改善培养微环境，例如增加通风（Ivanova and Van Staden，2010；Perez-Tornero et al.，2001）；（4）添加外源添加物质，例如Ag^+，SA，PA，间苯三酚（Hassannejad et al.，2012；Tabart et al.，2015；Teixeira da Silva et al.，2013；Ueno et al.，1998；Vinoth and Ravindhran，2015）。以上方法常常达不到完全控制玻璃化的效果。此外，不同植物物种需要不同的培养基和培养环境，培养基成分的调整范围因植物物种而异。因此，特定物种的玻璃化发生规律需要有针对性的全面研究。

大蒜（*Allium sativum* L.），一二年生石蒜科草本，是世界范围内广泛栽培且具有重要实用和药用价值的蔬菜和调味品。常年无性繁殖产生的病毒积累导致了大蒜的种性退化（Ramírez-Malagón et al.，2006）。脱毒快繁是快速大量生产无毒大蒜植株的最有效方法。然而，大蒜组织培养体系构建成功至今已有40多年（Kehr and Schaeffer，1976），目前仍没有应用到工业生产中。较高频率的玻璃化现象是最主要的原因之一。大蒜试管苗极易发生玻璃化，玻璃化率有时候高达100%，玻璃化试管苗恢复困难，造成人力、物力和财力的极大损失。为了系统研究影响大蒜试管苗玻璃化的发生规律，我们研究了外植体（基因型、器官、生理年龄和外植体大小）和培养基成分（细胞分裂素，凝固剂、蔗糖和基本培养基）对大蒜试管芽和试管苗玻璃化发生的影响，以期对大蒜试管苗玻璃化的防控提供参考依据。

1 材料与方法

1.1 植物材料

试验用"二水早""徐州白""苍山蒜"和"正月早"均保存在南京农业大学园艺学院牌楼基地。

1.2 大蒜试管芽和试管苗的获得

1.2.1 以花序轴为外植体获得大蒜试管芽和试管苗

花序轴抽薹3～5d，花苞长度占抽薹长度的1/3时，剪下5cm花序轴花茎，置于饱和洗衣粉溶液中浸泡20min，大量流水冲洗30min。将干净的蒜薹总苞置于超净工作台，用70%酒精进行表面消毒，90s后置于无菌水清洗2次，然后用2%次氯酸钠溶液浸泡消毒12min后，再用无菌水冲洗5次后置于无菌滤纸干燥，然后剥去外层总苞片，去除退化的花原基残留物及花茎部分。切取约0.5cm的花序轴顶端并纵切为4块，接种于初代培养基（B5+8.8μmol/L BA+0.54μmol/L NAA+0.65%琼脂+3%蔗糖，pH值为5.8）上进行诱导培养。诱导培养20d后，转入继代培养基（B5+4.4μmol/L BA+0.54μmol/L NAA+0.65%琼脂+3%蔗糖，pH值为5.8）培养。

1.2.2 以鳞茎盘为外植体获得大蒜试管苗和试管芽

取大小一致的蒜瓣置于4℃冰箱保存10d，打破休眠后，置于饱和洗衣粉溶液中浸泡20min后，自来水冲洗30min。将充分洗净的鳞茎用70%酒精进行表面消毒，90s后置于无菌水清洗2次，然后用2%次氯酸钠溶液浸泡消毒12min后，无菌水冲洗5次。剥去蒜瓣外层苞膜叶，去除贮藏叶和营养叶，留下约0.5cm厚的鳞茎盘。每个鳞茎盘切分成4份，接种于以上初代培养基上进行诱导培养。诱导培养20d后转入以上继代培养基培养。

所有的试管苗均生长在温度为（25±1）℃，光照时间为12h/d的培养条件下。所有的试管苗置于100μmol/（m²·s）的白色荧光灯管下培养。所有处理的pH值为5.8。

1.3 试验设计

1.3.1 外植体对试管苗玻璃化的影响

（1）不同基因型和器官对试管苗玻璃化的影响。取"二水早""正月早""苍山蒜"和"徐州白"的花序轴和鳞茎盘作为外植体接种于初代培养基中。20d后，选择正常的试管芽接种于继代培养基中。

（2）不同生理年龄的花序轴和外植体大小对试管苗玻璃化的影响。选取生理年龄分别为200d、210d和220d大小一致的"二水早"花序轴，将花序轴顶部分别纵切为1（1mm³）、2（0.5mm³）、3（0.33mm³）和4（0.25mm³）块。不同外植体分别接种在初代培养基中，20d后，选择正常的试管芽接种于继代培养基中。

所有其他的处理和条件同1.2。

1.3.2 培养基组分对试管苗玻璃化的影响

（1）不同基本培养基对试管苗玻璃化的影响。以"二水早"花序轴为外植体，分别接种于MS和B5初代培养基进行试管芽的诱导。20d后，选择正常的试管芽对应的接种于MS和B5的继代培养基中。

（2）不同蔗糖浓度对试管苗玻璃化的影响。以"二水早"花序轴为外植体，分别接种于15g/L，30g/L和45g/L 3种蔗糖浓度的初代培养基中诱导试管芽。20d后，选择正常的试管芽对应的接种于不同蔗糖浓度的继代培养基中。

（3）不同细胞分裂素对试管苗玻璃化的影响。以"二水早"花序轴为外植体，分别接种于0.46μmol/L、0.92μmol/L、1.85μmol/L、3.71μmol/L、7.43μmol/L KT和2.2μmol/L、4.4μmol/L、8.8μmol/L、17.6μmol/L、35.2μmol/L BA的初代培养基中诱导试管芽。20d后，选择正常的试管芽对应的接种于不同细胞分裂素的继代培养基中。

（4）不同凝固剂对试管苗玻璃化的影响。以"二水早"花序轴为外植体，分别接种于0.35g/L、0.50g/L、0.65g/L、0.80g/L、0.95g/L琼脂或者0.20g/L、0.35g/L、0.50g/L、0.65g/L、0.80g/L结冷胶的初代培养基中诱导试管芽。20d后，选择正常的试管芽对应的接种于不同凝固剂的继代培养基中。

每处理重复3次，每重复为20瓶，每瓶接种4个外植体或4株正常试管苗。

1.4 测定指标和数据分析

1.4.1 测定指标

外植体接种第20d观察并统计试管芽增殖系数、玻璃化率和玻璃化等级。继代培养20d后观察试管苗玻璃化率和玻璃化等级。试管芽和试管苗的玻璃化分为0～4的等级，按照Tian（2015）的标准划分。统计每个花序轴最后获得的正常试管芽和试管苗的数目。玻璃化指数按照玻璃化的等级计算。相关指标的计算方法如下：

每花序轴增殖系数（PC）＝每花序轴形成的试管芽平均数（芽长度>0.3cm）×外植体切分数

玻璃化率（%）＝发生玻璃化的外植体数/接种外植体总数×100

正常试管芽（苗）数＝增殖系数×（1-试管芽玻璃化率）

$$玻璃化指数（\%）=\frac{\sum[（该等级玻璃化外植体数）×（玻璃化等级）]}{（总外植体数）×（玻璃化最高等级）}×100$$

1.4.2 数据分析

各项指标测定均设置3次重复，每次重复调查40株，结果取平均值。所有数据均经过Excel 2003和SPSS 22.0软件进行统计与分析，用Duncan's新复极差法进行多重比较 $P<0.05$。图表由Graphpad prism 7.0和Sigmaplot软件绘制。

2 结果

2.1 正常试管苗和玻璃化试管苗的形态特征

以"二水早"花序轴为外植体，初代培养的第5d开始陆续观察到玻璃化芽出现，同一个外植体上再生的试管芽状态保持一致，均全部发生玻璃化或者全部正常（图1a，b）。

已经玻璃化的试管芽一般不能形成更多的叶片而成为试管苗。正常试管苗从基部开始玻璃化，并迅速蔓延到整株。试管苗下部含水更多，颜色较浅，玻璃化也更加严重（图1a，c）。玻璃化芽呈现一种浅绿和玻璃态（图1b），玻璃化苗呈现一种透明的、肿胀、卷曲和易碎的状态（图1d）。

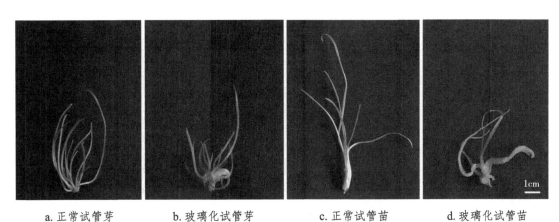

a. 正常试管芽　　　b. 玻璃化试管芽　　　c. 正常试管苗　　　d. 玻璃化试管苗

图1 "二水早"诱导的正常和玻璃化试管芽和试管苗

2.2 不同外植体对大蒜试管芽和试管苗玻璃化的影响

2.2.1 基因型和器官对玻璃化的影响

同一品种花序轴诱导的试管芽，其玻璃化率和玻璃化指数显著高于鳞茎盘诱导的试管芽（表1）。虽然花序轴诱导的试管芽比鳞茎盘诱导的试管芽更容易发生玻璃化，但是前者的增殖系数显著高于后者。"二水早"花序轴的增殖系数为鳞茎盘的6倍，但是玻璃化率是鳞茎盘的1.85倍。综合两个指标来看，仍以花序轴诱导的正常试管芽更多，因此，以花序轴为外植体诱导试管芽比鳞茎盘途径效率更高。不同器官对继代培养中试管苗的玻璃化发生影响不大。

"二水早"和"正月早"花序轴诱导的试管芽之间的玻璃化发生情况差异不显著，但是显著高于"苍山蒜"和"徐州白"。通过鳞茎盘诱导的试管芽和继代形成的试管苗，不同品种之间差异不显著。不同基因型之间的增殖系数和玻璃化率呈现相同的趋势，"二水早"和"正月早"诱导的试管芽比另外两个品种多，其试管芽玻璃化率也更高。试管芽的玻璃化率、玻璃化指数和增殖系数在基因型和器官之间有极显著的交互作用。

表1 基因型和器官对大蒜离体培养过程中再生和玻璃化的影响

器官	基因型	试管芽玻璃化率（%）	试管芽玻璃化指数	正常试管芽数	试管苗玻璃化率（%）	试管苗玻璃化指数	正常试管苗数	增殖系数
花序轴	二水早	52.50 ± 1.44a	36.58 ± 0.74a	19.10	37.50 ± 1.44a	21.00 ± 0.72a	11.93	40.20 ± 2.12a

（续表）

器官	基因型	试管芽玻璃化率（%）	试管芽玻璃化指数	正常试管芽数	试管苗玻璃化率（%）	试管苗玻璃化指数	正常试管苗数	增殖系数
花序轴	正月早	51.67 ± 1.67a	35.92 ± 1.30a	18.17	35.83 ± 2.20a	20.63 ± 1.08a	11.81	37.60 ± 2.11a
	苍山	36.67 ± 2.20b	27.58 ± 0.93b	11.53	36.67 ± 1.67a	20.63 ± 0.51a	7.49	18.20 ± 1.54b
	徐州白	35.00 ± 1.44b	27.33 ± 0.87b	13.39	34.17 ± 0.83a	21.13 ± 1.23a	9.04	20.26 ± 1.43b
鳞茎盘	二水早	28.33 ± 0.83c	11.33 ± 0.30c	4.80	18.33 ± 2.20b	9.38 ± 0.07b	3.72	6.70 ± 0.56c
	正月早	27.50 ± 1.44c	11.42 ± 0.51c	4.42	18.33 ± 0.83b	8.38 ± 0.36b	3.65	6.10 ± 0.60c
	苍山	26.67 ± 1.67c	11.17 ± 0.68c	5.94	19.17 ± 2.20b	8.25 ± 0.29b	4.75	8.10 ± 0.50c
	徐州白	26.67 ± 0.83c	10.25 ± 0.43c	6.31	16.67 ± 1.67b	9.13 ± 0.22b	5.05	8.60 ± 0.69c
器官效应		F-**	F-**	F-NS	—	F-NS	F-**	–
基因型效应		F-*	F-**	F-NS	—	F-NS	F-*	–

注：不同的字母代表0.05水平的差异显著性。*和**代表分别在$P<0.05$和$P<0.01$的显著性。NS，表示不显著，下同

2.2.2　生理年龄和外植体大小对玻璃化的影响

随着花序轴生理年龄的增加，试管芽的玻璃化率和玻璃化指数降低，增殖系数和试管苗的玻璃化率呈现相同的趋势（表2）。幼嫩的花序轴虽然增殖系数更高，但是更容易发生玻璃化。生理年龄对继代培养中试管苗的玻璃化发生影响不大。初代培养试管芽的玻璃化率和玻璃化指数随着外植体变小而增加。外植体块为$0.33 \sim 0.50\text{mm}^3$时，外植体的玻璃化率差异不显著，但是前者的玻璃化指数显著高于后者，说明前者的玻璃化更加严重。

外植体生理年龄和大小对继代培养试管苗的玻璃化率影响不大。根据每个花序轴外植体的大小计算每个外植体的增殖系数。在同样的生理年龄下，花序轴切割为2块和3块比切割为4块的花序轴有更高的增殖系数。对于增殖系数、试管芽玻璃化率和玻璃化指数，外植体生理年龄和大小之间存在显著的交互作用。在试管芽的再生和玻璃化方面，生理年龄对外植体大小有更大的作用。因此，建议选择种植后生理年龄为210d的花序轴，切割为2块或者3块的花序轴为外植体，这样的组合可以获得最多的试管芽和试管苗。

表2 生理年龄和外植体大小对大蒜离体培养过程中再生和玻璃化的影响

生理年龄（d）	大小（mm³）	试管芽玻璃化率（%）	试管芽玻璃化指数	正常试管芽数	试管苗玻璃化率（%）	试管苗玻璃化指数	正常试管苗数	增殖系数
200	1.00	63.33 ± 0.83d	37.75 ± 0.06d	14.01	30.00 ± 1.44a	20.25 ± 0.63a	9.80	38.20 ± 1.69b
	0.50	66.67 ± 1.67cd	40.33 ± 0.30c	15.63	30.83 ± 0.83a	20.58 ± 0.44a	10.81	46.90 ± 1.02a
	0.33	74.17 ± 2.20b	48.50 ± 0.90b	12.43	33.33 ± 0.83a	20.80 ± 0.68a	8.28	48.10 ± 1.38a
	0.25	82.50 ± 1.44a	56.67 ± 1.16a	7.33	34.17 ± 0.83a	19.75 ± 0.76a	4.83	41.90 ± 1.27b
210	1.00	50.00 ± 1.44ef	31.25 ± 0.52f	13.70	30.83 ± 0.83a	20.52 ± 0.58a	9.48	27.40 ± 0.69cd
	0.50	53.33 ± 0.83e	33.75 ± 0.14e	18.76	31.67 ± 0.83a	19.75 ± 0.87a	12.82	40.20 ± 1.74b
	0.33	52.50 ± 1.44e	38.33 ± 0.33cd	18.57	31.67 ± 1.67a	19.83 ± 0.36a	12.69	39.10 ± 1.43b
	0.25	69.17 ± 2.20c	47.42 ± 0.58b	9.56	32.50 ± 1.44a	19.42 ± 0.93a	6.45	31.00 ± 1.13c
220	1.00	36.00 ± 0.76h	27.00 ± 1.01g	12.54	28.33 ± 4.41a	21.08 ± 0.22a	8.99	19.60 ± 1.38e
	0.50	43.33 ± 0.83g	30.83 ± 0.44f	14.62	29.17 ± 3.00a	19.83 ± 0.22a	10.36	25.80 ± 1.15d
	0.33	46.67 ± 1.67fg	33.83 ± 0.73e	14.56	32.50 ± 1.44a	20.25 ± 0.29a	9.83	27.30 ± 1.05cd
	0.25	53.33 ± 2.20e	37.92 ± 0.55d	9.71	33.33 ± 1.67a	20.42 ± 0.55a	6.47	20.80 ± 1.34e
生理年龄效应		F-**	F-**	F-NS	—	—	F-NS	F-**
外植体大小效应		F-*	F-**	F-NS	—	—	F-NS	F-*
生理年龄×外植体大小		F-*	F-**	F-NS	—	—	F-NS	F-NS

2.3 培养基组分对大蒜试管芽和试管苗玻璃化的影响

2.3.1 基本培养基对玻璃化的影响

MS培养基诱导的试管芽玻璃化率和玻璃化指数显著高于B5培养基（图2A）。继代后，试管苗的玻璃化率在2种基本培养基之间没有差异，但是MS培养基的试管苗玻璃化指数显著高于B5培养基（图2B），说明MS培养基加剧了试管苗的玻璃化。大蒜组织培养时，选择B5培养基更合适。

2.3.2 蔗糖浓度对玻璃化的影响

以花序轴为外植体，培养基蔗糖浓度从30g/L提高到45g/L，试管芽和试管苗的玻璃化率显著降低（图2）。初代培养时，降低蔗糖浓度对玻璃化发生的影响不大（图2C），但在继代培养时，降低蔗糖浓度，可显著增加试管苗的玻璃化率（图2D）。初代培养时低浓度蔗糖对大蒜试管苗玻璃化的影响不显著，为了节约成本，可以适当减少培养基的蔗糖浓度。继代培养可适量添加蔗糖的浓度，以防控玻璃化的发生。

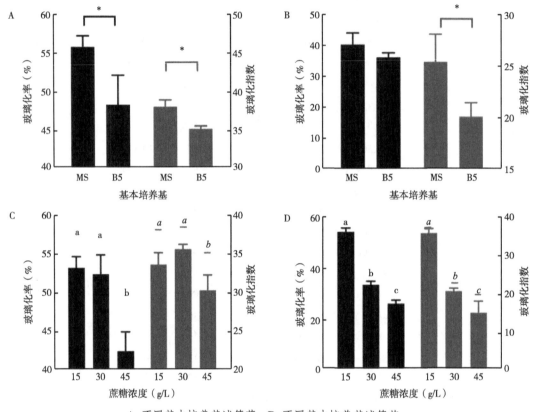

A. 不同基本培养基试管芽；B. 不同基本培养基试管苗；

C. 不同蔗糖浓度试管芽；D. 不同蔗糖浓度试管苗

图2 不同基本培养基和蔗糖浓度对试管芽和试管苗玻璃化的影响

2.3.3 细胞分裂素对玻璃化的影响

花序轴为外植体诱导的试管芽和试管苗，其玻璃化率随着KT和BA浓度的增加呈现一个上升的趋势（表3）。在0.34μmol/L KT下，玻璃化率最高，达94.17%。每个花序轴的增殖系数随着BA和KT浓度的增加而升高。KT在1.85μmol/L时，增殖系数达到最大值，浓度继续提高，增殖系数不再增加。BA在8.8μmol/L时，增殖系数达到最大值。细胞分裂素浓度越高，试管芽和试管苗的玻璃化越严重，KT在诱导试管芽时，使用浓度更低。为了控制玻璃化，4.4μmol/L BA用于花序轴诱导的初代培养获得的正常试管芽最多，2.2μmol/L BA用于继代培养获得的正常试管苗最多。

表3 生理年龄和外植体大小对大蒜离体培养过程中再生和玻璃化的影响

细胞分裂素	浓度（μmol/L）	试管芽玻璃化率（%）	试管芽玻璃化指数	正常试管芽数	试管苗玻璃化率（%）	试管苗玻璃化指数	正常试管苗数	增殖系数
KT	0.46	47.50 ± 1.44de	23.83 ± 1.88h	14.02	24.17 ± 0.83e	10.50 ± 0.88f	10.63	26.70 ± 1.12c
	0.92	50.00 ± 2.89d	28.67 ± 1.06g	16.10	35.00 ± 2.89d	22.17 ± 0.51d	10.47	32.20 ± 1.76b
	1.85	74.17 ± 0.83c	47.08 ± 0.44d	10.13	44.17 ± 0.83c	26.67 ± 0.68c	5.65	39.20 ± 1.79a
	3.71	89.17 ± 3.00ab	57.50 ± 2.89b	4.37	52.50 ± 1.44b	30.50 ± 0.38b	2.07	40.30 ± 1.17a
	7.43	94.17 ± 2.20a	65.25 ± 0.88a	2.36	65.83 ± 2.20a	36.92 ± 0.30a	0.81	40.50 ± 1.71a
BA	2.2	40.00 ± 2.50e	19.83 ± 0.55i	14.76	22.50 ± 1.44e	10.58 ± 0.58f	11.44	24.60 ± 1.01c
	4.4	48.33 ± 3.33d	30.50 ± 0.52g	16.48	25.83 ± 2.20e	12.83 ± 0.30e	12.22	31.90 ± 1.48b
	8.8	55.83 ± 0.83d	34.58 ± 0.51f	17.27	33.33 ± 1.67d	21.92 ± 0.60d	11.51	39.10 ± 1.22a
	17.6	76.67 ± 4.41c	43.00 ± 0.88e	9.24	50.00 ± 2.89bc	27.25 ± 1.26c	4.62	39.60 ± 1.92a
	35.2	85.00 ± 2.89b	52.00 ± 1.01c	6.29	55.83 ± 3.63b	30.17 ± 1.20b	2.78	41.90 ± 1.40a

2.3.4 培养基凝固剂对玻璃化的影响

以花序轴为外植体，培养基凝固剂浓度对试管苗玻璃化发生的影响呈现剂量效应，即浓度越低，玻璃化越严重（表4）。当琼脂和结冷胶的浓度分别达到0.65%或0.5%以上时，试管芽的玻璃化率不再继续降低，但是玻璃化指数显著降低，说明高浓度的凝固剂缓解了玻璃化的症状。高浓度的凝固剂降低了大蒜的增殖系数，正常和低浓度凝固剂对大蒜试管芽的增殖系数影响不大。与琼脂相比，结冷胶的使用浓度更低。本试验中推荐使用0.65%琼脂或者0.50%结冷胶用于大蒜试管芽诱导和试管苗的继代培养。

表4 培养基凝固剂种类和浓度对大蒜离体培养过程中再生和玻璃化的影响

凝固剂	浓度（%）	试管芽玻璃化率（%）	试管芽玻璃化指数	正常试管芽数	试管苗玻璃化率（%）	试管苗玻璃化指数	正常试管苗数	增殖系数
琼脂	0.35	75.83±2.20a	42.83±0.79b	10.20	50.83±2.20a	33.00±0.43b	5.01	42.20±1.71a
	0.50	62.50±1.44b	39.08±0.65c	15.34	42.50±1.44b	26.83±0.46c	8.82	40.90±1.05ab
	0.65	53.33±0.83c	36.08±0.74d	18.25	35.83±2.20c	20.83±0.30d	11.71	39.10±1.59ab
	0.80	45.00±2.89c	31.25±0.14ef	17.88	32.50±1.44cd	19.00±0.66e	12.07	32.50±1.20c
	0.95	46.67±3.33c	30.92±0.30fg	16.48	31.67±1.67cd	18.75±0.14e	11.26	30.90±0.84c
结冷胶	0.20	75.00±3.82a	46.17±0.67a	10.18	51.67±0.83a	35.83±0.55a	4.92	40.70±1.58ab
	0.35	54.17±4.17bc	37.67±1.17cd	17.33	44.17±2.20b	26.25±0.29c	9.67	37.80±1.48b
	0.50	45.83±2.20c	33.08±0.51e	16.58	32.50±1.44cd	20.00±0.63de	11.19	30.60±1.27c
	0.65	49.17±3.00c	31.17±0.46ef	14.64	29.17±0.83d	19.17±0.22e	10.37	28.80±1.53cd
	0.80	45.00±2.89c	29.00±0.52g	14.19	30.00±1.44d	18.67±0.96e	9.93	25.80±1.19d

3 讨论

玻璃化被认为是多因素诱导的生理异常现象（Bakir et al.，2016），影响因素十分复杂。大蒜的玻璃化主要发生在试管芽和试管苗阶段。除了试管芽和试管苗，在原球茎中也发现了玻璃化，如蝴蝶兰原球茎培养阶段（Zhou，1995）。牡丹中的研究发现玻璃化率随着继代次数的增加而增加（Bouza et al.，1994），但我们的研究发现玻璃化率随着继代次数增加不断降低。

大蒜花序轴诱导试管苗需要10～18d，是愈伤组织途径的1/5～1/3（Luciani et al.，2006）。从节约时间和成本的角度，花序轴诱导可以短时间内诱导大量整齐一致的大蒜试管苗，十分高效和经济。不同的生理年龄下，增殖系数和试管苗的玻璃化率呈现相同的趋势，这可能是由于花器官的发育程度和内源激素不同引起的（Kamenetsky，2001）。

大蒜试管苗在B5培养基中生长得更好，且玻璃化率更低，这和Thomas（2000）在西瓜中研究结果一致。有人认为这是由于NH_4^+和NO_3^-比例引起的（Ivanova and Van Staden，2009）。高浓度的NH_4^+会阻碍试管苗的正常生长，B5是一个含有低浓度NH_4^+的培养基（Sarasketa et al.，2016）。此外，我们还选择了N6和White培养基诱导玻璃化，但是发现大蒜试管苗的增殖系数下降。

蔗糖浓度从30g/L增加到45g/L，试管芽和试管苗的玻璃化显著降低，我们的研究和矮牵牛花上的结果一致。蔗糖在组织培养中起到两种作用：提供碳源和维持渗透压。我们推测，玻璃化在高浓度蔗糖下的缓解是由于渗透压和可获得水分的改变。高浓度的蔗糖下，试管芽的玻璃化发生情况和对照没有显著差异，但是却缓解了花椰菜试管芽的玻璃化（Yu et al.，2011）。降低蔗糖浓度，试管苗的玻璃化率增加，我们的结果与青蒿素中的发现一致（Fei and Weathers，2015）。我们认为试管苗低浓度蔗糖下的营养缺乏可能是玻璃化的一个原因。

细胞分裂素在打破顶端优势和芽的再生中有着十分重要的作用（Kadota and Niimi，2003；Werner et al.，2001），但却极易诱导试管苗玻璃化的发生。与我们的结果一致的是，其他物种也发现了玻璃化发生和细胞分裂素常呈现剂量依赖性（Ivanova and Van Staden，2011；Vasudevan and Van Staden，2011）。

研究发现，低浓度的凝固剂在组织培养中会逐渐脱水（Ghashghaie et al.，1991）。凝固剂的浓度越低，脱水现象越严重。此外，螯合剂的分泌也会溶解结冷胶（van den Dries et al.，2013）。因此，低浓度的凝固剂可以增加可获得的水分和培养容器的湿度，使得水分吸收增加，进而加剧玻璃化。有研究发现，提高凝固剂的浓度可以缓解玻璃化的发生（Casanova et al.，2008），这和我们的研究结果一致。结冷胶凝固培养的使用浓度低于琼脂（Franck et al.，2004）。因此，在相同的凝固剂浓度下，琼脂可获得的水分更多。这可以解释为什么同样浓度下的琼脂的玻璃化发生比同浓度的结冷胶更加严重。高浓度的凝固剂降低了增殖系数，这可能是因为凝固剂轻度影响了营养物质和植物生长调节剂的吸收（Franck et al.，2004）。

从工业生产的角度，增加增殖系数和较少玻璃化率是组织培养诱导试管芽的主要目标。但基因型、生理年龄、外植体大小、凝固剂和细胞分裂素不仅仅对增殖系数影响较大，还会严重影响玻璃化的发生。然而，这些条件下都存在着增殖系数和玻璃化的显著相关性。增加增殖系数和减少玻璃化率成为了一个矛盾。其他物种也存在着这样的问题（Kadota and Niimi，2003）。保持增殖系数在一个高水平和玻璃化率在一个低水平对于控制成本和节约时间十分重要。然而，目前还没有发现可以增加增殖系数但同时降低玻璃化率的有效方法。

试管芽和试管苗的玻璃化趋势不总是保持一致的。例如，外植体（基因型、器官、外植体大小和生理年龄）对玻璃化的影响仅仅限于初代培养，但是对继代培养中玻璃化的影响不大。但是，不同培养基组分的研究结果中，我们发现不同细胞分裂素、琼脂浓度、蔗糖浓度对试管芽和试管苗的玻璃化的影响趋势基本保持一致。

4　结论

外植体和培养基组分均可以影响大蒜试管苗玻璃化的发生。花序轴诱导的试管芽和试管苗比鳞茎盘诱导的更容易发生玻璃化。"二水早"和"正月早"比"徐州白"和"苍山蒜"更容易发生玻璃化。玻璃化随着外植体生理年龄和大小的减少而加剧。试管芽和试管苗的玻璃化率随着细胞分裂素浓度的增加和琼脂浓度的减少而升高。同一浓度下，KT对玻璃化的影响更大。MS培养基诱导的试管芽和试管苗更容易发生玻璃化。

参考文献

Asier S, González-Moro M, Begoña, et al., 2016. Nitrogen source and external medium pH interaction differentially affects root and shoot metabolism in *Arabidopsis*[J]. Frontiers in Plant Science, 7（26）: 29.

Bakir Y, Eldem V, Zararsiz G, Unver T, 2016. Global Transcriptome analysis reveals differences in gene expression patterns between nonhyperhydric and hyperhydric peach leaves[J]. Plant Genome, 9（2）: 1-9.

Bouza L, Jacques M, Miginiac E, 1994. *In vitro* propagation of *Paeonia suffruticosa* Andr. cv. 'Mme de Vatry': developmental effects of exogenous hormones during the multiplication phase[J]. scientia horticulturae, 57（3）: 241-251.

Casanova E, Moysset L, Trillas M I, 2008. Effects of agar concentration and vessel closure on the organogenesis and hyperhydricity of adventitious carnation shoots[J]. Biologia Plantarum, 52（1）: 1-8.

Chakrabarty D, Park S Y, Ali M B, et al., 2006. Hyperhydricity in apple: ultrastuctural and physiological aspects[J]. Tree Physiology, 26（3）: 377-388.

Fernandez-Garcia N, de la Garma JG, Olmos E, 2011. ROS as biomarkers in hyperhydricity. Reactive Oxygen Species and Antioxidants in Higher Plants, 249.

Franck T, Kevers C, Gaspar T, et al., 2004. Hyperhydricity of *Prunus avium* shoots cultured on gelrite: a controlled stress response[J]. Plant Physiology & Biochemistry, 42（6）: 519-527.

Ghashghaie J, Brenckmann F, Saugier B, 1991. Effects of agar concentration on water status and growth of rose plants cultured *in vitro*[J]. Physiologia Plantarum, 82（1）: 73-78.

Hassannejad S, Bernard F, Mirzajani F, et al., 2012. SA improvement of hyperhydricity reversion in *Thymus daenensis* shoots culture may be associated with polyamines changes[J]. Plant Physiol Biochem, 51（none）: 40-46.

Ivanova M, Staden J V, 2009. Nitrogen source, concentration, and NH_4^+: NO_3^- ratio influence shoot regeneration and hyperhydricity in tissue cultured *Aloe polyphylla*[J]. Plant Cell Tissue & Organ Culture, 99（2）: 167-174.

Ivanova M, Staden J V, 2011. Influence of gelling agent and cytokinins on the control of hyperhydricity in *Aloe polyphylla*[J]. Plant Cell Tissue & Organ Culture, 104（1）: 13-21.

Tian J, Cheng Y, Kong X, et al., 2017. Induction of reactive oxygen species and the potential role of NADPH oxidase in hyperhydricity of garlic plantlets *in vitro*[J]. Protoplasma, 254（1）: 379-388.

Kadota M, Niimi Y, 2003. Effects of cytokinin types and their concentrations on shoot proliferation and hyperhydricity in *in vitro* pear cultivar shoots[J]. Plant Cell Tissue & Organ Culture, 72（3）: 261-265.

Kehr A E, Schaeffer G W, 1976. Tissue culture and differentiation of garlic[J]. Hortscience, 11（4）: 422-423.

Kevers C, Franck T, Strasser R J, et al., 2004. Hyperhydricity of micropropagated shoots: a typically stress-induced change of physiological state[J]. Plant Cell Tissue & Organ Culture, 77（2）: 181-191.

Fei L, Pamela, 2015. From leaf explants to rooted plantlets in a mist reactor[J]. Vitro Cellular & Developmental Biology Plant, 51（6）: 669-681.

Luciani G F, Mary A K, Pellegrini C, et al., 2006. Effects of explants and growth regulators in garlic callus formation and plant regeneration[J]. Plant Cell Tissue & Organ Culture, 87（2）: 139-143.

Machado M P, da Silva A L L, Biasi L A, et al., 2014. F.Influence of calcium content of tissue on hyperhydricity and shoot-tip necrosis of in vitro regenerated shoots of *Lavandula angustifolia* Mill. Brazilian Archives of Biology and Technology, 57（5）: 636-643.

Ivanova M, Van Staden J, 2008. Effect of ammonium ions and cytokinins on hyperhydricity and multiplication rate of in vitro regenerated shoots of *Aloe polyphylla*[J]. Plant Cell, Tissue&Organ Culture, 92（2）: 227-231

Mayor M L, Nestares G, Zorzoli R, et al., 2003. Reduction of hyperhydricity in sunflower tissue culture[J]. Plant Cell Tissue and Organ Culture, 72（1）: 99-103.

Patricia L S, León A B, Latsague M I, et al., 2012. Increased light intensity during in vitro culture improves water loss control and photosynthetic performance of *Castanea sativa* grown in ventilated vessels[J]. Scientia Horticulturae, 138: 7-16.

Pence V, Finke L, Niedz R, 2014. Reducing hyperhydricity in shoot cultures of *cycladenia humilis* var. jonesii, an endangered dryland species[J]. In VitroCell Dev Biol-Plant, 50（233）: S62-S62.

Pérez-Tornero E J, Olmos E, et al., 2001. Control of hyperhydricity in micropropagated apricot cultivars[J]. Vitro Cellular & Developmental Biology Plant, 37（2）: 250-254.

Picoli E A T, Otoni W C, Figueira M L, et al., 2001. Hyperhydricity in in vitro eggplant regenerated plants: structural characteristics and involvement of BiP（Binding Protein）[J]. Plant Science, 160（5）: 857-868.

Ramírez-Malagón L, 2006. Pérez-Moreno, Borodanenko A, et al., Differential organ infection studies, potyvirus elimination, and field performance of virus-free garlic plants produced by tissue culture[J]. Plant Cell Tissue and Organ Culture, 86（1）: 103-110.

Sen A, Alikamanoglu S, 2013. Antioxidant enzyme activities, malondialdehyde, and total phenolic content of PEG-induced hyperhydric leaves in sugar beet tissue culture[J]. Vitro Cellular & Developmental Biology Plant, 49（4）: 396-404.

Silva J A T D, Judit D, Ross S, 2013. Phloroglucinol in plant tissue culture[J]. Vitro Cellular & Developmental Biology Plant, 49（1）: 1-16.

Tabart J, Franck T, Kevers C, et al., 2015. Effect of polyamines and polyamine precursors on hyperhydricity in micropropagated apple shoots[J]. Plant Cell Tiss Organ Cult, 120（1）: 11-18.

Thomas P, Mythili J B, Shivashankara K S, 2000. Explant, medium and vessel aeration affect the incidence of hyperhydricity and recovery of normal plantlets in triploid watermelon[J]. Journal of Horticultural Science & Biotechnology, 75（1）: 19-25.

Tian J, Jiang F, Wu Z, 2015. The apoplastic oxidative burst as a key factor of hyperhydricity in garlic plantlet in vitro[J]. Plant Cell Tissue & Organ Culture, 120（2）: 571-584.

Tsay H S, Lee C Y, Agrawal D C, et al., 2006. Influence of ventilation closure, gelling agent and explant type on shoot bud proliferation and hyperhydricity in *Scrophularia yoshimurae*—A medicinal plant[J]. Vitro Cellular & Developmental Biology Plant, 42（5）: 445-449.

Ueno K, Cheplick S, Shetty K, 1998. Reduced hyperhydricity and enhanced growth of tissue culture-generated raspberry（*Rubus* sp.）clonal lines by *Pseudomonas* sp. isolated from oregano[J]. Process Biochem, 33（4）: 441-445.

Van den Dries N, Gianni S, Czerednik A, et al., 2013. Flooding of the apoplast is a key factor in the development of hyperhydricity[J]. J Exp Bot, 64（16）: 5 221-5 230.

Vasudevan R, Staden J V, 2011. Cytokinin and explant types influence *in vitro* plant regeneration of Leopard Orchid（*Ansellia africana* Lindl.）[J]. Plant Cell Tissue & Organ Culture, 107（1）: 123-129.

Vinoth A, Ravindhran R, 2015. Reduced hyperhydricity in watermelon shoot cultures using silver ions[J]. In Vitro Cellular & Developmental Biology-Plant, 51（3）: 258-264.

Werner T, Motyka V, Strnad M, et al., 2001. Regulation of plant growth by cytokinin[J]. Proc Natl Acad Sci U S A, 98（18）: 10 487-10 492.

Wu Z, Chen L J, Long Y J, 2009. Analysis of ultrastructure and reactive oxygen species of hyperhydric garlic（*Allium sativum* L.）shoots[J]. In Vitro Cellular & Developmental Biology Plant, 45（4）: 483-490.

Yadav M K, Gaur A K, Garg G K, 2003. Development of suitable protocol to overcome hyperhydricity in carnation during micropropagation[J]. Plant Cell Tissue & Organ Culture, 72（2）: 153-156.

Yu Y, Zhao Y Q, Zhao B, et al., 2011. Influencing factors and structural characterization of hyperhydricity of *in vitro* regeneration in *Brassica oleracea*, var. italica[J]. Canadian Journal of Plant Science, 91（1）: 159-165.

Zhou T S, 1995. *In vitro* culture of *Doritaenopsis*: comparison between formation of the hyperhydric protocorm-like-body（PLB）and the normal PLB[J]. Plant Cell Reports, 15（3-4）: 181-185.

基因型和pH值对马铃薯脱毒苗生长的影响

陈彦云[1*]，曹君迈[2]

（1.宁夏大学生命科学学院　银川　750021；

2.北方民族大学生物科学与工程学院　银川　750021）

摘　要：以大西洋、克新1号和青薯168的脱毒基础苗为实验材料，采用两因素随机区组设计，研究不同基因型、pH值对马铃薯脱毒基础苗单株鲜重、单株干重、叶片数、叶面积、株高、茎粗、节长、节数、根长和根条数影响，培养14d时，测定各性状指标。结果表明：基因型对10个农艺性状指标影响显著（$P<0.05$）；5种pH值除对茎粗、节数、根条数影响不显著外，对其余7个农艺性状指标有显著性影响（$P<0.05$）；3个不同基因型和pH值对马铃薯单株鲜重、干重、叶片数、叶面积存在显著性交互作用（$P<0.05$），其余农艺性状受基因型和pH值处理交互作用影响不显著。大西洋快繁的适宜pH值为5.6～6.0，克新1号和青薯168快繁的适宜pH值为5.6～6.2，综合农艺性状生长良好。建议工厂化生产时，将pH值统一调到5.6～6.0，便于生产管理。

关键词：马铃薯；基因型品种；pH值；生长

Effects of Genotype and pH on the Growth of Virus−free Potato Plantlets

Chen Yanyun[1*]，Cao Junmai[2]

（1.School of Life Science，Ningxia University，Yinchuan 750021 China；

2.College of Life Science & Engineering，Beifang Univesity of Nationalities，

Yinchuan 750021，China）

基金项目：国家重点研发项目，薯类主食化加工关键新技术装备研发及示范（2016YFD0401300）；薯类贮期病损生理机制及病害防治技术研究与示范（2016YFD0401302-4）

* 作者简介：陈彦云，男，研究员，硕士生导师，从事植物资源利用及开发研究工作。Author for correspondence（E-mail：nxchenyy@163.com）

Abstract："Atlantic"，"Kexin 1" and "Qingshu 168" were taken as trial materials，by using the method of Randomized block design of two factors，to investigating the effects of different genotype and pH on the growth of virus-free seedlings of potato of "Atlantic"，"Kexin 1" and "Qingshu 168" on the average of a plant fresh weight，dry weight，leaf number，leaf area，plant height，stem diameter，node length，node number，root length and root number. When being cultivated for 14 days，some property indexes of the seedlings were measured. The results showed that ten agronomic indexes of different varieties were affected by the genotype significantly（$P<0.05$）and seven agro-indexes of different genotype were affected by five pH significantly（$P<0.05$）except stem diameter，node number and root number. Different genotype and pH had a interact effects on the average of a plant fresh weight，dry weight，leaf area，leaf number（$P<0.05$）and no significant effects on other property indexes. The suitable pH concentration for "Atlantic" was 5.6-6.0 and the suitable pH concentration for "Kexin 1" and "Qingshu 168" was 5.6-6.2. According to comprehensive agronomic indexes，pH 5.6-6.0 was suggested in plant factory for management.

Key words：Potato；Genotypes；pH；Growth

pH值是植物生长发育的重要环境条件之一。pH值影响细胞膜的电位，从而导致质膜的通透性发生改变及细胞的形态变化，同时影响植物对营养物质的吸收，还影响植物的生长、分化等多种生理活动，因此，对植物生长发育有着重要的调节作用。此外，植物种类不同需要生存的pH值不同，如大田生产中需要的适宜pH值，百合为5.0～6.0、仙客来为5.5～6.5、兰科植物为4.5～5.0、番茄为6.5～7.5，而多数植物喜中性土壤。大田生产中植物需要的pH值与植物组织培养中所需要的pH值有所差异。多数学者的研究结果表明：大多数植物适宜组培的pH值为5.8。关于马铃薯组织培养方面的研究已有大量文献报道，如：光影响离体培养马铃薯生长及形态；生长调节剂、糖、通风、渗透压影响马铃薯试管苗的生长发育；只有Wetzstein（1994）等研究了马铃薯培养容器体积、凝聚物、无机盐对培养基pH值和强度有影响；Cousson and Tran（1981）研究认为高压灭菌会使培养基的pH值下降，Arregui等（2003）研究了凝聚物对六个马铃薯栽培种试管薯的影响，其中也提到pH值，但均未将pH值作为影响马铃薯生长的重要因素进行研究。pH值对其他植物组培生长的影响，如：红枣、蓝莓、笃斯越桔、蝴蝶兰、香蕉和柚木已有文献报道，而对马铃薯还缺少相关方面的系统研究，因此，探讨不同基因型和pH值对马铃薯脱毒基础苗生长发育的影响，提出马铃薯工业化生产主栽品种的适宜pH值，为马铃薯脱毒种薯产业化组培快繁提供科学依据。

1　实验材料与方法

1.1　供试材料

大西洋（Atlantic）、克新1号（Kexin 1）和青薯168（Qingshu 168）脱毒基础苗均由北方民族大学生物科学与工程学院细胞生物学实验室提供。

1.2　试验方法

1.2.1　试验设计

试验采用二因素随机设计，因素1为基因型（G），分三种基因型，G1：大西洋基因型，G2：克新1号基因型，G3：青薯168基因型；因素2为pH值，分五种处理，pH值分别为5.6、5.8、6.0、6.2、6.4，试验重复5次，共15个处理。

1.2.2　培养条件和测定方法

参照了曹君迈的试验方法。

1.2.3　统计分析

将试验所得各项指标的各重复的均值采用Microsoft Excel 2003录入整理，SPSS17.0软件进行二因素方差分析，平均数的多重比较采用Duncan法检验。

2　结果分析

2.1　基因型对马铃薯脱毒基础苗生长的影响基因型

不同基因型对在通气培养瓶中生长的马铃薯无毒再生植株的影响见表1。通过对3种基因型马铃薯组培苗10个农艺性状统计分析认为：3种基因型的10个指标差异均达显著水平。大西洋的单株干重（1.45×10^{-2} g）、叶片数（5.72片）、叶面积（5.9×10^{-5} m²）优于其他两基因型，而大西洋单株鲜重（2.18×10^{-1} g）与"Qingshu 168"单株鲜重（2.04×10^{-1} g）无显著差异，与克新1号马铃薯脱毒苗（1.72×10^{-1} g）有显著差异；大西洋茎粗（1.09×10^{-3} m）、节长（1.15×10^{-3} m）与克新1号马铃薯脱毒苗无显著差异，与青薯168马铃薯脱毒苗有显著差异；青薯168马铃薯脱毒苗的节数（4.97节），根条数（8.60条）显著优于其他两种基因型；克新1号马铃薯脱毒苗的株高（6.32×10^{-2} m）、根长（4.07×10^{-2} m）显著优于其他两种基因型。青薯168马铃薯脱毒苗叶片数（4.95片）、株高（5.09×10^{-2} m）、节长0.88×10^{-2} m、根长3.15×10^{-2} m，长势表现弱于其他两种基因型。而鲜重是从瓶中取出称量，由于瓶苗水分多称量的快慢，会带来较大的误差，所以以干重进行比较较为准确。克新1号与青薯168的干重有无统计学上的差异，因此，从10个农艺性状指标看大西洋马铃薯脱毒苗生长长势优于克新1号马铃薯脱毒苗，克新1号马铃薯脱毒苗生长长势优于青薯168马铃薯脱毒苗。由此说明不同品种其农艺性状既有遗传学上的差异，又有基因型对农艺性状的影响。

表1　基因型对马铃薯脱毒苗农艺性状的影响

农艺性状	基因型		
	大西洋（G1）	克新1号（G2）	青薯168（G3）
单株鲜重（g）	2.18×10^{-1}a	1.72×10^{-1}b	2.04×10^{-1}a
单株干重（g）	1.45×10^{-2}a	8.88×10^{-3}b	1.07×10^{-2}b
叶片数（片）	5.72a	5.01b	4.95c
叶面积（m²）	5.9×10^{-5}a	3.3×10^{-5}b	3.1×10^{-5}b
株高（m）	5.88×10^{-2}a	6.32×10^{-2}a	5.09×10^{-2}c
茎粗（m）	1.09×10^{-3}a	1.17×10^{-3}a	8.8×10^{-4}b
节长（m）	1.15×10^{-2}a	1.08×10^{-2}a	0.88×10^{-2}b
节数（节）	4.43b	3.72c	4.97a
根长（m）	3.68×10^{-2}a	4.07×10^{-2}a	3.15×10^{-2}b
根条数（条）	6.73b	6.48b	8.60a

注：小写字母表示0.05水平差异，下同

2.2　pH值对马铃薯脱毒基础苗生长的影响

pH值（5.6，5.8，6.0，6.2，6.4）对在通气培养瓶中生长的马铃薯无毒再生植株的影响见表2。通过对3种基因型组培苗10个农艺性状统计分析认为：除不同浓度的pH值对马铃薯脱毒苗茎粗、节数、根条数的影响未达显著水平外，对其他9个指标影响均达显著水平（$P<0.05$）。适宜于单株干重、鲜重生长的pH值为5.6、5.8、6.0和6.2；适宜于叶片数生长的pH值为5.6、5.8和6.0；适宜于叶面积生长的pH值为5.6和6.0；适宜于株高生长的pH值为5.8、6.0和6.2；适宜于节长生长的pH值为5.8、6.2和6.4；适宜于根长生长的pH为5.6；适宜于根条数生长的pH值为5.6~6.4。因此，通过以上的对比可以得出个农艺性状优良表现的pH值有5.6、5.8和6.0。

表2　pH值对马铃薯脱毒苗农艺性状的影响

农艺性状	附值				
	5.6	5.8	6.0	6.2	5.4
单株鲜重（g）	1.95×10^{-1}ab	2.08×10^{-1}ab	1.93×10^{-1}ab	2.23×10^{-1}a	1.70×10^{-1}b
单株干重（g）	1.24×10^{-2}a	1.07×10^{-2}ab	1.2×10^{-2}a	1.18×10^{-2}ab	9.83×10^{-3}b
叶片数（片）	5.18ab	5.21ab	6.21a	4.58b	4.96b
叶面积（m²）	5.0×10^{-5}a	3.5×10^{-5}b	5.0×10^{-5}a	3.5×10^{-5}b	3.5×10^{-5}b
株高（m）	5.55×10^{-2}b	5.94×10^{-2}ab	5.76×10^{-2}ab	6.25×10^{-2}a	5.34×10^{-2}b
茎粗（m）	1.05×10^{-3}	9.5×10^{-3}	1.05×10^{-3}	1.12×10^{-3}	1.07×10^{-3}
节长（m）	9.6×10^{-3}b	1.00×10^{-2}ab	9.8×10^{-3}b	1.21×10^{-2}a	1.04×10^{-2}ab
节数（节）	4.55	4.52	4.44	4.32	4.01
根长（m）	4.46×10^{-2}a	$3.54b \times 10^{-2}$bc	3.17×10^{-2}c	3.89×10^{-2}ab	3.12×10^{-2}c
根条数（条）	6.48	7.55	8.17	7.37	6.78

2.3 基因型和pH值对马铃薯脱毒基础苗生长的影响

2.3.1 基因型、pH值处理对马铃薯脱毒苗单株鲜重和干重的影响

通过对3个基因型株鲜、干重的性状统计分析认为：基因型、pH值及其交互作用对单株鲜、干重的影响达显著水平（$P<0.05$）。当pH值为6.2时，大西洋（G1）单株鲜重，除与pH值为5.6无显著差异外，与其余各处理有显著差异，适宜于大西洋（G1）单株鲜重增加的pH值为6.2；处理的5个浓度之间对克新1号（G2）单株鲜重均无显著影响，适宜于克新1号（G2）单株鲜重增加的pH值为5.6～6.4；除pH值为5.6外，其余各处理对青薯168（G3）单株鲜重无显著影响，适宜于青薯168（G3）单株鲜重增加的pH值为5.8～6.4（图1）。

从差异显著性比较结果得出："Atlantic"单株干重各pH值处理不显著，当pH值为5.6时，"Atlantic"单株干重达$1.63×10^{-2}$g。"Kexin 1"各浓度处理的pH值对单株干重影响达显著差异，当pH值为5.6时，单株干重显著高于pH值5.8和pH值6.4，与其他两个处理无明显差异，单株干重最高为$1.26×10^{-2}$g。"Qingshu168"，pH值为5.6～6.4时，各处理无显著差异，因此适宜于"Atlantic"单株鲜重增加的pH值为6.2，适宜于"Kexin 1"品种单株鲜重增加的pH值为5.6～6.4，适宜于"Qingshu168"单株鲜重增加的pH值为5.8～6.4；适宜于"Atlantic"干重增加的pH值为5.6～6.4，适宜于"Kexin 1"干重重增加的pH值为5.6～6.2，适宜于"Qingshu168"干重增加的pH值为5.6～6.4（图2）。

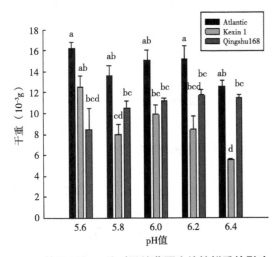

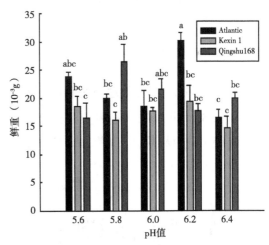

图1 基因型和pH值对马铃薯再生植株鲜重的影响　　图2 基因型和pH值对马铃薯再生植株干重的影响

2.3.2 基因型、pH值处理对马铃薯脱毒苗单株叶片数、叶面积的影响

通过对3种基因型马铃薯组培苗单叶片数、叶面积的性状统计分析认为：基因型和pH值对再生植株叶片数和叶面积有显著影响（$P<0.05$），其交互作用也达显著水平。适宜于G1品种叶片数生长的pH值为5.6、5.8、6.0，显著高于pH值为6.2和6.4的两个处理；适宜于G2品种叶片数生长的pH值为6.0、5.6和6.4，它们三者之间无显著差异，但5.8和6.4与6.2之

间无显著差异，6.2却与5.6和6.0有显著差异；pH值为5.8、6.0、6.2和6.4有利于G3品种叶片数生长，它们之间无显著差异，而5.6与5.8之间也无显著差异，却与其他几个处理之间有显著差异（图3）。

适宜于G1品种叶面积生长的pH值为5.6，显著高于pH值为5.8和6.4的两个处理，而与pH值6.0的处理无显著差异；适宜于G2品种叶面积生长的pH值为5.6、5.8和6.0，它们之间无显著差异，除6.0外，其他4个处理之间无显著差异；各处理之间对G3品种叶面积生长的影响无显著差异，适宜于G3品种叶面积生长的pH值为5.6～6.4（图4）。

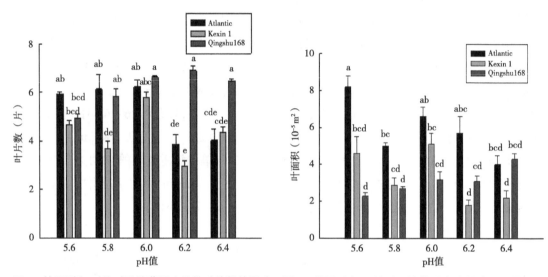

图3　基因型和pH值对马铃薯再生植株叶片数的影响　图4　基因型和pH值对马铃薯再生植株叶面积的影响

2.3.3　基因型、pH值处理对马铃薯脱毒基础苗株高、茎粗的影响

由图5、图6可知：基因型和pH值对再生植株株高和茎粗交互作用也达未显著水平（$P>0.05$）。但从其生长情况看，适宜不同株高和茎粗生长的pH值为6.2。

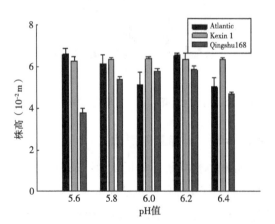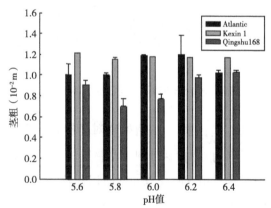

图5　基因型和pH值对马铃薯再生植株株高的影响　图6　基因型和pH值对马铃薯再生植株茎粗的影响

2.3.4 基因型、pH值对马铃薯脱毒基础苗节长、节数的影响

由图7、图8可知：基因型和pH值对再生植株节长和节数交互作用也未达显著水平（$P>0.05$）。但从其生长情况看，有利于不同品种节长生长的pH值为6.2，节数生长pH值为6.0。

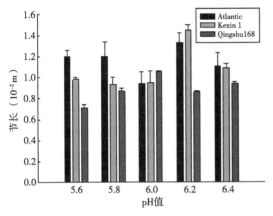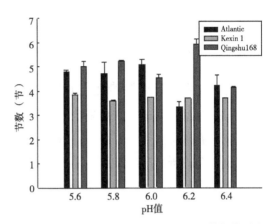

图7 基因型和pH值对马铃薯再生植株节长的影响　　图8 基因型和pH值对马铃薯再生植株节数的影响

2.3.5 基因型、pH值处理对马铃薯脱毒基础苗根长、根条数的影响

由图9、图10可知：基因型和pH值对再生植株根长和根条数交互作用也达未显著水平（$P>0.05$）。但从其生长情况看，有利于不同根长生长的pH值为6.2，根条数生长pH值为6.0。

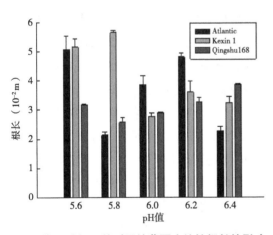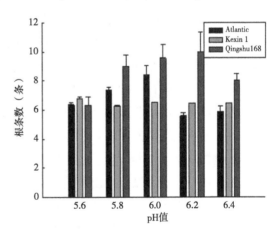

图9 基因型和pH值对马铃薯再生植株根长的影响　　图10 基因型和pH值对马铃薯再生植株根条数的影响

3 讨论

3.1 基因型对马铃薯脱毒苗生长的影响

Gopal（2008）认为离体条件基因型不同显著地影响品种的农艺特性。在本实验中所

研究的3种基因型中，"大西洋"的各项农艺性状均高于其他两个品种。而"青薯168"在根数、节数均高于其他两个品种。对于"克新1号"来说其植株高度、根的长度均表现为良好，并优于其他两个品种。在相同的离体培养条件下培养马铃薯脱毒苗时，不同基因型对其生长状况有不同的影响，与Gopal（1998）认为离体条件基因型不同显著地影响品种的农艺特性的观点一致。分析其原因可能是：马铃薯不同基因调控其内在的代谢体系，使得不同基因型的马铃薯脱毒苗的农艺性状有所不同。因此，供体植株的基因型不仅决定初始培养物能否成功，而且还影响离体植物的农艺性状。

3.2 pH值对马铃薯脱毒苗生长的影响

马铃薯脱毒基础苗繁育是生产优质种薯的关键环节，其主要影响因素除光照、温度、湿度、培养基配方等条件外，pH值也是不可忽视的重要条件之一。目前关于pH值对植物组培苗影响的研究报道较多，对不同作物或同一作物不同取材部位要求的pH值各不相同，马铃薯脱毒苗生产上一般将pH值调为5.8。除廉家盛等（2010）报道的蓝莓—美登pH值为5.4和周再知等报道的柚木pH值为6.0时最适合，要求精度较高外，多数植物都有一定的适应范围，陈宗礼等（2001）认为pH值为5.5～6.5的培养基硬度适中，易于接种操作；红枣组培苗生长健康；苏燕钿（2005）认为香蕉组培苗生长的pH值为5.4～5.8，组培苗生长健康；Oliveira等（2010）和Panda，Hazra（2010）在马铃薯培养基调到pH值为5.8时生长健康；Cao等（1994）研究了不同pH值下马铃薯对氮素营养利用的影响，结果表明在pH值为5.0～6.0条件下，马铃薯干物重、叶面积、植株鲜重、叶片数等性状指标均表现增加的趋势。本实验设了pH值为5.6～6.4五个梯度，对马铃薯3个品种进行了研究，从实验结果可以看出适于叶面积、根长度和植株干重的pH值为5.6和6.0，而pH值为6.0时植株的根条数最多，适于叶片数生长的pH值为5.6和5.8；适于植株鲜重和干重的pH值为5.6、5.8和6.2；在pH值为5.6～6.0各个性状的差异性不大，并且均表现良好，这可能在于不同的pH值下马铃薯脱毒苗对养分的吸收敏感度不同。pH值为6.4时，不利于3个马铃薯品种各项农艺指标生长，并且导致植株发黄、早衰（图11）。pH值为6.2时，除株高、节长、单株鲜、干重外，不利于植物其他农艺指标生长。本试验与周再知pH值过高不利于Ca^{2+}、Fe^{2+}等营养元素的吸收结果一致。本试验得出的结果是pH值为5.6～6.0时，组培苗生长健康。所以，尽管不同植物组培需要的适宜pH值有所不同，但也表现出一定的规律性，因此，对未进行过组培的植物品种，可先将pH值设为5.8左右，待其他条件确定后，再进行pH值范围的筛选。

图11　不同pH值对不同品种生长的影响

3.3 基因型和pH值对马铃薯脱毒苗生长的影响

由本实验可以知道，基因型和pH值两者均同时对马铃薯脱毒苗的农艺性状有一定的影响。有显著影响的表现在叶片数、叶面积、植株鲜重和植株干重（$P<0.05$）；而对于其他的生长性状没有显著的影响（$P>0.05$）。在相同培养条件下不同基因型会表现不同的生长状况，同一基因型在不同的培养条件下生长的各项农艺性状会有差异这与赵晓玲等的报道结果相吻合。同一基因型培养条件虽然不同，但是其农艺性状也还是受自身基因控制，如"大西洋"在这5个浓度梯度的pH值下农艺性状都表现良好，而"青薯168"在pH值为6.4时植株根的长度占有明显优势。"Qingshu 168"在培养瓶生长时对pH值变化适应性较强，且需要的pH值较高（5.6~6.2），而"Atlantic""Kexin 1"在培养瓶生长时对pH值变化适应性较差，且需要的pH值较"Qingshu 168"低，pH值为5.6~6.0，因此更能确定了马铃薯脱毒苗的生长发育受多种因素共同影响的结果。

3.4 pH值对组培苗玻璃化和褐化的影响

香蕉组培苗生长的pH值在超过5.8时，玻璃化程度加重。红枣组培苗pH值超过6.5时，苗发黄；本试验pH值6.4时，苗发黄，因为pH值高时，导致营养吸收不利，最后导致玻璃化发生，因此适宜的pH值对玻璃化的控制具有重要作用。

从赵伶俐的试验可知，蝴蝶兰培养12d时，培养基pH值在5.5、6.0时，多酚氧化酶活性最低，低温对酶活性的影响较小，因此，适宜的温度和pH值对组培褐化有一定的影响，尽管本实验未发生褐化现象，但也是值得我们重视研究的一个问题。

本实验只是选取了3种基因型作为研究材料，在具体的实验中要进行针对性的研究，选择不同的培养条件和不同的pH值会有一定的差异性。本实验中的结果是否符合其他基因型的马铃薯脱毒苗还有待于进一步研究验证。

4 结论

将大西洋、克新1号和青薯168的脱毒基础苗pH值调节到5.6~6.0，既能兼顾到3个不同品种的多数农艺性状指标要求，又能保证3个品种再生植株的健壮生长，同时为马铃薯种苗工厂化生产可控操作和有效营养成分利用提供了技术保障，为马铃薯脱毒种薯产业化组培快繁提供科学依据。

参考文献

曹君迈，陈彦云，2012. 品种、培养基质和接种量对马铃薯脱毒基础苗生长的影响[J]. 干旱地区农业研究，30（3）：8-17.

曹新祥，韩小云，2003. 植物组织培养中的pH值[J]. 杭州师范学院学报（自然科学版），2（1）：60-63.

陈宗礼，李占鹏，延志莲，等，2001. pH值对红枣组培苗快速繁殖的影响[J]. 陕西农业科学（3）：9-11.

廉家盛，朴炫春，廉美兰，等，2010. 培养基种类、玉米素浓度及pH值对蓝莓"美登"组培增殖生长的影响[J]. 延边大学农学学报，32（4）：269-272.

苏燕钿，胡美蓉，郭晓玲，等，2005. 香蕉组培苗玻璃化现象成因之一——培养基pH值[J]. 农业研究与应用，000（3）：5-6.

孙振元，徐文忠，赵梁军，等，2005. 高pH值和铁素对毛白杜鹃和迎红杜鹃根系Fe^{3+}还原酶活性的影响[J]. 核农学报，19（6）：456-460.

张福墁，2001. 设施园艺学[M]. 北京：中国农业大学出版社.

赵伶俐，葛红，范崇辉，等，2006. 蝴蝶兰组培中pH和温度对外植体褐化的影响[J]. 园艺学报，33（6）：1 373-1 376.

赵晓玲，2010. 马铃薯不同品种试管苗诱导试管薯能力研究[J]. 甘肃农业科技（1）：23-25.

赵燕，刘清波，胡清云，等，2012. 五种基因型马铃薯微型薯诱导研究[J]. 黑龙江农业科学（1）：22-25.

周再知，徐大平，梁坤南，等，2009. 钙离子及pH值对柚木组培苗生长和矿质营养吸收的影响[J]. 中南林业科技大学学报，29（3）：1-5.

宗长玲，宗成文，赵巍巍，等，2012. 糖种类和浓度及pH值对长白山笃斯越桔组培苗增殖和生根的影响[J]. 延边大学农学学报，34（1）：55-59.

Arregui L M, Veramendi J, Mingo-Castel A M, 2003. Effect of gelling agents on *in vitro* tuberization of six potato cultivars[J]. American Journal of Potato Research, 80（2）：141-144.

Cao W, Luo W, Wang S, et al., 1994. Responses of potatoes to solution pH Levels with different forms of nitrogen[J]. Jour of plant Natr, 17（1）：109-126.

Contardi P J, Davis R F, 1978. Membrane potential in phaeoceros laevis：effects of anoxia, external ions, light, and inhibitors[J]. Plant Physiol, 61（2）：164-169.

Cousson A K, Tran T V, 1981. Study influence of killing germs by high pressure on the pH of culture medium[J]. Plant Physiol, 51：77-84.

De Loof A, Vanden J, Janssen I, 1996. Hormones and the cytoskeleton of animals and plants[J]. Planta, 166：1-58.

Gopal J, Iwama K, Jitsuyama Y, 2008. Effect of water stress mediated through agar on *in vitro* growth of potato[J]. In Vitro Cellular & Developmental Biology-Plant, 44（3）：221-228.

Gopal J, Minocha J L, 1998. Effectiveness of *in vitro* selection for agronomic characters in potato[J]. Euphytica, 103（1）：67-74.

Mohamed A H, Alsadon A A, 2010. Influence of ventilation and sucrose on growth and leaf anatomy of micropropagated potato plantlets[J]. Scientia Horticulturae, 123（3）：0-300.

Oliveira Y D, Pinto F, André Luís Lopes da Silva, et al., 2010. An efficient protocol for micropropagation of *Melaleuca alternifolia* Cheel[J]. Vitro Cellular & Developmental Biology Plant, 46（2）：192-197.

Panda B M, Hazra S, 2010. *In vitro* regeneration of *Semecarpus anacardium* L. from axenic seedling-derived nodal explants[J]. Trees, 24（4）：733-742.

Seabrook J E A, 2005. Light effects on the growth and morphogenesis of potato（*Solanum tuberosum*）*in vitro*：A review[J]. American Journal of Potato Research, 82（5）：353-367.

Wetzstein H Y, Kim C, Sommer H E, 1994. Vessel volume, gelling agents and basal salts affect pH and gel strength of autoclaved tissue culture media[J]. Hortic Sci, 29（6）：683-685.

Yao C, Huang Y, Li X, Ruan P, 2003. Effects of pH on structure and function of single living erythrocyte[J]. Chinese Science Bulletin, 48（13）：1 342-1 346.

Zhang Z, Zhou W, Li H, 2005. The role of GA, IAA and BAP in the regulation of *in vitro* shoot growth and microtuberization in potato[J]. Acta Physiologiae Plantarum, 27（3）：363-369.

利用乙酰溴法测定大白菜叶片及叶柄中木质素含量

吴　芳#，康彩云#，王永鹏，许学涛，张楚璇，刘梦洋，赵建军*

（河北农业大学/河北省蔬菜种质创新与利用重点实验室　保定　071001）

摘　要：木质素是植物重要的次生代谢产物，不仅在植物体中起机械支撑作用，而且在植物抗逆和抗病方面也具有重要作用。植物木质素乙酰化衍生物在280nm处有强烈吸收值，在木本作物中研究比较多，在蔬菜作物中鲜有报道。本研究利用乙酰溴法对大白菜叶片和叶柄中木质素含量进行测定，探究木质素乙酰化反应过程中乙酰溴体积分数、反应温度和反应时间对大白菜叶片和叶柄中木质素含量测定的影响。研究结果表明大白菜叶片中木质素含量测定最适条件为20%乙酰溴在70℃下反应60min；叶柄中木质素含量测定最适条件为30%乙酰溴在70℃下反应时间60min。大白菜叶片和叶柄中的木质素含量分别为104.194mg/g、389.603mg/g。利用乙酰溴方法测定大白菜受到软腐病菌侵染后，抗软腐病突变体*sr*木质素含量增幅高于野生型木质素含量增幅，该结果为蔬菜作物中木质素含量测定提供参考依据。

关键词：大白菜；木质素；乙酰化反应；乙酰溴法

Detection of Lignin Levels in Leaf and Petiole of Chinese Cabbage Using Acetyl Bromide Method

Wu Fang#, Kang Caiyun#, Wang Yongpeng, Xu Xuetao,
Zhang Chuxuan, Liu Mengyang, Zhao Jianjun*

（Vegetable Germplasm Innovation and Utilization of Laboratory in Hebei,
Hebei Agricultural University, Baoding 071001 China）

基金项目：河北省研究生创新资助项目（CXZZBS2017067）；国家自然科学基金面上项目（31672151）

\# 吴芳、康彩云为共同第一作者

* 通讯作者：Author for correspondence（E-mail：jjz1971@aliyun.com）

Abstract：Lignin is one of important secondary metabolites in plant，which plays a role in mechanical support and defense against damage and disease. The acetylated derivatives of lignin have strong absorption at 280nm，many studies about lignin were in woody crops，few reports was in vegetable crops. In this study，the acetyl bromide method was used for determination of lignin in leaves and petiole of Chinese cabbage，and for exploration the effect of acetyl bromide volume fraction，reaction temperature and reaction time on the acetylation reaction of lignin. The results showed that the optimal conditions for lignin determination of leaves was 20% acetyl bromide volume fraction at 70℃ for 60min；the optimal conditions for lignin determination of petiole was 30% acetyl bromide volume at 70℃ for 60min. The content of lignin in leaves and petioles was 104.194mg/g and 389.603mg/g，respectively. After infected by soft rot，the content of lignin in the resistant mutant *sr* increased more than that in wild type. The results provide the more about the determination of lignin content in vegetable crops.

Key words：Chinese cabbage；Lignin；Acetylation reaction；Acetyl bromide method

大白菜（*Brassica rapa* L. ssp. *pekinesis*）原产于中国，属十字花科芸薹属（*Brassica*）白菜类蔬菜作物，是我国最具代表性的蔬菜之一。木质素是植物体中重要的大分子有机物质，主要分布于植物体内木质部的管状分子和次生壁中，并与纤维素、半纤维素共同构成植物骨架。目前研究认为木质素主要由对—羟基苯基木质素、愈创木基木质素和紫丁香基木质素三种木质素单体聚集形成，在不同植物不同时期不同组织中，木质素单体组成会略有不同。木质素是植物次生细胞壁的主要成分，在植物体中主要起机械支撑作用。此外，木质素的积累在植物抗逆、抗病和抗机械损伤方面也具有重要作用。有研究表明，过量表达*AtMYB4*基因可导致木质素的含量增高，从而增加拟南芥对冷害的耐受性；在抗黄萎病棉花品种导管中木质素含量要高于感病品种；木质素含量增高，可以提高小麦茎秆的机械强度，增加茎秆抗压和抗倒伏能力。

目前，测定木质素含量的方法主要有Klasson法、红外光谱定量分析法、同位素法和乙酰溴法。由于红外光谱定量分析法和同位素法对试验仪器要求较高，因此使用并不普遍。Klasson法是测定木质素含量的经典方法，原理是在样品中加入质量分数为72%的硫酸，使样品中多糖类物质发生水解溶除，留下不溶于酸的木质素。但Klasson法需耗费大量样品，且测定误差较大，使用范围偏向于林木等木质素含量较高的木本作物，具有一定的局限性。对于蔬菜作物而言，木质素的组成和含量均不同于木本植物，处理后样品量较少，使用Klasson法不能达到准确分析蔬菜作物中木质素含量的要求。

乙酰溴法是测定木质素含量的重要方法之一，具有所需样品量少，测定过程简单准确的特点。其原理是使木质素中的酚羟基发生乙酰化，形成的乙酰化木质素在280nm处有最大紫外吸收峰，通过测量该波长的紫外吸收值可以测定木质素的含量。但是由于不同作物中木质素组成和含量皆有不同，主要在木本植物上研究比较多，在蔬菜作物上鲜有报道，因此探索适宜条件的乙酰溴测定方法对研究蔬菜类作物中木质素含量具有指导意义。

本研究应用乙酰溴法测定大白菜木质素含量，探究叶片及叶柄两个部位大白菜木质素含量测定的最适条件，为今后测定蔬菜作物木质素含量提供参考依据。

1 材料与方法

1.1 实验材料

木质素测定条件的探究以大白菜高代自交系A03为材料，木质素测定方法验证以野生型及抗软腐病突变体*sr*未接种时，接种软腐病12h样品为材料。材料由河北省蔬菜种质创新与利用重点实验室提供。实验材料于2017年11月播种于温室，正常管理，待植株长至7～8片叶时，选取三株由外向内取第三层新鲜叶片，将其分为叶片和叶柄两部分，留取待用。

1.2 实验方法

1.2.1 试样处理

大白菜软腐病菌Pcc小种BC1由北京市农林科学院谢华老师课题组馈赠。用无菌枪头挑取单克隆，接种于3～5ml液体LB培养基（1L：10g胰蛋白胨，5g酵母浸提液，10g氯化钠，混匀后高压灭菌）中，28℃ 150r/min过夜培养。软腐病菌接种浓度用LB培养基调至108cfu/ml，用于接种。当大白菜长至6～8片真叶时进行软腐病菌活体接种，接种时用灭菌的刀片蘸取菌液，在从内向外数第3片真叶的叶柄基部轻轻划4mm十字伤口，形成5～10μl悬浮滴，接种浓度为108cfu/ml（$OD_{600}=0.2$），发病温度保持在28℃，相对湿度90%以上。取野生型及抗软腐病突变体*sr*未接种时、接种12h样品，各设置3次生物学重复。

将大白菜叶片与叶柄分别放置在GOLD-SIM冷冻真空干燥冻干机（美国），干燥8h，碎样机粉碎，得到叶片与叶柄的干燥粉末备用。

1.2.2 大白菜叶片及叶柄木质素含量测定最适条件的探究

称取1.5mg制备好的样品粉末，置于25ml具塞试管中，加入1.5ml体积分数为20%～40%乙酰溴的冰乙酸（现用现配），加入0.2ml高氯酸，加盖密封以防乙酰溴挥发流失；在50～90℃恒温水浴下反应30～180min，每隔10min轻轻晃动一次，确保样品反应充分。水浴完成后，每个试管加入3ml 2mol/L NaOH和3ml冰乙酸，充分摇匀终止反应。加入冰乙酸定容至25ml，以冰醋酸为空白，测定并比较不同反应条件下木质素在280nm处的紫外吸收值。

对乙酰溴体积分数、反应温度和反应时间3个条件进行探究。设置6个乙酰溴体积分数梯度，分别为10%、20%、25%、30%、35%和40%；5个反应温度梯度，分别为50℃、60℃、70℃、80℃和90℃；5个反应时间梯度，分别为30min、60min、90min、120min和180min。

1.2.3　木质素乙酰化反应标准曲线绘制

准确称取1.5mg标准木质素，配制成浓度分别为0.002g/L、0.003g/L、0.004g/L、0.005g/L、0.006g/L和0.007g/L的标准溶液，根据筛选好的最适条件进行乙酰化反应，测定溶液在280nm处的紫外吸收值，获得280nm处的吸收值和木质素含量之间的线性关系。

2　结果与分析

2.1　大白菜叶片与叶柄木质素乙酰化反应条件的优化

利用乙酰溴法测定木质素含量的准确性与乙酰化反应的完成程度密切相关。因此，试验条件优化使乙酰化反应充分，是利用乙酰溴法测定木质素含量的关键因素。本研究主要探索木质素乙酰化反应3个影响因素，包括乙酰溴体积分数、反应温度和反应时间。

2.1.1　乙酰溴体积分数对木质素含量测定的影响

乙酰溴在冰醋酸介质中的体积分数关乎乙酰溴试剂是否满足木质素乙酰化反应要求。大白菜叶片中的木质素含量测定结果显示（图1A），当乙酰溴的体积分数在20%以下时，随着乙酰溴体积分数的增加，木质素的乙酰化程度逐渐增大。当乙酰溴的体积分数超过20%后，吸收值略有降低后又逐渐与体积分数20%时吸收值持平并不再变化，因此乙酰溴体积分数为20%是叶片中木质素乙酰化的最佳值。大白菜叶柄的木质素含量测定结果显示（图1B），乙酰溴的体积分数在30%以下时，随着乙酰溴体积分数的增加，木质素的乙酰化程度逐渐增大，超过30%时的吸收值不再变化，因此乙酰溴体积分数为30%是叶柄中木质素含量乙酰化的最佳值。

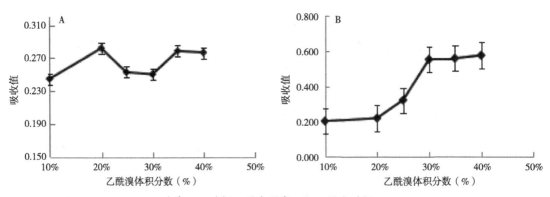

A. 叶片；B. 叶柄，反应温度70℃，反应时间30min

图1　乙酰溴体积分数对木质素乙酰化反应的影响

2.1.2　反应温度对木质素含量测定的影响

大白菜叶片和叶柄中木质素含量在5个反应温度梯度中呈现相同趋势（图2）。当反应温度在70℃以下时，随着反应温度的升高，吸收值增加；反应温度超过70℃后，结果显示吸收值略有降低后又逐渐与70℃时吸收值持平不再变化。因此反应温度为70℃是叶片和叶柄木质素乙酰化的最佳值。

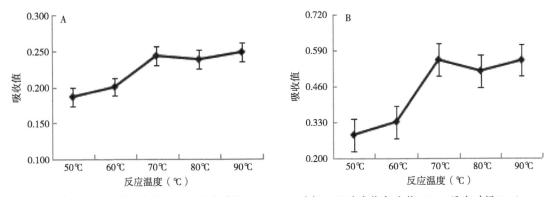

A. 叶片，乙酰溴体积分数20%，反应时间30min；B. 叶柄，乙酰溴体积分数30%，反应时间30min

图2　叶片中反应温度对木质素乙酰化反应的影响

2.1.3　反应时间对木质素含量测定的影响

大白菜叶片和叶柄中木质素含量测定结果显示（图3），反应时间在60min以下时，随着反应时间的增加，木质素乙酰化程度逐渐增大，吸收值也随之增加，反应时间在60～120min时，木质素乙酰化产物的吸收值稳定且不再变化，而超过120min后，其吸收值随时间的增加也急剧上升，这是因为反应时间越长，木质素反应过程中可能使木聚糖降解增加，从而对测定带来干扰。由此反应时间为60～120min是叶片和叶柄中木质素乙酰化的最佳值。

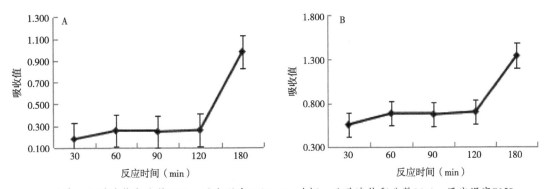

A. 叶片，乙酰溴体积分数20%，反应温度70℃；B. 叶柄，乙酰溴体积分数30%，反应温度70℃

图3　反应时间对木质素乙酰化反应的影响

2.2　利用优化条件测定大白菜叶片及叶柄中的木质素含量

木质素含量标准曲线如图4所示，在乙酰溴体积分数为20%，反应温度为70℃，反应时间为60min的条件下，木质素含量$y=686.63x-71.583$，斜率为686.63，R^2为0.985 5；

在乙酰溴体积分数为30%，反应温度为70℃，反应时间为60min的条件下，木质素含量 $y=742.07x-127.87$，斜率为742.07，R^2 为0.990 8。

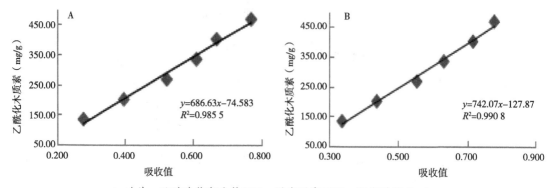

A. 叶片，乙酰溴体积分数20%，反应温度70℃，反应时间60min；
B. 叶柄，乙酰溴体积分数30%，反应温度70℃，反应时间60min

图4　最适条件测定木质素含量标准曲线

在乙酰溴体积分数为20%，反应温度为70℃，反应时间为60min的条件下，测得大白菜叶片中的木质素含量为104.194mg/g；在乙酰溴体积分数为30%，反应温度为70℃，反应时间为60min的条件下，测得大白菜叶柄中的木质素含量为389.603mg/g（表1）。

表1　最适条件下大白菜叶片与叶柄的木质素含量

材料	吸收值	木质素含量（mg/g）	平均值±标准差
	0.257	104.881	
叶片	0.261	107.627	104.194±3.121
	0.250	100.075	
	0.660	381.593	
叶柄	0.684	398.072	389.603±6.735
	0.671	389.146	

2.3　接种Pcc 12h后野生型和抗软腐病突变体sr木质素含量变化

乙酰溴反应法检测范围包括接菌处近端叶柄（包括感染伤口）和远端叶片（不包括感染伤口），分析野生型和抗软腐病突变体sr未接种时和接种后12h木质素含量（图5）。因为在不同组织中木质化程度不同，叶柄中的木质素含量高于叶片。与未接种时相比，抗软腐病突变体sr和野生型木质素含量在接种后12h显著增加，抗软腐病突变体sr叶柄和叶片中木质素含量增幅分别为76%和67%，高于野生型增长率48%和47%。

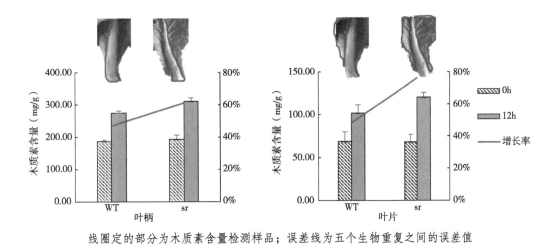

线圈定的部分为木质素含量检测样品；误差线为五个生物重复之间的误差值

图5 野生型和突变体*sr*未接种时和接种后12h叶柄和叶片木质素的含量

3 讨论

木质素是植物生长发育过程中合成的一种次生代谢产物，主要在维管植物的次生细胞壁中积累。其在细胞壁的完整性、茎强度、水分传输、机械支撑和植物病原体防御方面具有重要作用，是植物生长发育过程中不可或缺的次生代谢物质。

利用组织化学染色法和共聚焦显微镜法分析发现在同一植株的不同组织不同细胞中，木质素含量具有差异。叶片主要由表皮、叶脉和叶肉组成，木质素存在于叶肉细胞的栅栏组织中，其含量增加可导致叶片变厚，进而显著提高植物抗逆反应；叶柄是运输水分、营养物质和光合产物的重要渠道，木质素主要分布于机械组织的细胞壁与维管组织中，其含量增加可增强叶柄木质化程度，进而提高植株的物质运输能力。正是由于木质素在植物不同组织中含量组成和功能不同，本研究分别测定叶片和叶柄两个不同部位木质素含量，探究其测定的最适条件。

植物木质素测定方法的研究有很多报道，Klasson法作为测定木质素含量的传统方法，更适合于硬木材料中木质素的测定。对于蔬菜作物而言（如大白菜），其木质素组成和含量均不同于木本作物，浓硫酸处理后的大白菜样品量较少，会造成样品的损失，用Klasson法不能达到准确分析大白菜中木质素含量的要求。因此本试验选择乙酰溴法进行木质素含量测定，探究其测定方法的最适条件。乙酰溴作为无色发烟化学试剂，与空气长时间接触会变黄，严重影响乙酰溴的化学成分，同时冰醋酸在常温下易挥发，因此在乙酰溴法测定木质素含量中，乙酰溴—冰醋酸混合液需现用现配；高氯酸具有极强的氧化性，在酸性条件下可以促进木质素溶解，加快乙酰化反应，因此在测定过程中加入高氯酸加速乙酰化反应。

本研究发现当反应温度在70℃以下时，随着反应温度的升高，吸收值增加，当反应温度高于70℃时吸收值降低；反应时间为60~120min，吸收值不再变化，当反应时间大于120min时，吸收值发生剧烈增加。由于在乙酰化反应过程中，乙酰溴沸点为76.7℃，当反应温度高于沸点且反应时间较长时，乙酰溴极易挥发，同时当反应时间较长时，木聚糖的降解增加，降解产物在280nm处有吸收，可干扰测定结果。为保证试验结果的准确性，不仅探究反应的最适温度和最适时间，并且在试验过程中需对容器密封且不断晃动混匀以减少反应时间。利用乙酰溴方法测定大白菜受到Pcc侵染后，抗软腐病突变体sr木质素含量增幅高于野生型木质素含量增幅，既验证该方法测定蔬菜作物木质素含量的可靠性，又证明了木质素可以保护寄主植物不被Pcc侵染病斑扩散。

参考文献

曹山，2016. 毛果杨木质素形成相关基因克隆及功能研究[D]. 北京：北京林业大学.

陈晓光，史春余，尹燕枰，等，2011. 小麦茎秆木质素代谢及其与抗倒性的关系[J]. 作物学报，37（9）：1 616-1 622.

陈豫梅，陈厚彬，陈国菊，等，2001. 香蕉叶片形态结构与抗旱性关系的研究[J]. 热带农业科学（4）：14-16.

丁霄，曹彩荣，李朋波，等，2016. 植物木质素的合成与调控研究进展[J]. 山西农业科学，44（9）：1 406-1 411.

贾晓玲，2015. 芹菜叶发育的分子机制及其结构的初步研究[D]. 南京：南京农业大学.

李靖，程舟，杨晓伶，等，2006. 紫外分光光度法测定微量人参木质素的含量[J]. 中药材，29（3）：239-241.

林毅，王斌，蔡永萍，等，2012-7-25. 一种梨果肉中木质素含量的检测分析方法：中国，102608054 A[P].

刘选明，周波，朱登峰，等，2013-5-22. 一种利用遗传转化降低植物木质素含量的方法：中国，101984064 A[P].

欧义芳，谌凡更，李忠正，1998.乙酰溴法测定富含多酚类化合物的桉木木素[J]. 中国造纸（5）：42-44.

王建庆，曹佃元，张玉，2013.乙酰溴法测定棉籽壳中木质素的含量[J]. 纺织学报，34（9）：12-16.

吴立柱，王省芬，张艳，等，2014. 酸不可溶性木质素和漆酶在棉花抗黄萎病中的作用[J]. 作物学报，40（7）：1 157-1 163.

杨阳，王晓娟，张晓强，等，2014-6-18. 草本植物木质素含量的测量方法：中国，103868778 B[P].

张松贺，2006. 结球大白菜表达序列标签数据库构建与软腐病菌胁迫下的基因表达分析[D]. 南京：南京农业大学.

张兴旺，张小平，杨开军，等，2007. 珍稀植物青檀叶的解剖结构及其生态适应性特征[J]. 植物研究，27（1）：38-42.

Hatfield R D，Grabber J，Ralph J，et al.，1999. Using the acetyl bromide assay to determine lignin concentrations in herbaceous plants：some cautionary notes[J]. J Agric Food Chem，47（2）：628-632.

Hatfield R，Fukushima R S，2005. Can lignin be accurately measured？[J]. Crop Science，45（3）：832-839.

Iiyama K，Wallis A F A，1988. An improved acetyl bromide procedure for determining lignin in woods and wood pulps[J]. Wood Science & Technology，22（3）：271-280.

Katia R，Jimmy B，Mohammad M D，et al.，2009. Impact of *CCR1* silencing on the assembly of lignified secondary walls in *Arabidopsis thaliana*[J]. New Phytologist，184（1）：99-113.

Nakashima J, Chen F, Jackson L, et al., 2010. Multi-site genetic modification of monolignol biosynthesis in alfalfa (*Medicago sativa*): effects on lignin composition in specific cell types[J]. New Phytologist, 179 (3): 738-750.

Newman L J, Perazza D E, Juda L, et al., 2010. Involvement of the *R2R3-MYB*, *AtMYB61*, in the ectopic lignification and dark-photomorphogenic components of the det3 mutant phenotype[J]. Plant Journal, 37 (2): 239-250.

Vannini C, Locatelli F, Bracale M, et al., 2004. Overexpression of the rice *Osmyb4* gene increases chilling and freezing tolerance of *Arabidopsis thaliana* plants[J]. Plant Journal, 37 (1): 115-127.

Zhong R, Ripperger A, Ye Z H, 2000. Ectopic deposition of lignin in the pith of stems of two *Arabidopsis mutants*[J]. Plant Physiology, 123 (1): 59-69.

观赏植物

地被菊花药培养再生植株的PMC
减数分裂与花粉发育观察

杨树华[1]，王甜甜[1, 2]，李秋香[1]，贾瑞冬[1]，赵　鑫[1]，葛　红[1*]

（1.中国农业科学院蔬菜花卉研究所　北京　100081；
2.山东省东营市园林绿化中心　东营　257091）

摘　要：利用地被菊品系"ZH14"开展花药培养筛选出再生植株"YX4"，但其花粉萌发活力较低。通过形态和解剖分析发现，与"ZH14"相比，"YX4"叶片和舌状花瓣的形状发生明显改变，叶片大小、舌状花和筒状花数目、气孔大小均显著减少。根尖染色体计数和流式细胞仪检测发现，"ZH14"和"YX4"分别为六倍体（$2n=6x=54$）和五倍体（$2n=5x=45$）植株。进一步对"YX4"进行小孢子母细胞减数分裂和花粉发育过程观察发现，减数分裂后期和末期出现的落后染色体、染色体桥、微核等异常分裂现象；并发现减数分裂所产生的四分体游离小孢子未继续膨大而停止在小孢子阶段。另外，花粉发育过程中有些生殖核未实现均等分裂，也可能产生不正常的配子类型。这些都可能造成不正常的小孢子的产生，从而影响再生植株"YX4"的花粉萌发活力。

关键词：菊花；花药培养；染色体倍性；大孢子母细胞；减数分裂；花粉发育

PMC Meiosis and Pollen Development of the Regenerated Plant from Anther Culture of Ground−cover *Chrysanthemum*

Yang Shuhua[1], Wang Tiantian[1, 2], Li Qiuxiang[1],
Jia Ruidong[1], Zhao Xin[1], Ge Hong[1*]

基金项目：北京市科委项目课题（D161100001916004）

* 通讯作者：Author for correspondence（E-mail：gehong@caas.cn）

（1.Institute of Vegetables and Flowers of Chinese Academy of Agricultural Sciences，Beijing，100081，China；2.Shandong Dongying Landscape & Greening Center，Dongying，257091，China）

Abstract：The regenerated plant "YX4" from anther culture of ground-cover chrysanthemum line "ZH14" presented the low pollen germination ability. Compared with "ZH14"，the shapes of ligulate flowers and leaves were obviously changed in "YX4". There were significantly lower leaf sizes，numbers of tubular and ligulate flowers，and stomatal sizes in "YX4" than "ZH14". Moreover，the ploidy levels of "ZH14" and "YX4" were hexaploid（$2n=6x=54$）and pentaploid（$2n=5x=45$），respectively. The cytological observation for the processes of pollen mother cell（PMC）meiosis in "YX4" showed that there were the phenomenon of the lagging chromosome，chromosome bridges，micronuclei and other abnormalities splitting during PMC meiosis. In addition，some of tetrad microspores did not continue to development but stops in the microspore stage. During pollen development，the unequal division of some karyogonads also might result in the production of abnormal microspores. The studies may explain the possible reasons of low pollen germination ability in "YX4".

Key words：*Chrysanthemum*；Anther culture；Ploidy；Pollen mother cell；Meiosis；Pollen development

菊花（*Chrysanthemum×grandiflora* Tzvelv.）是我国传统十大名花和世界著名切花之一，具有观赏、食用以及药用等多种经济价值。栽培菊花品种多数为六倍体（$2n=6x=54$），其起源非常复杂，可能涉及毛华菊（*C. vestitum*）、菊花脑（*C. nankingense*）、黄山野菊（*C. indicum*）、小红菊（*C. chanetii*）等多个野生种的自然杂交和中间材料的长期人工驯化，最终形成了目前全世界拥有2万多个栽培品种的园艺品种群，被称为现代花卉育种的两大奇观之一（陈俊愉，1997；戴思兰等，2002）。由于菊花倍性变化大，高度杂合，而且长期的无性繁殖形成了许多非整倍体材料，使得在菊花育种过程中往往出现花粉活力不高、杂交不亲和、杂种败育等问题，极大影响了育种成效。花药培养一直是改变染色体倍性、实现育种材料基因纯合的有效方法（王玉英等，1973）。在前期研究中，我们利用地被菊优良品系开展花药培养并获得了一批再生植物，移植栽培后发现有1株在形态上存在明显差异，对其进行花粉离体萌发试验，能正常萌发长出花粉管的仅为17.37%。为了探讨花药培养再生植株是否适合作为杂交育种亲本，本研究拟针对该再生植株开展形态指标测定和倍性鉴定，以及小孢子母细胞（PMC）减数分裂、花粉发育行为观察，分析其特殊类型配子的产生原因和影响花粉活力的可能因素，为其在育种中的应用提供细胞学依据。

1 材料和方法

1.1 实验材料

在地被菊优良品系"ZH14"花药培养再生植株中，发现1株与"ZH14"及其他再生植物在叶片和花朵形态上存在明显差异（图1），将该再生植株命名为"YX4"。

图1 地被菊品系"ZH14"及其花药培养再生植株"YX4"叶片（a）和花器官（b）表型形态差异

1.2 叶片和花器官表型观测

依据《菊花新品种DUS测试指南》测量菊花表型形态特征，取自然分枝点以上茎长1/2处的叶片，用游标卡尺统计测量叶长、叶宽和叶长宽比等叶形指标。于初花期8—9月随机采集菊花优良品系"ZH14"和花药培养再生植株"YX4"初开花序，观察花器官特征，统计测量头状花序直径、筒状花部直径、筒状花数目、舌状花数目，游标卡尺测量花序花瓣的长度与宽度。每次随机测量6个头状花序，每个花序随机取3个花瓣测量，重复3次。

1.3 叶片气孔保卫细胞观察

分别选取"ZH14"和"YX4"植株中上部成熟叶片，用蒸馏水擦洗叶片下表面后，在叶片下表面中部均匀涂上一层无色指甲油，晾干后撕取其下表皮，置于载玻片上，滴1滴碘—碘化钾染液，盖上盖玻片，用镊子稍加力，使膜平展，每次在OLYMPUS电子显微镜40×10倍镜下随机观察10个气孔，用标定好的目镜测微尺测量气孔长度、宽度，统计保卫细胞叶绿体数目，重复3次。

1.4 植株倍性鉴定

采用流式细胞仪测定叶片细胞的核DNA相对含量。选取生长良好的新梢叶片，将

1cm² 嫩叶在装有2ml叶肉细胞裂解液的培养皿中切碎，300目尼龙网过滤，1 000r/min离心并漂洗3次，制备好的细胞核悬浮液离心后弃上清液，加700μl PI染色液染色0.5h。滤液用流式试管收集并上机测定。

1.5 花药培养植株细胞学观察

根尖染色体制片采用陈瑞阳等（1979）的方法。晴天上午取根长为1～2cm的根尖，采用2.5%纤维素和0.03%果胶酶的浓度酶解去壁，经去壁低渗—火焰干燥法制片，在10×100倍显微镜下进行染色体镜检计数和拍照。PMC减数分裂过程观察采用改良的去壁低渗火焰干燥法（梁国鲁，1987）。晴天上午在花期采集不同大小的花蕾，用0.002mol/L的8-羟基喹啉黑暗中预处理3h后，于固定液（甲醇：冰乙酸=3：1）中固定至少2h后保存备用。拨开花蕾取出中心筒状花于离心管中，去离子水冲洗3次并浸泡0.5h后，换上混合酶液（2.5%纤维素和0.03%果胶酶）酶解细胞壁4h，再用去离子水冲洗浸泡10min之后进行再固定0.5h以上，最后涂片Giemsa染色镜检观察。花粉发育过程采用压片法，采集刚开始散粉的头状花序进行同上的预处理并固定，取其不同大小的筒状花分别用解剖针将花药剥离，置于玻片上，滴醋酸洋红于其上，用镊子夹住花药敲打至碎，盖上盖玻片用带有橡皮头的铅笔敲打均匀后镜检观察。

2 结果与分析

2.1 叶片和花器官表型形态比较分析

菊花优良品系"ZH14"的花药培养再生植株"YX4"在叶片及花器官形态方面发生了显著变化（图1）。"YX4"叶片较为显著的变化是叶裂由深变浅，叶形由深刻长叶变为正叶，其叶长、叶宽及叶长宽比均较"ZH14"变小，其中叶长、叶宽差异显著（表1）。

表1 地被菊品系"ZH14"及其花药培养再生植株"YX4"叶部形态指标

植物材料	叶长（cm）	叶宽（cm）	叶长宽比
ZH14	5.17 ± 0.51a	3.56 ± 0.38a	1.47 ± 0.22a
YX4	3.99 ± 0.41b	3.06 ± 0.28b	1.30 ± 0.08a

注：不同字母表示两者之间>0.05水平的显著差异，下同

与"ZH14"相比，"YX4"头状花序和筒状花直径没有发生显著变化，但筒状花数目显著减少；舌状花瓣的数目和形状发生了显著的变化，数目由原来的4～5轮减少为2～3轮，花瓣长度显著减少、宽度显著增加，形状由原来细条稍卷形花瓣变为宽平花瓣（表2）。

表2　地被菊品系"ZH14"及其花药培养再生植株"YX4"花器官形态指标

植物材料	头状花序直径（mm）	筒状花部直径（mm）	筒状花数目（个）	舌状花数目（个）	舌状花瓣长（mm）	舌状花瓣宽（mm）	舌状花瓣长宽比
ZH14	45.35 ± 4.11a	8.93 ± 1.55a	65 ± 10.90a	77 ± 15.67a	22.83 ± 1.98a	5.15 ± 0.78b	4.55 ± 0.98a
YX4	45.89 ± 3.28a	8.01 ± 1.75a	37.5 ± 6.66b	38.33 ± 4.59b	19.48 ± 1.28b	6.78 ± 0.75a	2.91 ± 0.36b

2.2　叶片气孔保卫细胞特征与倍性鉴定分析

由图2和表3可知，花药培养再生植物"YX4"在叶片气孔保卫细胞特征与倍性方面都发生明显变化。与"ZH14"相比，"YX4"叶片气孔密度和保卫细胞叶绿体数目并未发生变化，但是气孔长度和宽度都显著减小。

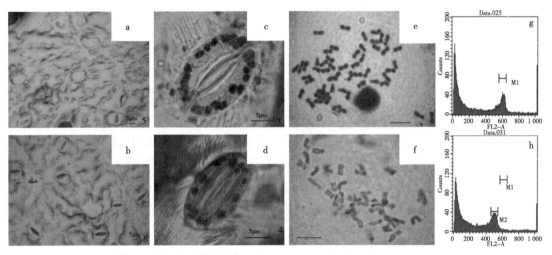

图2　地菊品系"ZH14"及其花药培养再生植株"YX4"气孔保卫细胞形态（a，b，c，d）、染色体数目（e，f）及倍性（g，h）分析

染色体压片结果显示，"ZH14"和"YX4"的根尖染色体数目分布为54条（图2e）和45条（图2f）。结合流式细胞仪倍性测定结果，"ZH14"叶片细胞的核DNA相对含量峰值在600处，而"YX4"的核DNA相对含量峰值在500处，与染色体计数方法测定的倍性水平相吻合。由此推测"ZH14"为六倍体（$2n=6x=54$），"YX4"则为五倍体（$2n=5x=45$）。

表3　地被菊品系"ZH14"及其花药培养再生植株"YX4"气孔形态特征和细胞倍性情况统计

植物材料	气孔密度（个/400倍视野）	气孔长度（μm）	气孔宽度（μm）	叶绿体数（个）	细胞倍性水平
ZH14	10.17 ± 1.03a	16.725 ± 2.275a	10.60 ± 1.35a	18.08 ± 2.02a	2n=6x=54
YX4	10.92 ± 1.44a	14.90 ± 1.625b	9.425 ± 0.40b	17.56 ± 3.92a	2n=5x=45

2.3 花药培养植株"YX4"花粉母细胞减数分裂过程观察

对"YX4"的减数分裂行为观察得出其胞质分裂类型为同时型，减数分裂过程及异常现象如下（图3）：减数第一次分裂间期（图3a）：进行染色体复制，核膜核仁非常清晰。细线期（图3b）：核内开始出现细长丝状的染色体，交互缠绕成团，核仁可见。偶线期（图3c）：各对染色体的对应部分开始紧密纵向并列联结在一起逐渐形成二价体，即开始形成联会复合体，核仁仍清晰。粗线期（图3d）：二价体进一步缩短变粗，联会复合体的形成在此期完成，并可看到染色体有交叉现象，造成遗传物质的重组。双线期（图3e）：配对同源染色体因非姊妹染色体相互排斥而彼此分开，由于交换的结果使二者仍被一两个"交叉"联结在一起，交叉处联会复合体的横丝物质还未脱落。终变期（图3f）：交叉向二价体的两端移动，使配对的染色体呈现出不同的形态，有"O"形、"X"形、"8"形、"C"形、"U"形和链状等分散在整个核内。能清晰地分辨同源染色体的联会构型和对数，以二价体为主，有单价体和三价体异常组型的出现。减数第一次分裂中期（图3g）：核仁和核膜消失，同源染色体分散排列在赤道板近旁。减数第一次分裂后期（图3h）：在纺锤丝的牵引下，成对的同源染色体被分别拉向两极，染色体数目减半。减数第一次分裂末期（图3i）：逐渐形成两个子核，但有些染色体不均等分裂，并伴随有微核产生。中间期：时间较短，末期Ⅰ后的一短暂停顿期。

减数第二次分裂前期（图3j）：每个染色体仍有两个姐妹染色单体组成。减数第二次分裂中期（图3k）：每个染色体的着丝粒排列在赤道板上，着丝粒开始分裂。减数第二次分裂后期（图3l，m，n）：着丝粒一分为二，姐妹染色单体被纺锤丝拉向两极。在此期有染色体桥、分别拉向两极，染色体数目减半。减数第一次分裂末期（图3i）：逐渐形成两个子核，但有些染色体不均等分裂，并伴随有微核产生。中间期：时间较短，末期Ⅰ后的一短暂停顿期。减数第二次分裂前期（图3j）：每个染色体仍有两个姐妹染色单体组成。减数第二次分裂中期（图3k）：每个染色体的着丝粒排列在赤道板上，着丝粒开始分裂。减数第二次分裂后期（图3l，m，n）：着丝粒一分为二，姐妹染色单体被纺锤丝拉向两极。在此期有染色体桥、落后染色体、断片的异常现象。减数第二次分裂末期（四分体时期，图3o，p，q）：形成4个子细胞，呈左右对称型、直线型或四面体型排列。此期持续时间较长，也有微核产生。

通过两次减数分裂最终得到游离小孢子（图3r）。总之，减数分裂过程中各个时期分裂相普遍存在着异常现象，大多为分裂后期及末期时存在染色体桥、落后染色体、染色体断片、三分孢子、微核、核物质不均等分裂等，各时期对应的分裂相及此期对应出现的异常现象。

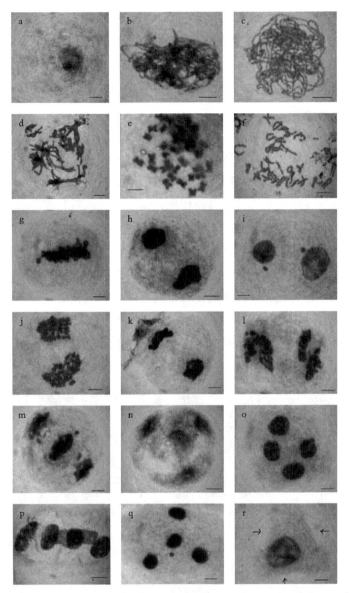

a. 减Ⅰ间期；b. 细线期；c. 偶线期；d. 粗线期；e. 双线期；f. 终变期；g. 减Ⅰ中期；h. 减Ⅰ后期；i. 减Ⅰ末期；j. 减Ⅱ前期；k. 减Ⅱ中期；l. 减Ⅱ后期-类型1；m. 减Ⅱ后期-类型2；n. 减Ⅱ后期-类型3；o. 减Ⅱ末期-类型1；p. 减Ⅱ末期-类型2；q. 减Ⅱ末期-类型3；r. 游离小孢子（箭头所示区域为萌发沟）；图中标尺为5μm

图3　地被菊花药培养植株"YX4"花粉母细胞减数分裂过程

2.4　花药培养植株"YX4"花粉发育过程观察

"YX4"的花粉发育过程主要包含单核期、双核期和三核期，具体如下。

单核期：新形成的小孢子有浓厚的细胞质和一个位于中央的细胞核。当小孢子从四分体释放后，体积迅速增大，同时进一步形成显著的外壁，球形外壁表面具有3个萌发沟。经过一个短时期生长，小孢子达到要比原来大许多倍的最后体积。由于小孢子的液泡化，核将从中央移到一侧（图4a，b）。

二核细胞花粉期：小孢子核在贴近细胞壁的位置进行有丝分裂，经前期、中期、后期、末期分裂为两个核即营养核和生殖核（图4c，d，e）；接着进行胞质分裂，此次是不均等分裂形成的两细胞大小悬殊。大的细胞为营养细胞，小的细胞是生殖细胞紧贴着花粉的壁，呈凸透镜状（图4f）。

三核细胞花粉期：随后生殖细胞逐渐从花粉的内壁交接处向内推移，直到整个生殖细胞脱离花粉的壁变为球形裸细胞游离在营养细胞的细胞质中（图4g），之后生殖核由圆球形变成不规则形状，开始进行DNA复制进入生殖核的有丝分裂阶段（图4h），经过均等的有丝分裂，但观察发现了未均等分裂的现象，结果形成成对紧靠着的长纺锤形精子，并逐渐细长化（图4i，k），进而产生了核物质未正常减半的异常成熟花粉粒（图4j）。

以上为菊花小孢子发育为成熟花粉粒的过程，待适宜条件下花粉管长出，长纺锤形精子便移动进入花粉管（图4l）。观察结果表明，菊花成熟花粉粒为细胞成熟花粉，具有三条萌发沟均匀分布在花粉粒表面，成熟花粉粒具有较厚的细胞壁且表面有较大突起的纹理（图4m，箭头所指为菊花成熟花粉的萌发沟）。四分体形成后，小孢子被释放进一步膨大发育为成熟花粉粒，但是并不是所有的小孢子都能正常膨大。

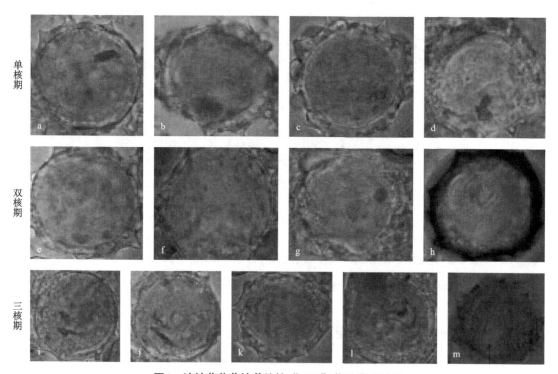

图4 地被菊花药培养植株"YX4"花粉发育过程

3 讨论

与用于花药培养的优良品系"ZH14"相比，花药培养再生植物"YX4"在叶片和花器官形态、气孔密度及其保卫细胞大小等方面都表现出了染色体倍性下降的特点。染色体压片和流式细胞仪的测定结果也证实了"YX4"应该是五倍体（$2n=5x=45$）。栽培菊花品种染色体组构成一般认为是AABBCC（陈发棣等，1996）。五倍体植株"YX4"的出现，可能由于"ZH14"在减数分裂小孢子形成过程中，同源染色体联会期虽以二价体联会为主，但也存在三价体及单价体，则可能分裂产生了异常小孢子；并随后在小孢子至雄核发育的过程中生殖核的未均等分裂致使产生遗传物质未正常减半的花粉。但具体是花药培养母株"ZH14"在配子发育过程中生殖细胞未均等分裂，还是由于减数分裂的异常导致花药培养产生了五倍体再生植株"YX4"，还有待于深入分析。

我们的研究发现，花药培养再生植物"YX4"在大孢子母细胞减数分裂过程中存在许多异常现象，特别是在减数分裂的后期和末期出现了落后染色体、染色体桥、产生微核等，这些情况都有可能造成小孢子发育的异常，进而影响花粉生活力。随后，减数第二次分裂末期还发现有些四分游离小孢子可能未继续膨大，并进行正常的核内有丝分裂，这可能造成花粉发育停止在小孢子阶段。在花粉发育过程中，部分花粉的生殖核未实现均等分裂，产生了特殊类型的配子。这些可能都是"YX4"花粉活力低的主要原因。此外，花粉萌发需要充足的营养物质积累，才能实现花粉管的正常生长，花粉萌发能力较差也可能与植株细胞内必需营养物质的缺乏有关（赵宏波等，2005）。

参考文献

陈发棣，陈佩度，李鸿渐，1996. 几种中国野生菊的染色体组分析及亲缘关系初步研究[J]. 园艺学报（1）：69-74.

陈俊愉，1997. 观赏植物（多样性）[M]. 见：北京林业大学，中国园艺学会编. 陈俊愉教授文选. 北京：中国农业科技出版社.

陈瑞阳，宋文芹，李秀兰，1979. 植物有丝分裂染色体标本制作的新方法[J]. Journal of Integrative Plant Biology（3）：101-102.

戴思兰，王文奎，黄家平，2002. 菊属系统学与菊花起源研究进展[J]. 北京林业大学学报，24（5/6）：230-234.

梁国鲁，1987. 苹果属五个二倍体种的染色体行为观察[J]. 中国果树（3）：8-10.

王玉英，孙敬三，王敬驹，等，1973. 小黑麦（*Triticale*）和辣椒（*Capsicum annuum*）花粉植株的诱导[J]. 中国科学（1）：106-109.

赵宏波，陈发棣，房伟民，2005. 栽培小菊和几种菊属植物花粉离体萌发研究[J]. 南京农业大学学报（2）：22-27.

蝴蝶兰杂交后代无菌播种探究

王文晓[1,2]，徐　远[1]，贾瑞冬[1]，李秋香[1]，武荣花[2]，葛　红[1*]

（1.中国农业科学院蔬菜花卉研究所　国家花卉改良中心　北京　100081；

2.河南农业大学林学院　郑州　450002）

摘　要：杂交育种是蝴蝶兰品种创新的主要手段，我国大陆地区自主培育的品种数量较其他国家和地区尚有一定差距。本研究通过对4个杂交组合的果荚采收期、种子无菌播种的方法进行探究，以期为建立完整的蝴蝶兰非共生萌发体系提供依据，从而加快新品种的选育进程。

关键词：蝴蝶兰；杂交种子；无菌播种

Aseptic Seeding of *Phalaenopsis* Hybrids

Wang Wenxiao [1,2]，Xu Yuan[1]，Jia Ruidong[1]，Li Qiuxiang[1]，

Wu Ronghua[2]，Ge Hong[1*]

（1.Research Institute，Chinese Academy of Agricultural Sciences，National Center for Flower Improvement，Beijing 100081；2.College of Forestry，Henan Agricultural University，Zhengzhou 450002）

Abstract：Cross-breeding is the main means of innovation of *Phalaenopsis* varieties. There is still a certain gap between the number of varieties cultivated independently in mainland China compared with other countries and regions. In this study，we explored the methods of fruit pod harvesting and seed sowing in four hybrid combinations，in order to provide a basis for the establishment of a complete non-symbiotic germination system of *Phalaenopsis*，so as to accelerate the breeding process of new varieties.

Key words：*Phalaenopsis*；Hybrid seed；Aseptic seeding

基金项目：物种品种资源保护费

* 通讯作者：Author for correspondence（E-mail：gehong@caas.cn）

蝴蝶兰是兰科（Orchidaceae）蝴蝶兰属（*Phalaenopsis*）植物，是兰科植物中栽培最广泛、最普及的种类之一，也是国际上最具有商业价值的四大观赏热带兰之一（卢思聪，1994；伦君等，2011）。至今在英国皇家园艺学会（Royal Horticulture Society，RHS）上登陆的蝴蝶兰杂交种数已达36 286个。我国台湾地区在20世纪80年代就树立了世界蝴蝶兰育种中心的地位，蝴蝶兰产业链完整且成熟，处于世界领先地位；大陆地区目前是全球重要的蝴蝶兰生产和消费地之一，但育种工作开始较晚，自主培育的品种极少，主栽品种依赖引进，这与产业规模形成巨大反差（朱根发，2015）。

为了推动蝴蝶兰产业的发展，配合产业化需求开展育种工作，培育符合市场需求的优良品种显得至关重要。杂交育种是新品种选育的重要手段之一，但由于蝴蝶兰种子微小，没有胚乳，在自然环境下萌发率极低，因而无菌播种是现阶段最为经济有效的快繁方法和工厂化育苗的重要途径（章玉平等，2004）。

自Knudson（1922）以人工合成培养基，使兰花种子在无菌条件下成功发芽生长以来，许多学者尝试改良完善已有的配方，以便用于各种兰花的培养（潘贞婺等，2009）。有学者认为基础培养基（方中明等，2008；姚丽娟等，2004）、添加物（陈春满等，2018；田甜等，2015）、激素配比（丘亮伟等，2009）等都对种子的无菌萌发存在着影响，我们通过设计不同试验方案，探索蝴蝶兰杂交后代的无菌萌发的有利因子，以期为获得大量健壮组培苗和丰富蝴蝶兰品种提供基础。

1 实验材料与方法

1.1 材料

在中国农业科学院蔬菜花卉研究所温室中收集保存的蝴蝶兰品种中，选取生长健壮、花色优良的品种作为亲本选配自交或杂交组合，得到多个自交或杂交组合的果荚，选取了其中4个自交和杂交组合进行无菌播种试验。它们是：1号，*P. aprodite*同种异株自交；2号，'第一名'（♀）× *P. Sogo Rawrence 'F1839'*（♂）；3号，*P. Sogo Rawrence 'F1839'*（♀）× '小白兔'（♂）；4号，*P. Lu's Bear King*（♀）× *P.aprodite*（♂）。1号用于观测最适果荚采收期，2～4号的果荚用于筛选最适培养基。

1.2 方法

1.2.1 果荚的采收

蝴蝶兰（*Phal. aprodite*），同种异株授粉，分别在授粉后60d、90d、120d、150d时采收果荚，将种子播种于1/2MS+20g/L蔗糖+5g/L卡拉胶培养基中，观察记录发芽情况。

1.2.2 果荚的消毒

将采收的1号杂交种荚的残花进行去除，用流动自来水将灰尘冲洗干净后，在超净工作台上分别进行5种不同消毒方式处理后（表1），接种于1/2MS+20g/L蔗糖+5g/L卡拉胶培养基，置于组培室光照条件下进行培养，统计播种后30d内污染情况。

污染率（%）=污染瓶数/总接种瓶数×100。

表1 蝴蝶兰果荚的消毒方式

编号	消毒方式	培养基
S1	75%乙醇浸泡30s+无菌水冲洗3次	
S2	75%乙醇浸泡30s+0.1% HgCl₂ 10min+无菌水冲洗3次	
S3	75%乙醇浸泡30s+0.1% HgCl₂ 15min+无菌水冲洗3次	1/2MS+20g/L蔗糖+15g/L琼脂
S4	75%乙醇浸泡30s+2% NaClO 10min+无菌水冲洗3次	
S5	75%乙醇浸泡30s+2% NaClO 15min+无菌水冲洗3次	

1.2.3 无菌播种

将消毒处理过的果荚置于无菌纸上，用无菌解剖刀将果荚前后端切下，中间段纵向切开，去除丝状物，用镊子将粉状种子均匀撒播在培养基上即可。

1.2.4 基础培养基的筛选

分别以1/2MS、MS和改良KC为培养基，均添加20g/L蔗糖和5g/L卡拉胶，pH值调节至5.6~5.8，培养温度25~28℃，光照强度2 000lx、光照时间12h/d。将采收的2~4号杂交果荚播种，每种果荚设3个处理，每个处理播种1瓶，5次重复。播种后30d统计每瓶统计萌发率计算平均值（萌发率），并继续定期观察记录其萌发状况。

1.2.5 激素配比的筛选

以1/2MS为基本培养基，添加不同激素配比组合，培养温度25~28℃，光照强度2 000lx、光照时间12h/d，将采收的2~4号蝴蝶兰杂交果荚播种，每种果荚分别播种不同的处理，每个处理播种1瓶，5次重复。统计30d内每个处理播种后30d统计每瓶统计萌发率计算平均值，即为萌发率。

2 结果与分析

2.1 种子不同成熟度对萌发的影响

将授粉后60d、90d、120d、150d采收的1号杂交组合种子分别播种于1/2MS+20g/L蔗糖+5g/L卡拉胶培养基中，培养30d后观察统计萌发率，萌发情况由表2可见。授粉60d后采收的种荚内，其种子呈白色附着在种荚内壁上，种子量很少，种荚内几乎只有白色丝状物，播种30d后种子未发生变化；授粉90d采收的种荚内种子呈白色，具有黏性，播种30d后种子形成淡黄色胚和极少数的绿球体，种子萌发率为10%；授粉120d、150d采收的种荚内种子呈黄色粉末状，易分散，播种30d后种子形成绿色原球茎且生长良好，萌发率显著提高，分别为54.1%、55.0%。结果表明，种子成熟度与萌发率成正比，种子越成熟，萌发率越高，越利于萌发形成原球茎。授粉120～150d采收的种子已经成熟，具有较高的萌发率。但授粉150d后，部分果荚皱缩开裂，不便于消毒彻底，还容易损害到果荚内的种子，可能影响萌发率，所以选择在授粉后120d采收的果荚用于播种较好。

表2　不同成熟度种子的萌发

采果期/d	蒴果颜色	种子颜色	萌发情况	萌发率（%）
60	绿色	白色	未发生变化	0　C
90	绿色	白色	淡黄色胚，生长缓慢	10.0 ± 1.23B
120	黄绿色	淡黄色	原球体绿色，生长良好	54.1 ± 2.39A
150	黄绿色	黄褐色	原球体绿色，生长良好	55.0 ± 2.14A

注：同一列中不同大写字母表示差异达极显著（1%）水平

2.2　果荚的消毒

对采收的1号杂交果荚进行5种不同消毒方式处理后，播种后30d内污染情况见表3。结果表明，5种消毒方式对蝴蝶兰种子的5种消毒方式均有一定污染率。只用75%乙醇消毒的方式（S1）控制污染率效果较差，$HgCl_2$消毒方式（S2-S3）中，延长$HgCl_2$消毒时间可以降低污染率；NaClO（S4-S5）消毒方式中，延长NaClO消毒时间可以降低污染率，但污染率仍较高，消毒效果次于$HgCl_2$。本次试验，果荚的消毒方式：流水冲洗果荚上的灰尘，在超净工作台上用75%酒精消毒30s，无菌水冲洗2遍，在0.1%升汞溶液中浸泡15min，浸泡期间多次摇晃，再用无菌水冲洗3次，每次冲洗2min。

表3　不同消毒方式播种30d内的污染情况

消毒方式	播种数（瓶）	污染数（瓶）	污染率（%）
S1	20	16	80.0
S2	20	6	30.0
S3	20	3	15.0
S4	20	8	40.0
S5	20	6	30.0

2.3　基础培养基对种子萌发的影响

分别以1/2MS、MS和改良KC为培养基，按上述方法将种子无菌播种后，进行观察比较其萌发状况。就萌发状况来说，无菌播种7d后，1/2MS培养基上种子在培养基中培养7d后吸水膨胀，形成淡黄色胚，14d后种子由淡黄色逐渐转绿，播种30d后小球体膨大，顶上有尖状突起；MS培养基上的种子在播种10d以后发生变化，胚膨大呈淡黄色，之后慢慢转成绿色，播种30d后少量小球形成绿色原球茎；改良KC培养基上的种子发生变化是在14d

以后，少量胚膨大呈淡黄色，播种30d后黄绿色胚大量出现，极少数胚由黄转绿；就发育状况来说，1/2MS培养基中的种子发芽速度快，生长状况好，MS培养基次之，改良KC培养基效果较差。

蝴蝶兰种子在MS、1/2MS、改良KC基础培养基中，均能发芽，但发芽速度和发芽率有明显差异（表4）。蝴蝶兰种子在1/2MS、MS基本培养基中的萌发率较佳，为54.1%、49.6%，在KC培养基中的萌发率为20.9%。这可能与培养基所含有的植物生长发育必需矿质元素量的多少有关，全量MS培养基盐离子浓度高，对种子发芽有抑制作用（余慧琳等，2009）。

表4　蝴蝶兰种子在不同基础培养基上的萌发状况

基础培养基	开始发生变化的时期	播种30d后萌发状况	播种30d后萌发率（%）
1/2MS	7d	绿色原球茎大小整齐，顶上有尖状突起	54.1 ± 2.39C
MS	10d	原球茎由黄转绿，但不够饱满	49.6 ± 0.74B
改良KC	14d	形成黄绿色胚，萌发少而弱	20.9 ± 2.67A

注：同一列中不同大写字母表示差异达极显著（1%）水平

2.4　不同激素配比对种子萌发的影响

在1/2MS+20g/L蔗糖+5g/L卡拉胶的基本培养基中附加不同浓度的6-BA和NAA激素组合（表5，图1）。6-BA的浓度分别为0、2.0mg/L和3.0mg/L，NAA的浓度分别为0.05mg/L、0.1mg/L和0.2mg/L，增加一组不添加激素对照组，共组成10组培养基，进行播种培养观察统计结果。由图1可知，30d后添加激素的9个组的萌发率均得到提高，其中在处理2的培养基1/2MS+0.1mg/L NAA+20g/L蔗糖+5g/L卡拉胶最高，播种30d后2～4号种子的萌发率分别为97.2%、51.5%、88.5%，种子较其他处理的种子首先膨大，由黄变绿，部分原球茎生长健壮，表面生成出白色根毛状物，顶上有尖状突起，是促进蝴蝶兰种子萌发较好的激素组合。

表5　不同激素配比的培养基

试验组号	植物激素添加量（mg/L）	
	6-BA	NAA
1	0	0.05
2	0	0.1
3	0	0.2
4	2.0	0.05
5	2.0	0.1
6	2.0	0.2
7	3.0	0.05

（续表）

试验组号	植物激素添加量（mg/L）	
	6-BA	NAA
8	3.0	0.1
9	3.0	0.2
10	0	0

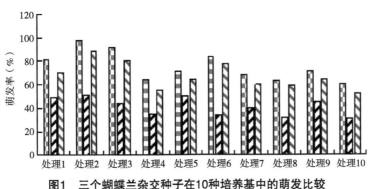

图1 三个蝴蝶兰杂交种子在10种培养基中的萌发比较

3　讨论

为了有效缩短蝴蝶兰育种进程，对影响其无菌播种的因素进行了探究，发现蝴蝶兰种子越成熟，萌发率越高，授粉120～150d后采收的果荚萌发率较高，但由于授粉后150d采收的部分果荚已开裂，不便于消毒，所以授粉后120d是果荚的最佳采收时期，与前人研究一致（余慧琳等，2009；刘丽凤等，2013；章玉平等，2004），说明该采收时期能够适用大多数的蝴蝶兰。不同杂交组合的种子，在相同培养基上的开始萌动时间、原球茎萌发速度与生长表现均不相同，与魏翠华（2000）研究一致。从整个生长周期看，2号杂交组合种子的生长状况最优，4号杂交组合次之，3号杂交组合的原球茎形成时间与其他杂交组合相差不大，但原球茎的生长速率远低于其他组合，可能与不同杂交组合种子的亲本基因型及自身的可育性强弱有关。杨美纯等（2002）认为MS培养基的蝴蝶兰种子萌发率优于KC培养基；姚丽娟等（2004）认为改良KC培养基优于KC培养基，在本研究中发现，1/2MS培养基的种子萌发率优于MS培养基与改良KC培养基，可能与杂交种子的种类不同有关，也可能与培养基所含有的植物生长发育必需矿质元素量的多少有关，种子发芽需要的培养基盐离子浓度较低。而在1/2MS基本培养基中添加不同的激素配比均能一定程度上促进蝴蝶兰杂交种子萌发，与前人的研究一致（刘丽凤等，2013；钟淮钦等，2012；范成五等，2006），而且在添加激素的培养基上生成的原球茎，都比未添加激素培养基上生成的原球茎生长发育速度快且生长势强。若要短时间内获得大量健壮的原球茎，可以通过添加外源激素来实现。同一种子在不同处理的培养基上的开始萌动时间基本相同，但后续原球茎长势有明显差别，可能是种子的初期萌动只靠吸水膨胀，而后续的生长需要靠适当比例的营养成分与激素配比。本研究中的3个杂交组合的杂交种子的萌发率皆在处理2的1/2MS+0.1mg/L NAA+20g/L蔗糖+5g/L卡拉胶培养基上最高，原球茎的生长势最强，说明添加微量的NAA能够有效促进种子的萌发，6-BA在促蝴蝶兰种子萌发中不起主导作用，这与余慧琳等（2009）认为的添加高浓度的NAA有利种子萌发有所不同。

如今大陆蝴蝶兰的杂交育种仍然存在着繁殖系数低，继代周期长等问题，而且在培养基的选择、激素的配比等方面的研究结果不一致（王海娟，2011），说明不同品种对最适培养有着不同的要求。本研究通过对不同杂交组合的蝴蝶兰种子的无菌播种进行探究，以期为加快新品种的选育，丰富蝴蝶兰品种提供一定参考依据。

参考文献

陈春满，张善信，范俊强，等，2018. 不同培养基对蝴蝶兰杂交种子无菌播种生长的影响[J]. 广东农业科学，45（5）：36-41.

范成五，黄燕芬，久兰，等，2006. 蝴蝶兰无菌播种繁殖试验[J]. 贵州农业科学（4）：28-29.

方中明，吴坤林，陈之林，等，2008. 版纳蝴蝶兰的组织培养与快速繁殖[J]. 植物生理学通讯（3）：519-520.

刘丽凤，王景雪，2013. 蝴蝶兰快速繁殖技术的研究[J]. 安徽农业科学，41（29）：11 601-11 603.

卢思聪，1994. 中国兰与洋兰[M]. 北京：金盾出版社.

伦君，张元国，徐香梅，等，2011. 蝴蝶兰花梗组织培养技术研究[J]. 安徽农学通报（上半月刊），17（3）：52-53.

潘贞嫈，李晔，张耀乾，2009. 碳源及氮素浓度对报岁兰根茎生长及分化之影响[J]. 台湾园艺，55（4）：10.

丘亮伟，王建，肖丽红，等，2009. 蝴蝶兰无菌播种及快繁技术研究[J]. 广西农业科学，40（12）：1 523-1 525.

田甜，2015. 蝴蝶兰组织培养快繁技术研究初报[J]. 南方农业，9（31）：23-24.

王海娟，2011. 蝴蝶兰组培的研究进展[J]. 北京农业（30）：25-26.

魏翠华，蔡宣梅，2000. 蝴蝶兰无菌播种培养试验[J]. 福建农业科技（2）：16-17.

杨美纯，周歧伟，许鸿源，2002. 蝴蝶兰的种子培养[J]. 基因组学与应用生物学，21（4）：258-260.

姚丽娟，徐晓薇，林绍生，等，2004. 蝴蝶兰无菌播种技术[J]. 北方园艺（4）：82-83.

余慧琳，胡月华，赵辉，2009. 北方地区蝴蝶兰无菌播种繁育实生苗技术[J]. 湖北农业科学，48（5）：1 045-1 047.

章玉平，刘成运，胡鸿钧，等，2004. 蝴蝶兰无菌萌发技术的研究[J]. 武汉植物学研究（1）：82-86.

朱根发，2015. 蝴蝶兰种质资源及杂交育种进展[J]. 广东农业科学，42（5）：31-38.

基于植物组培反应器的索邦百合快繁技术研究

马　跃[1,2]，陈绪清[1*]，张秀海[1]，杨凤萍[1]，韩立新[1]，薛　静[1]，

杜运鹏[1]，张铭芳[1]，李亚莉[3]，高俊莲[1]

（1.北京农业生物技术研究中心　北京　100097；2.山西农业大学　晋中　030800；
3.山西省农业科学院生物技术研究中心　太原　030031）

摘　要：为优化百合快速繁殖体系，根据对现有的单体型MATIS、RITA系统、BIT系统（双瓶系统）的分析研究，北京农业生物技术研究中心研发了一种双瓶型的组培器皿。以东方系百合索邦的种球鳞片作为外植体，以含0.01mg/L TDZ的MS为基本培养基进行初代培养。将初代培养长出的微鳞茎接种到生物反应器中进行快速繁殖，培养液为含0.01mg/L TDZ的MS液体培养基，经过8周时间的生长，快繁系数约为25.47，高于传统方式组培的繁殖系数。

关键词：索邦百合；组织培养；快速繁殖；双瓶组培系统

Study on Rapid Propagation of *Lilium* Sorbonne Based on Plant Tissue Culture Bioreactor

Ma Yue[1,2]，Chen Xuqing[1*]，Zhang Xiuhai[1]，Yang Fengping[1]，Han Lixin[1]，

Xue Jing[1]，Du Yunpeng[1]，Zhang Mingfang[1]，Li Yali[3]，Gao Junlian[1]

（1.Beijing Agricultural Biotechnology Research Center，Beijing 100097，China；2.Shanxi Agricultural University，Shan xi，030800，China；3.Biotechnology Research Center of Shanxi Academy of Agricultural Sciences，Shanxi 030031，China）

Abstract：In order to optimize the rapid propagation system of *Lilium*，based on the analysis of the existing MATIS，RITA system，and BIT system（the twin flasks system），the Beijing Agricultural Biotechnology Research Center has developed a

---

* 通讯作者：Author for correspondence（E-mail：Chenxuqing@baafs.net.cn）

double-bottle type tissue culture vessel. The bulb scales of oriental lily Sorbonne were used as explants and MS medium with 0.01mg/L of TDZ for primary culture. Bulblets regenerated from the primary culture were inoculated into the bioreactor for rapid propagation in liquid MS medium with 0.01mg/L TDZ. After 8 weeks of growth, the rapid propagation coefficient was about 25.47, which was higher than that of traditional tissue culture in glass bottles.

Key words：*Lilium* Sorbonne；Tissue culture；Rapid propagation；Twin flasks tissue culture system

百合（*Lilium* spp.）是世界著名切花之一，具有很高的观赏价值，一直深受人们喜爱，是重要的商品花卉和园林绿化植物，同时还有食用价值和药用价值。

然而，百合市场需求量大但种球价格昂贵，百合科植物一般通过分株、分球、扦插等方式培育繁殖，传统上主要靠分球进行繁殖，采用这些方法繁殖系数低，难以满足生产中的需求，并且长期的无性繁殖致使病毒在体内累积越来越多，导致品种退化，严重影响百合的产量和品质，制约了我国百合鲜切花的发展。植物组培快繁手段包括胚胎培养、器官培养、愈伤组织培养、细胞培养。改变这种局面的主要方法就是繁育大量的优质种球，组织培养可大大提高百合的繁殖速度并可获得无病毒苗。因此，在百合优良品种的快速繁殖和去毒复壮以及新品种培育上，组织培养是最有效的方法，其不仅繁殖周期短，而且繁殖系数大。此外，用组织培养法实现百合的快速繁殖，对保护和合理开发利用百合资源具有非常重要的现实意义。

传统实验室进行组织培养使用固体培养基进行培养居多，繁殖体和培养基在同一个培养瓶中，此种培养方式效率一般，培养基更换不便。因此，又出现一种更适合植物大规模、商业化繁殖的培养方法——间歇浸没式培养法，间歇浸没式培养法是通过对繁殖体进行间歇式的浸没来进行培养的方法。间歇浸没式培养法的优点在于可以人工设置繁殖体需要浸没的参数（开始进气时间、浸没时间、开始排气时间等），可以定时定点定量为繁殖体提供培养液，保证繁殖体正常生长的需要，还能保证有充足的气体交换。此种方式只需要人工将各种参数设置完毕即可，自动化程度比较高，减少人力消耗，降低成本，适合大规模商业化生产。

目前生物反应器应用较为广泛的是单体型MATIS、RITA系统、BIT系统（双瓶系统）。

单体型MATIS是法国的一款生物反应器，繁殖体位于上层，培养液位于下层，由下层进气，上层出气，通过气体的流动使培养液进入上层，浸没繁殖体，同时进行气体交换。

RITA系统，也是繁殖体位于上层，培养液位于下层，由中间的导管进气，压动下层培养液从两侧进入上层繁殖体；从左侧导管进气，将培养液压回下层，气体再由右侧导管排出，完成一次培养。

BIT系统（双瓶系统），此系统由两个瓶子组成，繁殖体位于右侧的瓶子内，培养液位于左侧的瓶子内，由左侧气泵进气到第一个瓶子内，将培养液压入第二个瓶子内，浸没繁殖体，气体再由右侧出口放出；培养液的回流就由右侧进气，左侧出气。

结合上述主流生物反应器，北京农业生物技术研究中心研发了一款新型生物反应器（图1），繁殖体位于上层，培养液位于下层，通气时将下侧培养液压入上层，浸没繁殖体，由下侧培养液罐上方的两个导管和上层椭圆形培养盖上方两个导管进行气体交换、循环，进气时间、浸没时间、出气时间等参数都可以根据需要自行设置。培养一段时间，如果需要更换培养液，不必打

图1　新型组培反应器

开上侧培养皿，只需将下侧培养液罐取下更换即可，不仅操作方便，同时也大大减少了繁殖体受到污染的可能。

图2为植物加压培养系统界面，a为初始页面，b为显示系统运行的状态，c是参数设置界面，可以根据植物的需要设置进气开启时间。进气时间、浸没时间、排气时间设置的更改需要输入密码，输入密码之后即可进行更改，此设置起到数据保密的作用，同时也可以防止随意更改参数，保证试验的正常进行（图2）。

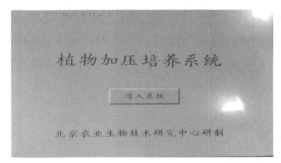

a

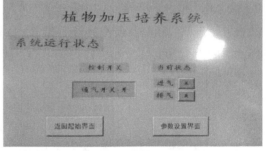

b

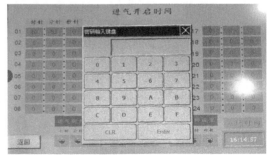

c

d

图2　植物加压培养系统界面

1 材料与方法

1.1 实验材料

该试验于2018年12月至2019年5月在北京农业生物技术研究中心进行。供试索邦百合均从北京市农林科学院房山基地内采集。于2018年12月选取无病虫害、无机械损伤、生长健壮的索邦百合为实验材料。

1.2 试验方法

1.2.1 外植体灭菌

选取生长健壮的索邦百合种球，将百合鳞片从外到内仔细剥下，在流水下冲洗30min，冲洗掉灰尘杂质等。然后用75%酒精对鳞片进行擦拭，再在75%酒精中浸泡1min，其间不停震荡，之后用无菌水冲洗1~2次。冲洗完毕后，加入3%二氯异氰尿酸钠溶液和吐温，浸泡20~30min，其间不停震荡，之后用无菌水冲洗3~5次。冲洗完毕之后，再加入益培隆试剂浸泡1h后即可转入无菌培养基中进行初代培养。

1.2.2 培养条件

初代培养使用放入0.01mg/L TDZ的MS固体培养基；继代培养以MS为基本培养液，加入TDZ（0.01mg/L），附加蔗糖30g/L，培养基pH值为5.8~6.0。将接种完毕的微鳞茎置于培养间进行培养，培养温度为（24±1）℃，光照强度为3 000lx，光源为日光灯，0：00—8：00为暗培养，8：00—24：00为光培养，光照时数8h/d。植物加压培养系统参数设置：进气1.5min，浸泡2min，排气10min，进行这三个过程为一个循环。每天进行循环的时间为4：00、8：00、11：00、14：00、17：00、20：00、23：00。图3为本试验的参数设置。

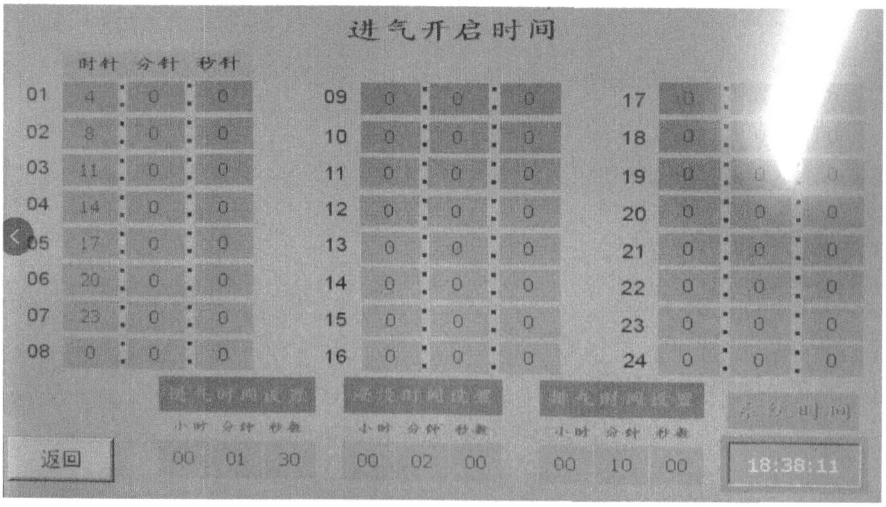

图3 参数设置

1.2.3　初代培养

将灭菌完毕的索邦百合鳞片接种到放入0.01mg/L TDZ的MS固体培养基上,将接种完毕的培养基放入培养间中进行培养数日,待鳞片上长出微鳞茎即可进行继代培养。

1.2.4　预先培养

将上述微鳞茎浸泡到配好的TDZ培养液中,浸泡3~5d,观察是否有微鳞茎污染的情况,若微鳞茎没被污染即可接种到生物反应器中进行快速繁殖;若微鳞茎被污染了,则需要重新取材,然后进行外植体灭菌的步骤,再放入配好TDZ的MS培养液中进行观察。

1.2.5　继代培养

在超净工作台中,将未被污染的微鳞茎和加入TDZ的MS培养液倒入已经灭菌完毕的生物反应器中,然后将生物反应器密封好,放到培养间中,接到生物反应控制器上进行培养,定期进行观察,观察微鳞茎是否有污染、微鳞茎的生长情况等,并进行数据的记录。

1.3　测量项目

快繁系数为由一个繁殖体得到新繁殖体的个数,进行初代培养前数出鳞茎的个数并记录,待继代培养完成之后,再数出微鳞茎和微鳞片的总个数。

快繁系数=培养后微鳞茎和微鳞片的总个数/初始微鳞茎的个数

2　结果与分析

2.1　结果

在培养间的培养条件下,经过8周左右的培养,观察生物反应器中索邦百合的生长情况,并进行统计。选取从初代培养的鳞片上再生出的15个微鳞茎,将这些微鳞茎外层2层微鳞片剥离,与剥离后的微鳞茎一并接入组培反应器中,微鳞片和微鳞茎总个数约为74个,经过继代培养,总微鳞茎的个数约为382个。图4为继代培养前微鳞茎的情况,图5为继代培养后微鳞茎的生长情况。

快繁系数=382/15≈25.47

图4　继代培养前　　　　　　　　　　图5　完成继代培养

2.2 分析

使用生物反应器进行培养，即间歇浸没培养，人工可以根据植物生长需要自行更改参数，定时、定点、定量为繁殖体提供培养液，繁殖体既能吸收到生长所需要的营养，又能充分进行气体交换，使得繁殖效率大大提高，高于在传统培养基上进行的培养。

3 讨论

本研究用索邦百合种球的鳞片作外植体，通过初代培养诱导出再生小鳞茎，然后将小鳞茎放入生物反应器中进行继代培养，通过对生物反应器进行参数设置，对小鳞茎进行间歇浸没来进行培养，此种培养方式提高了繁殖效率，有效解决了百合组培过程中鳞茎易受到污染、繁殖速度慢的难题。

百合作为最重要的花卉之一，已成为花卉市场的主要品种，从20世纪90年代初至今，由于百合花市场需求量逐年增加，价格较好，大大刺激了花卉生产者种植百合的积极性，种植面积和种球需求量每年以20%的速度增加，因此找到快速大量繁殖百合花的方式越来越重要，而此种快速繁殖方式可以用于工业的大规模生产。因此，种植百合已成为农民脱贫致富的有效途径，还可以同时与乡村旅游结合起来，通过花海、美食吸引更多人来休闲观光和体验民俗风情。

此种生物反应器不仅可以用于培养百合鳞茎，其他类型的植物体也同样适用，图6为木瓜组织培养的情况，其长势良好，可以进行大规模商业化生产。

图6　木瓜的组织培养

参考文献

高义霞，周向军，李旭霞，2010. 西伯利亚百合种球鳞片愈伤组织的形成及分化的培养基优化[J]. 天水师范学院学报，30（5）：33-35.

马生军，丁万红，李淑珍，等，2018. 百合鳞片组织培养研究[J]. 生物技术通讯，29（6）：819-824.

农业部农民科技教育培训中心，中央农业广播电视学校组编，2008. 百合生产实用技术[M]. 第一版. 北京：中国农业科学技术出版社.

王俐，李枝林，赵燕，2001. 百合的组织培养及快速繁殖[J]. 云南农业大学学报，16（4）：304-307.

王永江，张振臣，张丽秀，等，2004. 百合组培快繁技术研究[J]. 河南农业科学（5）：55-58.

许亚良，张家明，2013. 一种高效大规模组培方法—间歇浸没培养法[J]. 植植物生理学报，49（4）：392-399.

四倍体彩叶芋的离体培养及再生植株的形态学特征和倍性分析

陈锦锦，张源珊，刘奕清，蔡小东*

（长江大学园艺园林学院/园艺植物研究院　荆州　434025）

摘　要：彩叶芋（*Caladium×hortulanum* Birdsey）为天南星科彩叶芋属多年生草本观叶植物。本研究以彩叶芋四倍体体细胞无性系变异植株的幼叶作为外植体，培养于MS+1mg/L NAA+1mg/L 6–BA+30g/L的蔗糖+7.5g/L琼脂（pH值为5.8）的培养基上，5个月后再生了大量植株。这些植株移栽4个月后，进行了形态学特征和倍性分析。通过叶色参数（$L*$、$a*$和$b*$）及叶片特征的分析发现组培苗和原植株的叶形和叶片颜色特征基本一致，流式细胞仪测定结果显示四倍体彩叶芋离体再生植株与原植株的倍性一致。这种稳定而高效的四倍体彩叶芋快繁体系的建立，可为四倍体彩叶芋抗寒性、观赏价值及分子生物学等方面的深入研究奠定基础。

关键词：彩叶芋；愈伤组织；流式细胞仪；Lab色彩系统；叶形指数

In-Vitro Propagation，Morphological Characterization and Ploidy Analysis of Regenerated Plants from Tetraploid Caladium

Chen Jinjin，Zhang Yuanshan，Liu Yiqing，Cai Xiaodong*

（College of Horticulture and Gardening，Yangtze University，Jingzhou，434025）

Abstract：Caladium（*Caladium×hortulanum* Birdsey）is a perennial herbaceous foliage plant of Araceae. In this study，young leaves of tetraploid caladium originated

基金项目：湖北省教育厅科学研究计划项目（B2018024）

* 通讯作者：Author for correspondence（E-mail：caixiao.dong@163.com）

from somaclonal variation *in vitro* were selected as explants and cultured on the MS medium supplemented with 1 mg/L NAA, 1 mg/L 6-BA, 30 g/L sucrose and 7.5 g/L agar（pH 5.8）, and a large number of vigorously growing plantlets were obtained after 5 months of culture. Morphological characteristics and ploidy level were compared between the *in-vitro* regenerated plants and the wild tetraploid caladium 4 months after transplanting. Results showed that the leaf shape and leaf color pattern of tissue-cultured plants were almost identical to those of the wild caladium plants according to the colorimetric parameters（$L*$, $a*$ and $b*$）and leaf characteristics data. From the main peak of relative fluorescence intensity, it was found that the ploidy level of tissue culture regenerated seedlings of tetraploid caladium was the same as that of the original plant. This stable and efficient *in-vitro* propagation system could lay a foundation for further research on cold resistance, ornamental value and molecular biology of tetraploid caladium.

Key words：*Caladium×hortulanum*；Callus, Flow cytometry；Morphology；Lab color system；Leaf shape index

彩叶芋（*Caladium×hortulanum* Birdsey）隶属于天南星科彩叶芋属，因其叶色、脉色、条纹、斑块艳丽多变且观赏期较长，常用于盆栽观赏、花圃栽培，是一种栽培价值较高的观叶植物（Deng，2018）。彩叶芋育种目前主要集中于种质资源的搜集与评价、观赏价值的改良（例如叶色、叶形和株形育种等）以及栽培性状的改良（例如块茎产量、抗病、耐日晒及抗寒育种等）等方面（刘金梅等，2018）。彩叶芋原产于美洲热带地区（Mayo et al.，1997），生长期对低温非常敏感。当环境温度低于15.5℃时，其块茎萌芽会推迟，叶片会受到损伤（Deng，2012）。由于温度条件的限制，在我国大部分地区露天栽培时其生长期和观赏期一般较短，降低了彩叶芋的观赏性。因此，抗寒品种的培育和繁殖是彩叶芋育种的重要目标之一。

多倍体化是植物进化的主要途径之一，也是植物种质资源创新的重要手段之一。与二倍体相比，多倍体植物因有3套或3套以上完整染色体组，常引起随植物形态、栽培特性以及基因表达等方面的改变（Osborn et al.，2003；魏望等，2016）。研究发现，大多数植物多倍体的耐低温胁迫能力均强于二倍体（魏望等，2016；Sarmah et al.，2017）。利用秋水仙碱等诱变剂诱导多倍体是常用的多倍体育种方法，在许多园艺植物中得到了广泛应用（Eng & Ho，2019）。此外，离体培养打破了植物常规的生长环境和发育途径，可能引起再生植株在形态学、细胞学、生物化学、遗传学和表观遗传学等方面发生变异（Sarmah et al.，2017），即体细胞无性系变异。在许多植物离体培养的再生植株中，都发现了一定频率的染色体倍数性变异现象（刁现民和孙敬三，1999）。体细胞无性系变异普遍存在于各种再生途径的离体培养过程中，其绝大多数变异是可遗传的，对品种改良和选育新品种具有重要的意义（Sarmah et al., 2017；Anil et al., 2018）。

彩叶芋通常采用块茎进行繁殖，但繁殖系数较低。尤其是对于体细胞无性系变异植株而言，在短时间内无法通过块茎繁殖获得大量植株，从而无法满足后续形态学、细胞学和分子生物学等方面的研究。离体培养技术可以加快植株的繁殖速度，彩叶芋离体再生体系也已有报道（Cai & Deng, 2016；Cao et al., 2016；蔡小东和Deng, 2016）。因此，本研究以彩叶芋四倍体植株（来源于"Red Flash"彩叶芋体细胞无性系变异植株）为材料，首先通过组织培养技术得到足够数量的植株，然后对再生植株进行形态学和倍性分析，以期为将来四倍体彩叶芋的抗寒性鉴定、观赏价值评价及生物技术育种奠定基础。

1　材料与方法

1.1　实验材料

研究材料来源于长江大学园艺植物细胞工程实验室保存的"Red Flash"彩叶芋（*Caladium × hortulanum* Birdsey）的体细胞无性系变异植株。在此研究之前，该植株通过形态学、细胞学、生理学等方面分析证实是正常生长的四倍体彩叶芋。四倍体植株保存于人工气候箱中，培养条件为（28±2）℃、光照强度3 000lx、相对湿度75%以及光周期14h光照，10h黑暗。

1.2　外植体的消毒及处理

取该四倍体彩叶芋幼叶，在自来水下冲洗30min后在超净工作台上先用75%酒精浸泡15s，再用0.5%二氯异氰尿酸钠外加2～3滴吐温-80浸泡20min，期间轻轻振荡4～5次。消毒处理后的叶片用无菌水冲洗3次后用无菌滤纸吸干叶片表面的水分，然后在超净工作台上用手术刀片先将消毒剂接触的叶片边缘切去2～3mm，切除主脉后再将剩下的叶片切成约0.5cm×0.5cm小块。

1.3　植物再生

四倍体彩叶芋植株的离体再生采用一步成苗法，即以MS（Murashige and Skoog）为基本培养基，添加1mg/L NAA、1mg/L 6-BA、30g/L蔗糖和7.5g/L琼脂，pH值为5.8。培养容器为罐头瓶（瓶口直径7cm，高11cm）中培养，每个罐头瓶中倒入60ml培养基。培养基高温高压灭菌后每瓶接种3～4个叶片切块，共接种16瓶。接种后放入培养箱中进行暗培养，培养温度（25±2）℃。培养一个月后移至光照培养室，光照强度为2 000lx，光周期14h/10h，温度（25±2）℃。

1.4　再生植株的驯化及移栽

培养5个月后，打开罐头瓶瓶盖，加入少许自来水后置于人工气候箱中，保持空气湿度大于70%。放置5d后，用镊子将根系发育良好的植株夹出，在自来水下将植株根系上的培养基冲洗干净后将小植株单独移植到装有播种育苗基质（总养分含量：N+P₂O₅+K₂O=1%~5%；有机质含量≥20%）的32孔穴盘中培养。培养条件与四倍体体细胞变异植株一样（1.1实验材料）。移栽后2周内每天浇水两次，三周后按正常方式进行肥水管理。生长两个月后将穴盘中生长的幼苗移到装有育苗基质的塑料花盆（直径15cm，高17.5cm）中，两天浇水一次，三周施复合肥一次，每次10g。移栽4个月后，测定其形态学特征，进行倍性分析。

1.5 叶色参数的测定及叶片形态分析

采用日本美能达便携式比色计（CR-10）分别测量叶片叶缘、中部（主脉附近的叶片）、主脉、叶斑及叶柄的颜色参数，每个叶片重复3次。色差计采用标准C光源，在测定之前，使用白色标准校准板校准比色计。在Lab色彩系统中，$L*$值表示明亮度，为0~100（0=黑色，100=白色）。色度组分参数$a*$和$b*$范围为-60~60，绝对值越大则表示叶片颜色越深。其中$a*$为负数是绿色，为正数是红色；$b*$为负值是蓝色，正数为黄色。

用刻度尺测量植株的长度和宽度，用电子游标卡尺测量叶片的厚度。每株测定3片叶子，每叶片重复3次。

1.6 倍性分析

采用贝克曼CytoFLEX流式细胞仪（BECKMAN COILTER，USA）测定植株的倍性。剪取约35mg新鲜叶组织，放置于培养皿中并加入300μl WPB裂解缓冲液中，然后用锋利的单面刀片快速切碎。将切碎的匀浆通过尼龙网（40μm孔径）过滤到样品上样管中，过滤后向上样管中加入300μl含有DNA荧光染料碘化丙啶PI（源叶生物；50μg/ml，含RNase），避光染色30min后轻轻摇晃5s后上样检测。选取原四倍体植株和10株再生苗进行上样分析，每个样品重复3次，并且在每次运行中计数最少3 000个核。根据CytExpert软件显示的直方图（横坐标为荧光均值，纵坐标为细胞核个数），分析G0/G1峰的荧光均值判断原植株与再生苗的倍性关系，相对变异系数（relative coefficient of variation，rCV）值小于5%表示结果准确可信。

1.7 数据处理分析

试验数据采用SPSS 23.0数据分析系统进行独立样本T检验统计分析。

2 结果与分析

2.1 愈伤组织的形成及植株再生

外植体接种7d后开始观察愈伤组织的形成过程（图1），彩叶芋叶片切块在培养基上培养15d后，叶片边缘慢慢向上拱起，叶片切口边缘处颜色渐渐变淡，开始膨大（图1A）。培养1个月后，部分叶片切口附近开始出现淡黄色愈伤组织。培养2个月后，叶片切口处再生了大量颗粒状愈伤组织（图1B）。培养3个月后，愈伤组织体积继续增大，培养基上再生了大量绿色致密的愈伤团块。在解剖显微镜下观察，部分愈伤组织分化为芽或根（图1C）。培养5个月后组培苗充满罐头瓶，根系发达，生长良好（图1D）。

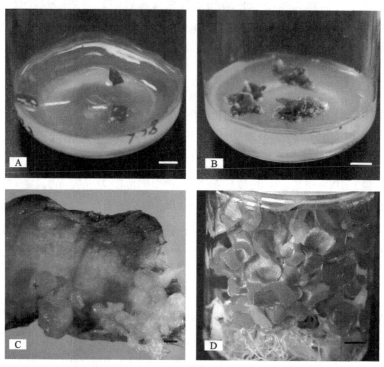

A.培养7d后叶片切口出现愈伤组织；B.培养2个月观察到的愈伤组织；C.培养3个月解剖镜下观察到芽的再生；D.培养5个月罐头瓶内生长的再生苗；标尺=1cm（A、B、D）；标尺=3mm（C）

图1　四倍体彩叶芋幼叶愈伤组织的形成及再生

2.2　再生植株的驯化移栽和叶片不同部位叶色参数的分析

再生植株移栽至32孔穴盘1个月后，生长正常，叶斑明显少于原植株，叶片较厚（图2A）。移至1加仑容量的花盆中后，植株生长速度加快，2个月后植株表现出类似原植株的叶形、叶色特征（图2A和图2B）。与离体培养再生彩叶芋植株相比，原植株叶片的叶斑颜色偏白，叶脉颜色较红，叶缘浅绿偏黄色（图2A和图2B）。移栽4个月后进行了原植株和再生植株叶片不同部位的色度指标分析，结果如表1所示，二者在叶缘、中部和叶柄3个部位的L*、a*值和b*值没有显著差异。这意味着离体培养没有明显改变植株的叶缘、中部和叶柄的颜色，较好的保持了原四倍体植株的叶色特征。对于叶脉色度而言，Lab色彩系统分析结果显示原植株和再生植株者的L*、a*值均没有显著差异，但组培苗的b*值显著高于原植株（P<0.05）。叶斑是彩叶芋等观叶植物重要的观赏特征之一，不同彩叶芋品种有不同的叶斑颜色模式。从表1可以看出，原植株和再生植株的叶斑色度（L*、a*值和b*值）存在显著差异，其中二者的a*值存在显著性差异（P<0.05），b*值存在极显著差异

（P<0.01），而二者的亮度值L*在P<0.001水平上存在显著差异，这说明原植株和再生植株叶斑色度的差异是所测定的叶片不同部位中最大的。原植株和再生植株在叶脉b*值和叶斑的3个参数之间有显著性差异，这与图2A和图2B所示植株叶色基本一致。二者叶斑和叶脉颜色的差异可能是由于再生植株生长时间较原植株短，离体培养再生植株叶片较幼嫩因而颜色偏深，叶斑亮度L*值偏低。

表1　四倍体彩叶芋原植株与离体再生植株叶片不同部位叶色参数的比较

植株	叶缘			中部			主脉		
	L*	a*	b*	L*	a*	b*	L*	a*	b*
原植株	14.9 ± 1.6	−9.2 ± 1.1	12.6 ± 1.4	20.0 ± 1.7	24.2 ± 5.7	9.2 ± 1.7	17.9 ± 4.0	35.2 ± 2.2	7.4 ± 1.2
组培苗	16.4 ± 3.3	−8.8 ± 2.2	12.8 ± 3.0	19.8 ± 2.6	18.3 ± 8.2	11.0 ± 1.7	21.4 ± 4.0	30.4 ± 7.1	10.0 ± 1.6*

植株	叶斑			叶柄					
	L*	a*	b*	L*	a*	b*			
原植株	42.0 ± 3.3***	−7.4 ± 0.5	12.2 ± 0.9**	24.0 ± 3.7	0.9 ± 5.9	7.9 ± 3.0			
组培苗	30.5 ± 1.9	−4.1 ± 2.8*	10.4 ± 0.7	20.6 ± 2.5	2.9 ± 3.6	8.2 ± 2.2			

注：表中数值为平均值±标准差；数据分析采用SPSS软件进行独立样本T检验；*，**以及***分别表示P<0.05、P<0.01和P<0.001差异显著性水平

A. 移栽至穴盘中生长2个月后的四倍体再生苗；B. 移栽4个月后的四倍体再生苗；
C. 四倍体彩叶芋原植株；标尺=1cm（A，B）；标尺=2cm（C）。

图2　四倍体彩叶芋再生植株及原植株

2.3　再生苗与原植株的叶片形态学参数

　　叶片的长度、宽度和厚度是反映叶片特征的重要参数。由表2可看出四倍体彩叶

芋离体再生植株和原植株叶长、叶宽及叶厚参数均有显著性差异，即原植株的叶长（$P<0.001$）、叶宽（$P<0.001$）以及叶厚（$P<0.01$）均显著大于离体再生植株的叶片。这可能是由于原植株的生长期较长，相对移栽培养4个月的再生苗叶片生长更成熟，叶片长和宽就更大。叶形指数是叶片长度与宽度之比值，是度量作物叶片的形状及其变异的一个重要指标。研究表明，再生植株和原植株的叶形指数没有显著性差异，这说明再生苗和原植株的叶片形状没有发生变异，遗传稳定。

表2　四倍体彩叶芋原植株与离体再生植株叶片形态的比较

植株类型	叶长（cm）	叶宽（cm）	叶厚（mm）	叶形指数
原植株	30.3 ± 0.6***	25.3 ± 1.5***	0.38 ± 0.02**	1.194
组培苗	12.3 ± 0.6	11.0 ± 0.5	0.31 ± 0.02	1.123

注：表中数值为平均值±标准差；数据分析采用SPSS软件进行独立样本T检验；*代表显著性，$P<0.05$为*，$P<0.01$为**，$P<0.001$为***

2.4　再生植株的倍性分析

用流式细胞仪测定彩叶芋植株荧光均值，由直方图（图3A和图3B）可以看出组织培养再生苗的G0/G1峰荧光均值和原四倍体彩叶芋植株荧光均值位置基本一致，说明其倍性是相同的，即再生的植株也是四倍体。变异系数均低于5%，表明所测得的数据可靠。根据数据统计分析得出两组荧光均值没有显著性差异（表3）。

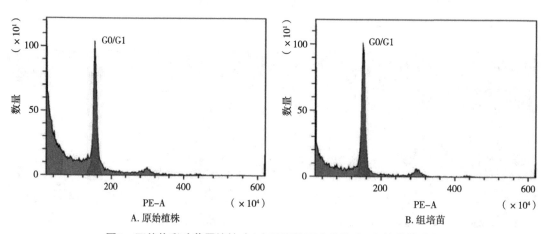

图3　四倍体彩叶芋原植株（A）及离体再生植株（B）的倍性分析

表3　四倍体彩叶芋原植株及离体再生植株的倍性分析数据

植株类型	荧光强度均值	相对标准偏差	相对变异系数（%）
原植株	1 525 598.3	48 672.6	3.19
组培苗	1 575 105.2	47 187.5	3.04

3 讨论

前人的研究表明，彩叶芋特别是某些品种在离体培养时普遍存在叶色变异现象（Ahmed et al. 2002，2004；Thongpukdee et al.，2010；Cai et al.，2015；Cao et al.，2016）。尽管这些变异不利于彩叶芋的离体快繁，但可为新品种培育提供重要的种质资源。本研究对四倍体彩叶芋再生植株进行了形态学和倍性分析，结果发现再生植株与原四倍体植株倍性一致、叶形相似，叶片颜色总体类似，只是叶斑颜色参数方面差异显著。一般而言，彩叶芋叶片颜色受光照、温度、营养、发育时期等因素的影响（Deng，2012）。二者叶斑颜色参数方面的显著差异可能是由于原四倍体植株与再生植株的生长时间差异造成的，叶片成熟度不一致导致幼嫩叶片颜色偏深。再生植株着色模式与原植株相似，整体颜色偏深一些，可能是因为再生苗的生长时间较短，相对原植株较为幼嫩。

彩叶芋为多年生草本观叶植物，二倍体彩叶芋离体培养技术相对成熟（Cai & Deng，2016；Cao et al.，2016；蔡小东和Deng，2016），四倍体彩叶芋离体再生的相关试验还未见报道。在前期的研究过程中，筛选了"Red Flash"彩叶芋的四倍体体细胞无性系变异植株，以筛选得到的四倍体彩叶芋幼叶作为外植体，本研究建立了一步成苗法体系。即四倍体彩叶芋叶片切块培养于MS+1mg/L NAA+1mg/L 6-BA+30g/L的蔗糖+7.5g/L琼脂（pH值为5.8）上，两个月后可以形成致密愈伤组织，5个月可形成大量植株。这种稳定而高效的四倍体彩叶芋快繁体系的建立，可为后期四倍体彩叶芋形态学、细胞学、解剖学、抗寒性、观赏价值以及分子生物学等方面的深入研究提供足量材料，为四倍体彩叶芋品种培育奠定了基础。

参考文献

蔡小东，Deng Zhanao，2016. 彩叶芋愈伤组织的诱导、增殖及植株再生[J]. 江苏农业科学，44（9）：75-77.

刁现民，孙敬三，1999. 植物体细胞无性系变异的细胞学和分子生物学研究进展[J]. 植物学通报，16（4）：372-377.

刘金梅，Cao Zhe，尤毅，等，2018. 花叶芋育种研究进展[J]. 园艺学报，45（9）：162-172.

魏望，施富超，王东玮，等，2016. 多倍体植物抗逆性研究进展[J]. 西北植物学报，36（4）：846-856.

Ahmed E U，Hayashi T，Yazawa S，2004. Auxins increase the occurrence of leaf-colour variants in *Caladium* regenerated from leaf explants[J]. Scientia Horticulturae，100（1-4）：0-159.

Ahmed E U，Hayashi T，Zhu Y，et al.，2002. Lower incidence of variants in *Caladium bicolor* Ait. plants propagated by culture of explants from younger tissue[J]. Scientia Horticulturae，96（1-4）：0-194.

Anil V S，Lobo S，Bennur S，2018. Somaclonal variations for crop improvement：Selection for disease resistant variants *in vitro*[J]. Plant Science Today，5（2）：44-54.

Cai X D，Cao Z，Xu S X，et al.，2015. Induction，regeneration and characterization of tetraploids and variants in 'Tapestry' caladium[J]. Plant Cell Tissue and Organ Culture，120（2）：689-700.

Cai X D，Deng Z，2016. Thidiazuron promotes callus induction and proliferation in *Caladium × hortulanum* Birdsey UF-4609[J]. Propagation of Ornamental Plants，16（3）：90-97.

Cao Z, Sui S Z, Cai X D, et al., 2016. Somaclonal variation in "Red Flash" caladium: morphological, cytogogical and molecular characterization[J]. Plant Cell Tissue and Organ Culture, 126（2）: 269-279.

Deng Z, 2012. Caladium genetics and breeding: recent advances[J]. Floriculture and Ornamental Biotechnology, 6（1）: 53-61.

Eng W H, Ho W S, 2019. Polyploidization using colchicine in horticultural plants: A review[J]. Scientia horticulturae, 246: 604-617.

Mayo S J, Bogner J, Boyce P C, 1997. The genera of *Araceae*[J]. London: Royal Botanic Gardens, Kew: 207.

Osborn T C, Pires J C, Birchler J A, et al., 2003. Understanding mechanisms of novel gene expression in polyploids[J]. Trends in Genetics, 19（3）: 141-147.

Sarmah D, Sutradhar M, Singh B K, 2017. Somaclonal variation and its application in ornamentals plants[J]. International Journal of Pure and Applied Bioscience, 5（2）: 396-406.

超低温玻璃化法保存"佛手"丁香（*Syringa vulgaris* "Albo-plena"）的研究

孟　昕[*]，陈春玲，刘　佳

（北京市植物园　北京市花卉园艺工程技术研究中心
城乡生态环境北京实验室　北京　100093）

摘　要：通过"佛手"丁香茎尖为试材进行超低温立体保存试验，对影响存活率的主要因素（预培养、预培养时间、装载时间和PVS$_2$处理时间）进行分析，结果表明：4℃低温锻炼3~10d，室温装载20min，0℃冰浴下用PVS$_2$处理50~60min，液氮保存1h以上，37℃水浴中快速解冻1min；洗液洗涤2次，每次10min后；接种到再生培养基；暗培养7d后，转入光照培养；试验中最高存活率可达56.67%。

关键词：丁香；茎尖；玻璃化法；超低温保存

Cryopreservation of *Syringa vulgaris* "Albo-plena" by Verification

Meng Xin[*]，Chen Chunling，Liu Jia

（Beijing Botanical Garden，Beijing Floriculture Engineering Technology Research Centre，
Beijing Laboratory of Urban and Rural Ecological Environment，Beijing 100093）

Abstract：Shoot tips from *Syringa vulgaris* "Albo-plena" were cryopreserved by verification method and analysis of factors affecting survival rate，the result showed：4℃ low pre-culture for 3~10 days，loading time 20min，0℃ ice bath with PVS$_2$ for 50~60 min，liquid nitrogen treated 1h and rapid throwing in 37℃ water for 1 min；wash solution 10 min for 2 times，then inoculated to the regeneration medium；

*通讯作者：Author for correspondence（E-mail：13613526@qq.com）

after 7 days of dark culture transferred to light culture; the highest survival rate in the experiment was 56.67%.

Key words: *Syringa*; Shoot-tips; Cryopreservation; Verification

液氮LN（-196℃）离体保存是目前最常用的超低温保存生物学技术，在液氮条件下，活细胞内的物质代谢和生长活动几乎完全停止，植物材料处于相对稳定的生物学状态。被保存的材料可以大大减少甚至终止代谢衰老过程，保持生物材料的稳定性，最大限度地抑制生理代谢强度，降低变异频率，达到长期保存种质的目的（肖洁凝和黄学林，1999）。自从1973年Nag和Street（Nag and Street，1973）首次成功地用超低温方法保存了胡萝卜悬浮细胞以来，超低温保存技术日趋完善，至今进行超低温保存的植物材料类型主要涉及细胞（悬浮细胞）、愈伤组织、原生质体、花粉、胚或体胚、茎尖分生组织、芽、种子等，许多已经实现了植株再生（李云和李嘉瑞，1995）。其中，茎尖分生组织由于细胞分化程度小，在保存后的再生过程中，比其他细胞培养物的遗传性稳定，并且冻存的茎尖分生组织往往可以直接形成小植株，既可快速地进行无性繁殖，又减少了材料的遗传变异，是超低温保存的一种理想材料（Kartha，1994），具有其独特的优越性。

"佛手"丁香为欧丁香的栽培品种，落叶灌木，花白色重瓣，似茉莉花，花序紧凑，香气浓郁，花期4月中下旬，具有极高的园林观赏价值。本试验选取天然杂交的佛手丁香（*Syringa vulgaris* "Albo-plena"）的茎尖组织进行超低温立体培养，探索"佛手"丁香茎尖部位最佳超低温保存步骤方法，为丁香离体长期保存提供数据参考。

1 材料与方法

1.1 材料

"佛手"丁香（*S.vulgaris* "Albo-plena"）增殖继代生长30d的组培苗。

仪器设备及试剂：

液氮罐、2ml冷冻管、20～200μl移液枪、1ml一次性针管，100ml组培瓶、振荡器、超净工作台、恒温水浴锅、恒温控光培养室、立式显微镜、组织培养和超低温保存常用器械等。

蔗糖、6-BA、IBA、琼脂、甘油、二甲基亚砜（DMSO）、液氮、TTC染色剂、制备MS培养基所需试剂等。

PVS_2：（MS+300g/L甘油+150g/L乙二醇+150g/L DMSO+0.4mol/L蔗糖）

Loading液：（2mol/L甘油+0.4mol/L蔗糖）

1.2 方法

1.2.1 低温锻炼

将切取顶端茎尖部位第1对叶，置于MS培养基，4℃冰箱中低温锻炼1d、3d、5d、7d

和10d，观察植株变化。用Loading溶液处理20min，再经PVS$_2$于0℃条件下处理50min，解冻后以0.4%TTC染色法检测成活率。

1.2.2 不同Loading时间的处理

切取茎尖2~3mm，经Loading溶液在室温条件下，分别预处理0、10min、20min、30min、40min、50min和60min后，在0℃条件下用PVS$_2$处理50min；解冻后检测成活率。

1.2.3 玻璃化保护剂PVS2时间的处理

切取茎尖2~3mm，经Loading溶液处理20min后，在0℃条件下用100%PVS$_2$分别处理0、10min、20min、30min、40min、50min和60min，解冻后检测成活率。

1.2.4 材料的化冻、洗涤与再生

经过装载和PVS$_2$处理后的茎尖，不更换新的PVS$_2$溶液，直接迅速将冷冻管投入液氮中，冻存1h后取出茎尖，于37℃水浴中化冻1min，再转到室温下用MS液体培养液（含1.2mol/L蔗糖，pH值为5.8）洗涤2次，每次10min，然后接种在MS+1.0g/L 6-BA+30g/L Suc的固体培养基上暗培养，7d后转到正常光照条件下恢复培养，30d后检测茎尖成活率。

存活率（%）=（玻璃化超低温保存后成活的茎尖数/保存的总茎尖数）×100

每个处理含10个茎尖，重复3次。

1.2.5 液氮保存时间对超低温保存的影响

将经过超低温处理后的茎尖投入液氮分别保存1h、1d、3d、7d和30d后，对比成活率。

1.2.6 再生苗的培养与生根观测

将超低温成活后的再生苗接种到MS+1.0mg/L 6-BA+30g/L Suc+5g/L琼脂的培养基上，暗培养7d，再转到光照培养，观测生长情况。

2 结果与分析

2.1 低温锻炼对离体茎尖超低温保存存活率的影响

低温锻炼对离体茎尖超低温保存存活率的影响具体见表1。

表1 不同低温处理时间对"佛手"丁香茎尖成活率的影响

处理时间（d）	染色率（%）	染色情况
1	66.67b	深红色和红色较多
3	66.67b	深红色和红色较多
5	80.00a	红色居多
7	76.67a	深红、红色和浅红色均多
10	80.00a	红色和浅色居多

经过10d的低温培养，茎尖在4℃冰箱中无明显生长变化，从表1可以看出，经过锻炼3～10d可以提高丁香茎尖的成活力，TTC染色后的茎尖（图1）颜色呈现出深红、红色、浅红、无色四种状态，处理时间在5～7d内，茎尖活力较高，有深红色的出现，随着时间增长，活力逐渐下降。

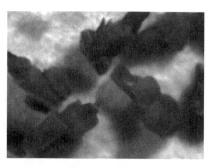

图1　TTC染色后的丁香茎尖

2.2　预处理对离体茎尖超低温保存存活率的影响

对材料进行预处理，也称装载过程，即通过减少细胞内自由水的含量，减少渗透压剧烈变化给材料带来的伤害，使材料达到最适于超低温保存的生理状态，由表2看出，Loading溶液处理时间对茎尖液氮保存的成活率也有影响，其成活率随着处理时间的延长而提高，处理20min以上的差异不显著。

表2　PVS_2和Loading溶液处理时间对超低温保存后丁香茎尖成活率的影响

处理	处理时间（min）						
	0	10	20	30	40	50	60
Loading	13.33b	30.00ab	43.33a	43.33a	46.67a	46.67a	53.33a
PVS_2	0e	13.33de	23.33cd	36.67bc	40.00b	56.67a	56.67a

2.3　玻璃化保护液处理对离体茎尖超低温保存存活率的影响

多项研究表明，PVS_2处理是超低温保存的关键步骤，缺少或处理时间不当对保存后茎尖的存活率存在显著影响（严庆丰和黄纯农，1995）。本实验中PVS_2的脱水时间对丁香茎尖超低温保存的成活起关键作用，时间越短，脱水效果不充分，影响成活率；脱水时间过长，细胞组织受到伤害后的恢复能力差，本实验的最佳的处理是0℃条件下处理50～60min（表2）。

2.4　液氮保存时间对离体茎尖超低温保存存活率的影响

一般情况下，材料在液氮中保存的时间长短可能不是影响保存效果的重要因素（曾继吾等，2004）。本实验结果表3也显示出液氮冻存时间对丁香超低温保存后离体茎尖的存活率无明显影响，存活率均在50%左右，方差分析差异不显著。可以看出，超低温保存丁香冻存时间在1h以上即可（表3）。

表3　液氮保存时间对离体茎尖超低温保存存活率的影响

	处理时间				
	1h	1d	3d	7d	30d
存活率（%）	56.67a	53.33a	53.33a	46.67a	53.33a

2.5 超低温保存苗的再生情况

再生茎尖接种到MS+1.0mg/L 6-BA+30g/L Suc+5g/L琼脂的培养基后，没有存活的茎尖会在2~3d后逐渐变黑死亡，成活的茎尖在暗培养一周后转到光照培养下10d左右开始萌动成长，茎尖形成愈伤组织（表4，图2），且生长缓慢，很难直接形成小苗，调整培养基梯度，以MS+IBA0.5为基础培养基，调节BA浓度对愈伤组织进行芽诱导，结果如下。

表4 不同BA浓度对愈伤组织诱导的影响

	BA浓度（mg/L）				
	1.0	2.0	3.0	4.0	5.0
萌芽率（%）	13.33a	20.00a	20.00a	13.33a	13.33a

茎尖在形成愈伤组织后的诱导培养中，愈伤组织表面有白色芽点出现，体积伴随培养时间的增加进一步扩大，芽点诱导成苗的概率较低，差异不显著，成苗周期较长，20d后可见芽点萌发，30d左右愈伤组织老化，需更换一次培养基继续诱导，幼苗生长后期容易出现植株和愈伤组织玻璃化的现象，需及时提取转苗。

图2 愈伤组织诱导成芽

3 讨论

超低温保存是指在-80℃以下的超低温环境中保存材料，常以液氮（-196℃）为冷源，在超低温条件下，细胞分裂和代谢停止，但细胞活力和形态发生的潜能却可保存，同时病原微生物的活动也受到抑制，理论上能够无限期地保存材料，因此，超低温保存可能是植物种质长期安全高效保存的最佳选择（王培忠等，2007）。

植物种质资源超低温保存过程中，低温锻炼、装载和PVS₂处理，解冻过程是影响成活的关键。在本实验中，丁香茎尖经过3~10d的4℃低温锻炼后存活率增加。王子成等在研究柑橘茎尖的超低温保存时，用5% DMSO进行低温预培养3d后，成活率也大幅度的提高，枳壳和红肉脐橙的成活率均达到100%（王子成和邓秀新，2001）。张江丽等在研究玻璃化法超低温保存甘薯茎尖时，也发现，将茎尖接种在MS+0.5mol/L的高浓度蔗糖培养基上预培养2d时，得到较高的成活率（张江丽等，2008）。高糖培养基在离体保存试验中经常使用，蔗糖浓度过高带来的渗透压增强会导致植物生长缓慢，有利于植物的保存，但在冰箱4℃黑暗培养的条件下，由于缺乏光照，叶片会出现黄化生长势减弱的情况，更长时间的低温锻炼对茎尖生长的影响需要进一步实验讨论。

如果用玻璃化溶液对抗脱水性较差的组织进行处理，则会因为玻璃化溶液的渗透压力和化学毒性作用对材料造成伤害，因此在对材料进行快速脱水之前，要用较高浓度的溶液进行装载处理，以初步降低组织的含水量，这就可避免由于渗透压变化剧烈而对材料造成伤害（赵喜亭等，2009）。本实验中，装载液由高浓度的蔗糖溶液和甘油组成，处理20min以上，可使丁香茎尖细胞中的含水量不断减少，可溶性糖等保护性物质含量增加（薄涛等，2010），增加了细胞渗透势，降低了冰点，减少了冻存过程中水分结冰对细胞膜的伤害，也提高了保存后的成活率。

PVS$_2$是最常用的冰冻保护剂，由甘油、乙二醇、二甲基亚砜组成。这三者都是低分子中性物质，属渗透型抗冻剂，在溶液中易结合水分子，发生水合作用，使溶液的黏性增加，从而弱化了水的结晶过程，起到保护作用（于君晖等，1996）。但由于DMSO具有很强的毒性，可对茎尖造成伤害，所以处理时间长短是影响保存后存活率的关键因素。时间过短起不到保护效果，时间过长毒害作用严重，两者都可以造成保存后存活率的降低。林田等红花石蒜茎尖的玻璃化超低温保存时，用PVS$_2$在冰浴中处理80min后，换新鲜PVS$_2$并迅速投入液氮，成活率最高可达90%，植株再生率达53%（林田等，2006），本实验中，处理时间为50~60min最佳，更长的时间需要进一步实验讨论。

在液氮冻存过程中，茎尖的代谢过程处在几乎停滞的状态，不会对存活率产生巨大影响，因此，冻存时间不会影响最终的存活率。

冻存后的解冻、洗涤和后处理也是影响存活率的因素。本试验中，选择37℃水浴快速解冻1min；洗液洗涤2次，每次10min，暗培养7d。但这些是否是最佳选择还需要进一步研究。

再生培养过程中，丁香茎尖很难直接形成小苗，愈伤组织芽诱导周期长，成苗率低，需要进一步调整培养基来提升。

4　结论

（1）低温锻炼3~10 d可以提高丁香茎尖的成活力。

（2）Loading溶液处理时间对茎尖液氮保存的成活率也有影响，其成活率随着处理时间的延长而提高，处理20~60min的差异不显著，实验中可选用20min进行处理。

（3）PVS$_2$处理时间是超低温保存的关键步骤，最佳的处理时间是0℃条件下50~60min。

（4）液氮冻存时间对超低温保存后离体茎尖的存活率无明显影响。

（5）综合以上的结论，可以得出试验中丁香超低温保存较优化的过程为：4℃低温锻炼3~10d，室温装载20min，0℃冰浴下用PVS$_2$处理50~60min，液氮保存1h以上，37℃水浴中快速解冻1min；洗液洗涤2次，每次10min后；接种到再生培养基；暗培养7d后，转入光照培养；试验中最高存活率可达56.67%。

（6）再生苗培养中易形成愈伤组织，芽诱导率较低。

参考文献

薄涛，王子成，柴星星，2010. 玻璃化法超低温保存蛇莓茎尖[J]. 植物生理学通讯，46（9）：953-956.

曾继吾，易干军，张秋明，2004. 番木瓜茎尖的玻璃化法超低温保存及其植株再生[J]. 园艺学报，31（1）：29-33.

李云，李嘉瑞，1995. 杏种子和种胚的超低温保存研究[J]. 种子（6）：14-17.

林田，刘灶长，李大菲，等，2006. 红花石蒜茎尖的玻璃化超低温保存[J]. 植物生理学通讯，42（6）：1 063-1 065.

王培忠，装崎君，顾寒琳，等，2007. 植物种质资源超低温保存原理与研究进展[J]. 吉林林业科技，36（4）：17-20.

王子成，邓秀新，2001. 玻璃化法超低温保存柑桔茎尖及植株再生[J]. 园艺学报，28（4）：301-306.

肖洁凝，黄学林，1999. 茎尖和芽的超低温保存[J]. 生物工程进展，19（5）：46-51.

严庆丰，黄纯农，1994. 植物组织和细胞的玻璃化冻存研究[J]. 细胞生物学杂志，16（3）：117-122.

于君晖，郑泳，严庆丰，等，1996. 水稻胚性悬浮细胞的玻璃化法超低温保存和可育植株再生[J]. 科学通报，41（22）：2 081-2 084.

Nag K K，Street H E，1973. Carrot embryigensis from frozen cultured cells[J]. Nature，245（S423）：270-272.

文心兰（*Oncidium hybridium*）类原球茎分化的分子细胞学研究

王雪晶[1]，李　蓉[1]，张玉苗[2]，张　婧[1]，付　帅[1]，林玉玲[1]，

叶开温[3]，赖钟雄[1*]，徐　涵[1, 4*]

（1.福建农林大学园艺植物生物工程研究所　福州　350002；2.滨州学院生物与环境
工程学院　滨州　256600；3.台湾大学　植物科学研究所　中国台北　10617；
4.法国图卢兹综合科学研究所（IRIT-ARI）　图卢兹　31300　法国）

摘　要：以"柠檬绿"文心兰为材料进行文心兰类原球茎外部形态、内部解剖结构观察，并对文心兰类原球茎不同分化过程茎端和根端进行铁氧还蛋白氧化还原酶（FNR）根型RFNR（root-type ferredoxin-NADP+oxidoreductase）和叶型LFNR（leaf-type ferredoxin-NADP+oxidoreductase）两种类型的基因进行表达分析。结果显示：*RFNR*和*LFNR*在文心兰分化过程中均有表达，*RFNR*在根端表达量高于茎端，*LFNR*在茎端表达量高于根端。本研究结果表明，文心兰类原球茎组织极性的建立不是根和茎的产生，而是从茎端顶芽的起生开始，伴随基因表达的差异。

关键词：文心兰；类原球茎；离体形态发生；极性建立；铁氧还蛋白氧化还原酶

Molecular Cytology of Protocorm-like Bodies Differentiation of Oncidium Hybrid（*Oncidium hybridium*）

Wang Xuejing[1], Li Rong[1], Zhang Yumiao[2], Zhang Qian[1], Fu Shuai[1],

Lin Yuling[1], Ye Kaiwen[3], Lai Zhongxiong[1*], Xu Han[1, 4*]

基金项目：福建省重大专项（2015NZ0002，2015NZ0002-1）；福建省高校学科建设项目（102/71201801101）；科技创新专项基金（CXZX2017189）

* 通讯作者：Author for correspondence（E-mail：laizx01@163.com，xxuhan@163.com）

［1.Institute of Horticultural Biotechnology，Fujian Agriculture and Forestry University，Fuzhou 350002，China；2.College of Biological and Environmental Engineering，Binzhou University，Binzhou，Shandong 256600，China；3.Institute of Plant Science，Taiwan University，Taibei 10617，China；4.Institut de la Recherche Interdisciplinaire de Toulouse（IRIT-ARI），Toulouse 31300，France］

Abstract：Morphologic and anatomic characteristics of *Oncidium hybridium* protocorm-like body（PLB）was investigated. It was found that root was not formed during embryogenesis，i.e. PLB morphogenesis，and early plantlet developmental stages. Shoot apical meristem（SAM）developed without root apical meristem（RAM）. Root-type ferredoxin-NADP+oxidoreductase（*RFNR*）and leaf-type ferredoxin-NADP+oxidoreductase（*LFNR*）expressed differentially in the basal part and shoot part，in which *LFNR* expressed higher in the shoot part while *RFNR* expressed higher in the basal part. It is suggested the energy supply is also involved in the differentiation of the PLBs and the polarity establishment in *O. hybridium*.

Key words：*Oncidium hybridium*；Protocorm-like body；*In vitro* morphogenesis；Polarity establishment；FNR（Ferredoxin-NADP+oxidoreductase）

　　类原球茎（protocorm-like bodies，PLBs）是由Morel在1960年进行虎头兰（*Cymbidium hookerianum*）茎尖培养时提出的，用来描述兰科植物组培过程中产生的类似种子中合子胚的结构。PLB可由植株的不同部位诱导产生，从腋芽（Huang and Chung et al.，2011）、叶（Khoddamzadeh et al.，2011）、茎尖（Gantait et al.，2012）、愈伤组织（Naika，2008）等部位诱导产生类原球茎都有成功的报道。在霍山石斛的研究中，类原球茎被认为是一种不完全的体胚，类原球茎的形态发生是体胚和器官发生途径的复合体（谢析颖，2017）。

　　原球茎（protocorm）和类原球茎在植物学领域是一个研究的模式结构。一般植物的胚和植株都具有根或根状结构，以完成植物对土壤中养分的吸收。而兰科植物的合子胚（又称原球茎）和体细胞胚（又称为类原球茎）不具有根或根状结构。其胚胎发生的极性在没有根的参与下，如何建立，以及如何完成胚胎的分化和发育，迄今知之甚少。

　　铁氧还蛋白氧化还原酶（ferredoxin-NADP+oxidoreductase，*FNR*）广泛存在于各种生物中，如自养的光合细菌、各种藻类和高等植物（Ceccarelli et al.，2004）。植物中FNR蛋白根据其功能和定位不同可以分为两大类：一类是存在于光合组织的叶型的，LFNR（leaf-type *FNR*）；另一类是存在于非光合组织的根型的，RFNR（root-type FNR）（Satoshi et al.，2005）。所有的高等植物中都存在有两种类型的*FNR*基因，分别为*LFNR*（leaf-type ferredoxin-NADP+oxidoreductase）和*RFNR*（root-type ferredoxin-

NADP+oxidoreductase），两者之间有较高的同源性，其中LFNR分布在类囊体膜、叶绿体的基质及内膜上（Mulo et al.，2011）。在高等植物的叶绿体中，FNR是线性电子传递链的最后一步从Fd接受电子传递给NADP，为卡尔文循环提供NADPH；除叶绿体外，FNR也存在于高等植物的其他质体中，在氮代谢中发挥重要作用（Mulo et al.，2011）。两种类型的FNR在氨基酸组成、蛋白结构和构型方面存在明显的差异，RFNR比LFNR有更强的保守性。FNR蛋白亚细胞定位结果表明文心兰FNR蛋白都定位于叶绿体。LFNR和RFNR具有器官表达特异性。LFNR更多地在叶中表达，RFNR更多地在根中表达（李蓉等，2018）。

1　材料与方法

1.1　实验材料及处理

以"柠檬绿"文心兰（*Oncidium hybridium* "Honey Angel"）为材料（由福建农林大学园艺植物生物工程研究所提供）进行类原球茎不同发育阶段的形态和结构观察。分子生物学研究的样品是对类原球茎的整体、根端和茎端分别进行取样，均3次重复，所取样品迅速放入液氮速冻后于-80℃冰箱保存备用。

1.2　类原球茎不同发育阶段的形态结构观察

采用徒手切片的方法对文心兰类原球茎不同分化阶段以及文心兰组培苗的根、茎进行结构解剖，在显微镜下观察。

1.3　总RNA的提取及cDNA的合成

参考Trizol（Invitroigen公司）试剂盒的方法提取文心兰类原球茎分化阶段的总RNA，并用Thermo超微量核酸检测仪测定RNA浓度并通过1%琼脂糖凝胶电泳检测RNA的纯度和浓度，用SYBR ExScriptTM（TaKaRa）试剂盒逆转录成cDNA用于定量PCR分析。以Actin为内参基因，分析两种类型FNR基因在文心兰类原球茎分化过程中根端和茎端的基因表达情况。

2　结果与分析

2.1　类原球茎分化过程

文心兰类原球茎自愈伤组织阶段产生近等直径的类原球茎（图1a，图1b），近等直径的类原球茎在远离培养基的一端产生分生组织，细胞加速分裂形成叶原基，叶原基细胞向上生长形成凸起部分，并在凸起侧面出现了凹陷，凸起继续发育成为"子叶"，凹陷将发育成顶端分生组织而后形成芽。继续发育中，"子叶"相对一侧长出另一片叶，然后按顺序长出每片幼叶。在叶的产生时未有根的出现，类原球茎逐渐基部退化，叶的一端生长并形成完整植株。类原球茎的发育过程可分为原分生组织形成（近等直径类原球茎）、茎尖分生组织（shoot apical meristem，SAM）形成（分化Ⅰ阶段）、叶原基/维管系统形成（分化Ⅱ阶段），类原球茎基部退化（分化Ⅲ阶段）、幼苗形成等发育阶段。

在原分生组织形成的近等直径类原球茎发育阶段，类原球茎在顶端存在大量的、排列疏松的薄壁细胞。在类原球茎的分化过程中类原球茎的中心部分靠上部的顶端形成有轴向伸长的形成层产生，在较成熟的区域形成维管束。维管束从茎端向根端方向形成，继而类原球茎分化形成具茎叶结构的幼苗。在类原球茎分化过程中发现在根端有许多绒毛，随着类原球茎的分化绒毛逐渐退化，其可能与文心兰根的功能相近，在分化前期通过绒毛吸收培养基中的水分和营养（图2）。

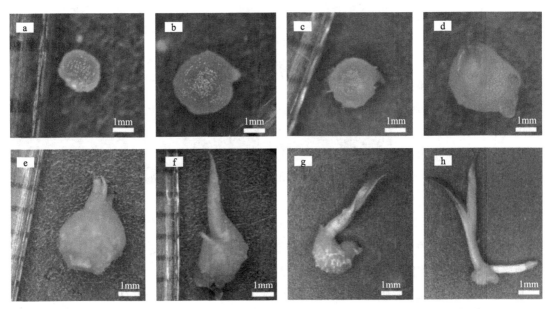

a，b.近等直径阶段；c，d.分化Ⅰ阶段；e.分化Ⅱ阶段；f，g.分化Ⅲ阶段；h.幼苗阶段

图1　文心兰类原球茎发育中分化阶段的划分示意图

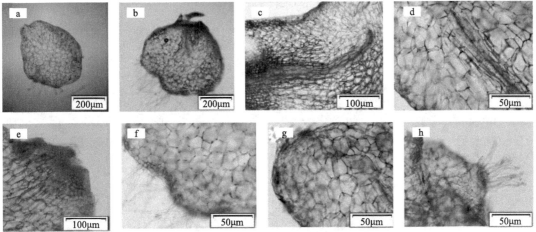

a.近等直径阶段的类原球茎；b，c，d，e.分化Ⅰ阶段，示叶和维管束形成；b.叶和维管束形成；
c，d.维管束向根部形成；e.叶原基形成；f，h.近等直径阶段的类原球茎至分化Ⅰ阶段中
类原球茎基部绒毛状态；g.类原球茎基部，示没有根的结构；h.类原球茎基部，示成簇生长的绒毛

图2　文心兰类原球茎解剖结构

2.2 根和茎的解剖结构观察

从文心兰根的横切面可以看出：横切面呈圆形，由表皮、皮层和中柱组成，其中维管柱的中央具薄壁细胞组成的髓部。表皮位于根的外层，由排列较规则的细胞组成，有三层细胞，细胞形状略呈长方形。根的皮层发达，占根横切面的大部分，越向中柱靠近细胞越大，是由几层排列疏松的大型薄壁细胞组成。内皮层明显，位于皮层最内侧的一层细胞，体积明显小于皮层细胞，可见凯氏带。中柱鞘由1层排列规则的细胞构成。维管柱包括中柱鞘、初生木质部、初生韧皮部和髓，初生木质部与初生韧皮部相间排列，无次生结构。根的纵切面也可见表皮、皮层和中柱结构，同时可见梯纹导管和凯氏带（图3）。

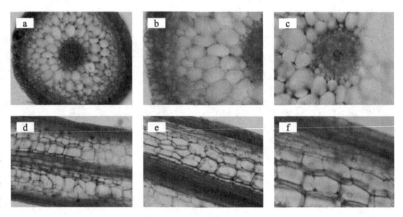

a, b, c.根的横切面；d, e, f.根的纵切面

图3　文心兰根的解剖结构

文心兰假鳞茎的横切面和纵切面均为椭圆形，假鳞茎由表皮、基本组织和维管束组成。表皮由1层细胞组成。基本组织由薄壁细胞构成，具叶绿体。维管束呈椭圆形，散生在基本组织中。基本组织细胞中含有淀粉粒。假鳞茎纵切面观的表皮是由许多相对规则的长条细胞组成，可观察到含晶异细胞，其结晶物据报道主要是草酸钙所形成的针晶（严巧娣和苏培玺，2006）。表皮细胞中具有保卫细胞并形成气孔。在假鳞茎靠近内部的纵切面可观察到多条维管束从基部延伸至上部（图4）。

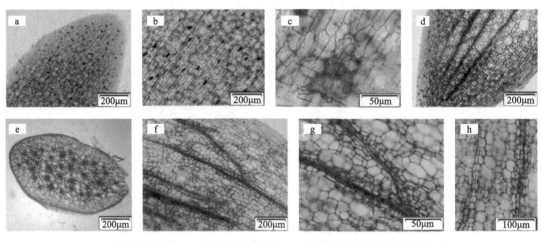

a, b.假鳞茎的表皮；c.保卫细胞和气孔；d.假鳞茎纵切面示维管束分布；
e.假鳞茎横切面示维管束分布；f, g, h.假鳞茎维管束形态

图4　文心兰假鳞茎的解剖结构

2.3 *LFNR*和*RFNR*在文心兰类原球茎分化过程中的表达分析

分析两种类型*FNR*基因在文心兰类原球茎分化过程中根端和茎端的基因表达情况，结果如图5和图6所示。

*RFNR*和*LFNR*在文心兰分化1、分化2（茎端）、分化2（根端）、分化3（茎端）、分化3（根端）中均有表达，*RFNR*在根端表达量高于茎端，*LFNR*在茎端表达量高于根端。

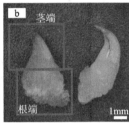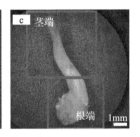

a. 分化Ⅰ阶段；b. 分化Ⅱ阶段；c. 分化Ⅲ阶段

图5　文心兰类原球茎分化过程取样示意图

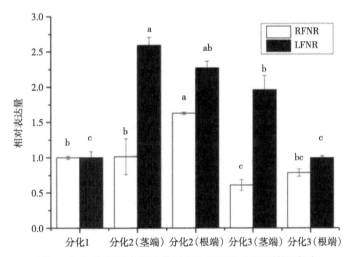

图6　文心兰类原球茎分化过程*RFNR*和*LFNR*基因表达

3　讨论

FNR是植物中重要的电子传递蛋白，参与植物NADPH的再生，而NADPH是植物生长发育过程重要的能量物质（Onda et al.，2000）。文心兰两种类型的*FNR*基因在类原球茎分化不同阶段的茎端和根端都有表达，推测文心兰*FNR*基因在文心兰生类原球茎分化中发挥一定的作用。文心兰类原球茎分化和发育过程可分为原分生组织形成期（等直径类原球茎）、茎尖分生组织（shoot apical meristem，SAM）形成期（分化Ⅰ阶段）、叶原基/维管系统形成期（分化Ⅱ阶段），类原球茎基部退化期（分化Ⅲ阶段）、幼苗等阶段。

根与植物的生长密切相关，通过观察文心兰类原球茎的形态发生发现，在文心兰中类原球茎分化期间并未见到根的产生，当子叶伸长长成幼苗时可伴随根的产生，根的类型多为气生。本实验初步研究了在文心兰类原球茎分化过程中根端和茎端两种*FNR*基因表达情况，为更好地研究文心兰类原球茎分化过程中极性的建立提供参考，在今后的实验中会近一步研究文心兰*FNR*基因在文心兰类原球茎分化过程中的作用机制。

参考文献

李蓉，吴晓佩，王雪晶，等，2018. 文心兰RFNR的克隆、亚细胞定位及其与LFNR不同的胁迫响应机制研究[J]. 园艺学报，45（11）：97–109.

谢析颖，2017. 霍山石斛生物钟相关基因克隆及其与培养物糖含量分析[D]. 福州：福建农林大学.

严巧娣，苏培玺，2006. 植物含晶细胞的结构与功能[J]. 植物生理学通讯，42（4）：761–766.

Ceccarelli E A, Adrián K. Arakaki, et al., 2004. Functional plasticity and catalytic efficiency in plant and bacterial ferredoxin-NADP（H）reductases[J]. Biochimica et Biophysica Acta Proteins & Proteomics, 1698（2）：155–165.

Gantait S, Sinniah U R, Mandal N, et al., 2012. Direct induction of protocorm-like bodies from shoot tips, plantlet formation, and clonal fidelity analysis in *Anthurium andreanum* cv. CanCan[J]. Plant Growth Regulation, 67（3）：257–270.

Huang C H, Chung J P, 2011a. Efficient indirect induction of protocorm-like bodies and shoot proliferation using field-grown axillary buds of a *Lycaste* hybrid[J]. Plant Cell Tissue & Organ Culture, 106（1）：31–38.

Khoddamzadeh A A, Sinniah U R, Kadir M A, et al., 2011. *In vitro* induction and proliferation of protocorm-like bodies（PLBs）from leaf segments of *Phalaenopsis bellina*（Rchb.f.）Christenson[J]. Plant Growth Regulation, 65（2）：381–387.

Mulo P, 2011. Chloroplast-targeted ferredoxin-NADP$^+$ oxidoreductase（FNR）：Structure, function and location[J]. Biochimica et Biophysica Acta, 1807（8）：927–934.

Mulo P, 2011. Efficient indirect induction of protocorm-like bodies and shoot proliferation using field-grown axillary buds of a *Lycaste* hybrid[J]. Plant Cell Tissue & Organ Culture, 106：31–38.

Naika H R, 2008. Plant regeneration from callus culture of clematis gouriana Roxb.-a rare medicinal plant[J]. Turkish Journal of Biology, 32（2）：1–5.

Okutani S, 2005. Three maize leaf ferredoxin：NADPH oxidoreductases vary in subchloroplast location, expression, and interaction with ferredoxin[J]. Plant Physiology, 139（3）：1 451–1 459.

Onda Y, Matsumura T, Kimata-Ariga Y, et al., 2000. Differential interaction of maize root ferredoxin：NADP$^+$ oxidoreductase with photosynthetic and non-photosynthetic ferredoxin isoproteins[J]. Plant Physiology, 123（3）：1 037–1 045.

"记忆"鸢尾的组织培养与快速繁殖

王　熙[*]，西　战，刘　佳，陈春玲

（北京植物园　北京　100093）

摘　要：本实验以"记忆"鸢尾的花蕾基部为外植体，探讨其组织培养的技术手段。得出结论：在0.1%的升汞溶液中消毒10min外植体污染率低且成活率高；最适合"记忆"鸢尾的诱导培养基MS+BA 2.0mg/L+NAA 0.1mg/L+S 80mg/L，增殖培养基MS+BA 1.5mg/L+IAA 0.5mg/L，生根培养基1/2MS+NAA0.7mg/L；移栽基质为珍珠岩、草碳土、河沙=2∶1∶1。

关键词："记忆"鸢尾；组织培养

Tissue Culture and *In vitro* Rapid Propagation of *Iris* "Total Recall"

Wang Xi[*]，Xi Zhan，Liu Jia，Chen Chunling

（Beijing Botanical Garden，Beijing 100093）

Abstract：In this experiment，*Iris* "Total Recall" s buds were used as explants and its tissue culture technique was studied. It showed that 0.1% mercuric chloride solution to sterilize 10 minutes had lower pollution rate and higher survival rate；the optimum survival rate were MS+BA 2.0mg/L+NAA 0.1mg/L+S 80mg/L for bud induction，and MS+BA 1.5mg/L+IAA 0.5mg/L for bud differentiation；the optimum medium for rooting was 1/2MS+NAA 0.7mg/L. The proper transplanting matrix was Perlite，grass carbon soil and river sand with the rate of 2∶1∶1.

Key words：*Iris* "Total Recall"；Tissue culture

---

* 通讯作者：Author for correspondence（E-mail：59790688@qq.com）

"记忆"鸢尾（*Iris* "Total Recall"）是鸢尾科鸢尾属的二次花有髯鸢尾，叶剑形，株高36cm，花瓣边缘为黄色至中部白色，花色明艳，每年有两个生长周期，从春末夏初到秋末完成两次开花，极具观赏性（郭翎，2000）。由于大多数鸢尾属植物种子具有休眠性，给播种繁殖带来了很大困难，而分株繁殖的产量有限。因此，需要对其进行规模化生产，而组织培养可以在短时间内达到快速繁殖的目的，并且保持母本的优良特性。目前国内外已有许多前人对鸢尾的组培技术进行研究，但由于品种间特性不同，所需的培养条件也存在一定差异。为此，本试验以"记忆"鸢尾花蕾的基部作为外植体，研究了不同的消毒时间及激素浓度对"记忆"鸢尾的诱导、增殖、生根的影响，建立了其离体快速繁殖的技术。

1　材料与方法

1.1　材料

在晴朗的天气选择"记忆"鸢尾花蕾的基部作为外植体。

1.2　培养基与培养条件

1.2.1　培养基

本实验以MS培养基为基础培养基，添加激素6-苄氨基嘌呤（6-BA）、腺嘌呤硫酸盐（S）、吲哚乙酸（IAA）、萘乙酸（NAA）、吲哚丁酸（IBA），活性炭，蔗糖，琼脂5g/L，pH值6.0左右。

诱导培养基：M1 MS+BA3.0+NAA0.1+S80

　　　　　　　M2 MS+BA2.0+NAA0.1+S80

　　　　　　　M3 MS+BA1.0+NAA0.1+S80

增殖培养基：M4 MS+BA2.5+IAA0.1

　　　　　　　M5 MS+BA2.5+IAA0.2

　　　　　　　M6 MS+BA2.5+IAA0.5

　　　　　　　M7 MS+BA1.5+IAA0.1

　　　　　　　M8 MS+BA1.5+IAA0.2

　　　　　　　M9 MS+BA1.5+IAA0.5

　　　　　　　M10 MS+BA1.0+IAA0.1

　　　　　　　M11 MS+BA1.0+IAA0.2

　　　　　　　M12 MS+BA1.0+IAA0.5

上述培养基浓度单位为mg/L，均加入3%蔗糖

生根培养基：M13 1/2MS+NAA1.5

　　　　　　　M14 1/2MS+NAA1.0

M15 1/2MS+NAA0.7

M16 1/2MS+NAA0.5

M17 1/2MS+IBA1.5

M18 1/2MS+IBA1.0

M19 1/2MS+IBA0.7

M20 1/2MS+IBA0.5

上述培养基浓度单位为mg/L，均加入2%蔗糖、1%活性炭。

1.2.2 培养条件

诱导培养及生根培养培养温度为（25±2）℃，光照度为1 500～2 0001x，光照时间为每天14h。

1.3 方法

选取长势良好的未开花的"记忆"鸢尾花蕾基部，剥去苞片，去除花冠，将其切成0.5cm左右长的小段作为外植体准备消毒。用洗衣粉清洗外植体，在流动水中冲洗3～4h后在超净台中用无菌蒸馏水冲洗3次，在75%的酒精中浸泡30s，再用无菌蒸馏水冲洗3次，在0.1%的升汞溶液中灭菌8～12min，用无菌蒸馏水冲洗5～6次，接种到诱导培养基上。诱导出芽后，接种到增殖培养基上，选出最优的增殖培养基，然后进行生根培养，最后进行炼苗移栽。

2 结果与分析

2.1 诱导培养

2.1.1 不同消毒时间对不定芽诱导的影响

我们将采集来的外植体按50瓶为一组分为3组，每组重复3次，用0.1%的升汞溶液分别以8min、10min、12min进行消毒。从表1中我们可以看出消毒时间为8min的外植体污染率要比其他两个时间段的高，而消毒时间为12min的外植体由于消毒时间过长、外植体较嫩，一部分外植体褐化现象严重，降低了出芽率，所以最佳消毒时间为10min。

表1 不同消毒时间对"记忆"鸢尾的影响

消毒时间（min）	瓶数（瓶）	污染率（%）	出芽率（%）
8	50	76.0±4.0	14.67±5.03
10	50	42.67±6.43	50.67±9.45
12	50	28.67±8.08	36.67±6.11

2.1.2 不同浓度激素对"记忆"鸢尾诱导的影响

将消毒好的外植体接种到以MS培养基为基础培养基、6-BA浓度不同的M1～M3培养基上，每组梯度重复3次，经过10～20d形成愈伤组织，此时接种在6-BA浓度为2.0mg/L的芽团数量多且质量最好（表2），鸢尾诱导过程中，褐化现象比较严重，添加腺嘌呤硫酸盐并且及时转瓶可以有效减轻褐化程度（陈春玲，2013）。

表2 不同浓度6-BA对"记忆"鸢尾诱导的影响

培养基	6-BA浓度（mg/L）	NAA浓度（mg/L）	诱导率（%）	诱导情况
M1	3.0	0.1	31.67 ± 3.06	玻璃化现象严重
M2	2.0	0.1	76.0 ± 3.61	诱导状况良好
M3	1.0	0.1	41.67 ± 6.11	诱导率低

2.2 增殖培养

将经过诱导培养的不定芽切割成块状后分别转入6-BA和IAA浓度不同的M4～M12培养基中，同样每组重复3次，使用M9培养基芽团的增殖率高且试管苗长势良好（表3）。

表3 不同浓度6-BA和IAA对"记忆"鸢尾增殖的影响

培养基	6-BA浓度（mg/L）	IAA浓度（mg/L）	增殖率（%）	增殖情况
M4	2.5	0.1	136.0 ± 3.61	玻璃化严重
M5	2.5	0.2	148.3 ± 9.45	有玻璃化现象，分生苗弱
M6	2.5	0.5	170.7 ± 3.79	有玻璃化现象，分生苗弱
M7	1.5	0.1	154.3 ± 6.03	分生苗少，长势弱
M8	1.5	0.2	178.0 ± 6.56	分生苗弱
M9	1.5	0.5	201.7 ± 4.16	分生苗多，长势好
M10	1.0	0.1	104.7 ± 4.73	分生苗少，长势弱
M11	1.0	0.2	118.0 ± 4.58	分生苗弱
M12	1.0	0.5	127.3 ± 4.93	分生苗弱

2.3 生根培养

经过几代增殖培养后可以进行生根培养，在试管苗生根期间选用了不同激素、不同浓度的培养基M13～M20加入2%蔗糖、1%活性炭对其进行生根培养。从图1可以看出，当NAA和IBA浓度在0.7mg/L时生根率可达到85%左右，可见NAA和IBA对"记忆"鸢尾试管苗生根均有较好的促进作用，但是NAA较IBA来说有成本低的优点（赵春莉等，2012），所以选取M15为最佳生根培养基。转入M15培养基中，20d左右就有明显的根长出，此时可以进行炼苗移栽（图2）。

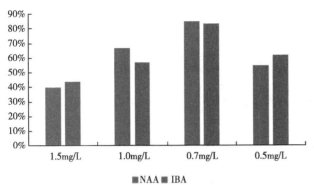

图1 不同浓度NAA和IBA生根率对比

图2 "记忆"鸢尾试管苗生根

2.4 炼苗移栽

生根后的试管苗移出培养室，开盖炼苗1d左右就可以移栽了，将生根苗从生根培养基中取出，洗净根部附着的培养基，栽入事先经过消毒的介质中。"记忆"鸢尾忌积水，所以需选用排水性良好的基质，否则会导致植株根部腐烂，选用珍珠岩、草碳土、河沙比例为2：1：1的基质，浇透水，保持温度在25℃左右并为其适当遮阴，成活率在85%左右（图3）。

图3 "记忆"鸢尾移栽苗

3 讨论

"记忆"鸢尾在诱导培养期间由于外植体分泌物的产生增加了器械污染的几率，如何有效地减少外植体分泌物还可以在今后试验中进行进一步研究。在诱导培养和增殖培养时都产生了玻璃化现象，在培养期间调整分裂素6-BA的浓度能有效缓解玻璃化现象，另外在培养时多次转瓶及时切下玻璃化组织，也可以减缓试管苗玻璃化。其次还要注意控制培养室温度，可选用有透气孔的封口膜增加培养瓶的透气性。

参考文献

郭翎，2000. 鸢尾[M]. 上海：上海科学技术出版社.

陈春玲，等，2013. 二次花鸢尾"杰尼粉"的组织培养和快速繁殖[M]. 北京：中国科学技术出版社，276-281.

赵春莉，等，2012. 两个鸢尾新品种组培苗生根培养的研究[J]. 安徽农业科学，40（27）：13 251-13 253.

不同培养方式及不同光质对霍山石斛原球茎增殖培养的比较

李水祥，张舒婷，张梓浩，陈裕坤，赖钟雄*，林玉玲*

（福建农林大学园艺植物生物工程研究所 福州 350002）

摘 要：霍山石斛为一种兰科药用植物，目前在市场上广受欢迎。本研究以霍山石斛原球茎为材料，进行了不同培养方式和不同光质下增殖培养的比较。结果表明：在45d固体培养下原球茎的增殖系数为4.04，而液体悬浮培养增殖系数更高，为6.82，并且分化程度低；在各种LED光源下经过60d培养，原球茎的增殖系数不同，白光下的最高，为8.05，其次为暖白光7.21、蓝光6.47、绿光4.34、红光3.23和黄光2.04，各种单质光之间的结果差异显著；生物碱的含量上，白光下的最高，为0.012 4%，其次为蓝光0.011 4%、暖白光0.018%、红光0.007 9%、黄光0.005 9%和绿光0.005 6%，除了黄光和绿光之间的结果差异不显著外，其他单质光之间的结果差异显著。

关键词：霍山石斛；培养方式；光质；增殖；生物碱

Comparison of Different Culture Modes and Different Light Qualities on Proliferation of Protocorms of *Dendrobium huoshanense*

Li Shuixiang, Zhang Shuting, Zhang Zihao, Chen Yukun,
Lai Zhongxiong*, Lin Yuling*

（Institute of Horticultural Biotechnology, Fujian Agriculture and Forestry University, Fuzhou 350002, Fujian, China）

基金项目：福建省重大科技专项（2015NZ0002-1）；福建省高校学科建设项目（102/71201801101）；福建农林大学科技创新基金（CXZX2017189，CXZX2018076）

* 通讯作者：Author for correspondence（E-mail：buliang84@163.com，laizx01@163.com）

Abstract：*Dendrobium huoshanense* is a kind of orchid medicinal plant，which enjoys great popularity in the market at present. In this study，the protocorms of *Dendrobium huoshanensis* were used as materials to compare the proliferation cultivation under different culture modes and light qualities. The results showed that after 45 days，the proliferation of protocorms under solid cultivation was 4.04，while the proliferation of protocorms in liquid suspension cultivation was 6.08，which is higher than that of in solid cultivation，and the degree of protocorms differentiation was low. After 60 days，the proliferation of protocorms is different under various LED light. The highest was 8.05 under the white light，followed by warm white light（7.21），blue light（6.47），green light（4.34），red light（3.23）and yellow light（2.04）. The results among different elemental lights have significant differences. For the content of alkaloids，the highest was 0.012 4% under white light，followed by blue light（0.011 4%），warm white light（0.018%），red light（0.007 9%），yellow light（0.005 9%）and green light（0.005 6%）. There are no significant difference between yellow and green light，while the results among other elemental light were significantly different.

Key words：*Dendrobium huoshanense*；Culture methods；Light quality；Proliferation；Alkaloid

霍山石斛（*Dendrobium huoshanense*）为一种多年丛生草本植物，喜阴凉，属兰科石斛属（*Dendrobium* SW）（吴胡琦等，2010）。作为一种兰科类植物，其不仅具有一定的观赏价值，更是具有良好的药用价值，在古籍《神农本草经》《本草纲目》《本草纲目拾遗》等皆有记载其药用功能，并奉其为珍稀上品（刘咏，2005）。现代的医学研究也表明，霍山石斛具有包括7种人体必需氨基酸在内的20多种氨基酸、蛋白质、多糖和石斛碱等成分，能够提高人体免疫力、缓解疲劳、止痛降压、抗衰老、预防肿瘤发生等，具有很好的保健效果，受到国内外的喜爱，市场较为广阔（袁超，2001）。但由于其繁殖系数低及严格的生长条件的限制，野生的霍山石斛资源匮乏稀缺，日渐趋少，在全国地区少有分布，安徽省的霍山县为其野生资源的主要分布地区，另外，在湖北的阴山、河南的南召、安徽的舒城、岳西和金寨等地区也有少量的分布（刘守金等，2001）。

为了增加霍山石斛的供应量，更好地满足国内外市场需求，人们开始对霍山石斛进行人工栽培，并由早期的分株繁殖，发展到现在主要利用植物组织培养技术进行快速繁殖，实现规模化生产（胡万群，2008）。霍山石斛的组培快繁，一般是从原球茎开始，不断增殖生长，最后慢慢分化成苗（Atanas et al.，2003；金青等，2009）。因此，原球茎的增殖生长期是其组培快繁过程中的一个关键时期，培养基的种类、培养方式、培养条件等都是重要的影响因素，不仅能影响其增殖率和分化率，还会影响其有效成分的合成和积累。目前比较常见的原球茎的增殖培养有两种方式：一种为固体培养，另一种为液体悬浮培养。有研究表明，利用固体培养的原球茎增殖系数小，液体悬浮培养的增殖系数较大（金青等，2008），但也有研究表明，液体悬浮培养的原球茎容易褐化、活性低（沐德俊等，2011）。本研究通过对霍山石斛原球茎固体培养和液体悬浮培养的比较，分析两种不同培养方式的优缺点。

光是影响植物生命活动的重要因素之一，不仅能够影响植物的生长发育，还会影响植物有效成分的形成和积累（蒋妮等，2012）。在光质方面，研究人员发现光质对植物次生代谢物的形成有显著影响，例如，对灯盏花的研究表明黄光最有利于灯盏花植株黄酮的合成和积累（苏文华等，2006）；对生菜和丹参的研究表明补充紫外光能显著提高生菜中花青素的含量，补充蓝光能显著提高生菜胡萝卜素的含量，补充红光和蓝光能显著提高丹参根系丹酚酸B的含量（李倩，2010）。但前人在光质对霍山石斛原球茎的影响方面少有研究。生物碱是石斛属植物的有效成分之一，但含量普遍较低。对金钗石斛生物碱的含量进行了测定，发现其含量仅为0.52%（Chen et al.，2000）。本研究通过不同LED光质的处理，比较原球茎的增殖系数和其有效成分生物碱的含量等，分析不同光质在原球茎增殖过程中的影响，为霍山石斛的工厂化生产提供参考。

1 材料与方法

1.1 材料

本试验以霍山石斛原球茎为材料，由福建农林大学园艺学院植物生物工程研究所提供。

1.2 试验方法

1.2.1 霍山石斛原球茎固体培养和液体悬浮培养

将同一批生长状况和活性相同的霍山石斛原球茎分别接种在果酱瓶和锥形瓶中进行固体培养和液体悬浮培养，固体培养基配方为MS+NAA 0.1mg/L+KT 0.05mg/L+蔗糖20g/L+琼脂6g/L，培养基pH值为5.8，以不加琼脂的培养基作为液体培养基。每种培养方式接种15瓶，且接种量相当，均为1.00g左右。培养条件为光照时间12h/d，光照强度2 000lx左右，温度（25±2）℃，液体培养基放在摇床上进行培养，摇床转速为110r/min，培养时间为45d，共3次重复。培养完成后取出材料进行性状观察和统计，称其鲜重，计算鲜重增殖系数，计算方法为：原球茎的增殖系数=（培养后的收获重量-初始接种重量）/初始接种重量。

1.2.2 霍山石斛在不同LED光质下的增殖培养

将同一批生长状况和活性相同的霍山石斛原球茎接种到培养基中，培养基配方和上述的固体培养基一样，接种量相当，均为1.0g左右，分别置于红光、蓝光、黄光、绿光、白光、暖白光和普通荧光下培养，光照时间为12h/d，温度为（25±2）℃，培养时间为60d，每个处理接种10瓶，重复3次。培养完成后取出材料进行性状观察和统计，称其鲜重，计算鲜重增殖系数，计算方法同上。最后将原球茎放入50℃烘箱烘干，烘干后将其研磨成石斛粉，测其生物碱。

1.2.3 生物碱测定

霍山石斛原球茎生物碱含量的测定参考了金蓉鸾和刘莉的测定方法，选用优化的溴甲酚绿酸性染料比色法进行测定（金蓉鸾等，1981；刘莉等，2015）。该方法的步骤具体如下。

制备标准曲线：精密称取所需的石斛碱精粉1.00mg，置于容量瓶中，加氯仿溶解并最终定容至100ml。然后分别准确移取0、1.0ml、2.0ml、3.0ml、4.0ml、5.0ml的石斛碱液于分液漏斗中，再次用氯仿稀释至体积为10.0ml，稀释完后加入pH值为4.5的邻苯二甲酸氢钾—氢氧化钠缓冲液5.0ml和0.04%溴甲酚绿溶液1.0ml，剧烈振摇3~5min后静置30min。静置完毕后进行过滤氯仿层，取续滤液6.0ml于试管中，并加入0.01mol/L氢氧化钠无水乙醇溶液1.0ml，摇匀，静置待用。以未加入石斛碱的对照品为空白参比，在630nm波长处分别测定吸光度，测定工作在样品加入氢氧化钠无水乙醇溶液后30min内完成。最后以样品的吸光度为纵坐标，以稀释后的石斛碱浓度为横坐标，制作标准曲线。经测定的数据整理，所得的标准曲线回归方程为：$A=0.074X-0.01$，$R^2=0.936\ 4$。

提取和测定样品生物碱：精密称取经烘干和研磨后的霍山石斛原球茎粗粉0.400g，置于15ml离心管中，加入2ml浓氨水并密塞放置30min，使其充分润湿。润湿完毕后加入氯仿10.0ml，并在电子天平上进行称重和记录，然后用超声波震荡提取30min，再次称重，补加氯仿至提取前的重量，过滤，续滤液即为提取液。精确移取提取液2.0ml于分液漏斗中，用氯仿稀释至体积为10.0ml，剩余步骤参照上述标准曲线制作的方法进行，最后测定各样品的吸光度，计算其生物碱的含量。

1.2.4 数据统计

生物碱测定的数据获得后利用DPS数据处理系统进行处理分析。

2 结果与分析

2.1 霍山石斛原球茎固体培养和液体悬浮培养增殖系数的比较

霍山石斛原球茎固体培养和液体悬浮培养增殖系数的比较结果见表1。通过表1可以得知，1g左右霍山石斛原球茎经过45d的固体培养基培养后，平均增殖量为4.53g，增殖系数为4.04，而经过液体培养基震荡培养45d后的原球茎平均增殖量为7.48g，增殖系数为6.82。从中可以看出，与固体培养基培养相比，利用液体培养基悬浮培养更容易获得大量的原球茎，这与金青，沐德俊等人的研究结果是一致的（金青等，2008；沐德俊等，2011）。其原因可能是在震荡的液体培养基中，原球茎能更全面的与培养基接触，相对接触面积更大，几乎所有原球茎都能直接与培养基接触，并且震荡加快了气体的流动，从而更好的吸收营养物质。而在固体培养基中，只有下层部分的原球茎能够与培养基直接接触，相对接触面积较小，无法使所有的原球茎直接吸收营养物质，影响增殖。另外，从外观性状上来看，经固体培养的原球茎上层部分有个别出现冒尖现象，呈现出分化成苗的趋势，而经液体培养的却未表现，这说明与液体培养基培养相比，经固体培养基培养的霍山石斛原球茎更容易发生分化。这可能是因为液体培养基中的原球茎长期处于液体环境而不容易导致分化。

表1　霍山石斛原球茎固体培养和液体悬浮培养的比较

培养方式	平均接种量（g）	平均收获量（g）	平均增殖系数	生长状况
固体培养	1.12	5.65	4.04	单粒较小，团块较大，个别冒尖
液体震荡培养	1.09	8.57	6.82	单粒较大，团块较小

2.2　不同LED光质对霍山石斛原球茎增殖的影响

通过将霍山石斛原球茎在不同的LED光质下培养了60d后，得到了不同状态和增殖量的原球茎，观察结果见表2和图1。经过统计和计算，分别得出了表3和图2中的结果。从表2的结果中可以得知，在分化程度方面，白光条件下培养的原球茎分化程度最低，其次是暖白光、绿光和黄光，而在红光、普通荧光和蓝光条件下培养的原球茎分化程度较高，其中，在蓝光下培养的分化程度最高。在原球茎的颜色方面，使原球茎颜色最深的是普通荧光，为深绿色；其次是白光和蓝光，为绿色；接下来依次是暖白光，为浅绿色，红光和绿光，为淡绿色，黄光下的颜色最浅，为极淡的绿色。在原球茎的松紧程度方面，利用白光和普通荧光作为光源培养的霍山石斛原球茎最紧实，随后依次是暖白光、红光、绿光、黄光和蓝光。

从表3和图2的统计和计算结果中可以得知，在白光、红光、蓝光、绿光和黄光下培养的霍山石斛原球茎的增值系数均存在显著差异。与普通荧光相比，只有在白光和暖白光下培养的原球茎的增殖系数更高，其余都更低。在白光条件下培养的霍山石斛原球茎增殖量最高，增殖系数为8.05；其次是暖白光，增殖系数为7.21；在蓝光和普通荧光条件下培养的增殖量居中，增殖系数分别为6.47和6.85；而在红光、绿光和黄光条件下培养的增殖量都较低，其中，最低的是以黄光为条件，其增殖系数仅为2.04，远远低于在白光条件下培养的增殖量。因此，单从增殖量来看，白光最有利于霍山石斛原球茎的增殖培养，而黄光则会大大抑制原球茎的增殖。

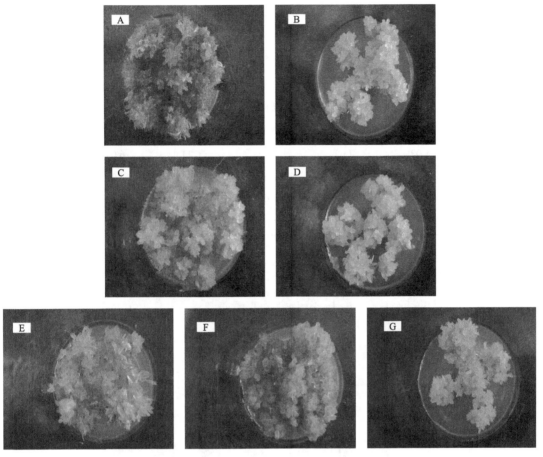

A.普通荧光；B.黄光；C.暖白光；D.绿光；E.蓝光；F.白光；G.红光

图1　霍山石斛原球茎不同光质培养结果

表2　不同LED光质对霍山石斛原球茎外观性状的影响

光质	原球茎分化程度	原球茎颜色	原球茎松紧程度
白光	*	绿色	+++++
暖白光	**	浅绿色	++++
红光	****	淡绿色	+++
蓝光	*****	绿色	++
绿光	***	淡绿色	+++
黄光	***	极淡绿色	+++
普通荧光	****	深绿色	+++++

注：**越多表示分化程度越高，+越多表示越紧密

表3 不同光质下培养的霍山石斛原球茎增殖系数

光质	平均接种量（g）	平均收获量（g）	增殖系数			平均增殖系数
			I	II	III	
白光	1.02	9.23	8.39	7.50	8.27	8.05
暖白光	1.04	8.54	7.82	6.55	7.27	7.21
红光	1.01	4.27	2.95	3.49	3.24	3.23
蓝光	1.02	7.62	7.26	6.11	6.04	6.47
绿光	1.04	5.55	4.49	4.29	4.23	4.34
黄光	1.02	3.10	1.89	2.29	1.94	2.04
普通荧光	1.04	8.16	7.08	6.28	7.20	6.85

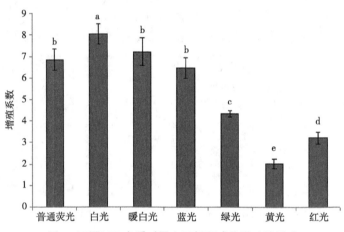

图2 不同LED光质对霍山石斛原球茎增殖的影响

2.3 不同LED光质对霍山石斛原球茎生物碱含量的影响

不同LED光质对霍山石斛原球茎生物碱含量的影响结果见表4和图3。由图3可知，经过在60d的培养，不同光源处理下的霍山石斛原球茎生物碱的含量不同，其生物碱的含量由高到低为白光>蓝光>暖白光>普通荧光>红光>黄光>绿光，可见白光最有利于霍山石斛原球茎的合成和积累。在各种单质光中，蓝光表现出有利于生物碱的合成和积累，且与其他单质光相比，效果显著，而其他单质光则不同程度的表现出不利于原球茎生物碱的合成和积累，且绿光最为不利。

表4 不同光质下培养的霍山石斛原球茎生物碱含量

光质	生物碱含量（%）			平均生物碱含量（%）
	I	II	III	
白光	0.012 838	0.011 993 2	0.012 331 1	0.012 387 4

（续表）

光质	生物碱含量（%）			平均生物碱含量（%）
	Ⅰ	Ⅱ	Ⅲ	
暖白光	0.009 459	0.012 162 2	0.010 641 9	0.010 754 3
红光	0.008 615	0.007 770 3	0.007 263 5	0.007 882 9
蓝光	0.011 993	0.011 655 4	0.010 473	0.011 373 8
绿光	0.004 899	0.005 405 4	0.006 418 9	0.005 574 4
黄光	0.004 561	0.005 912 2	0.007 094 6	0.005 855 9
普通荧光	0.009 797	0.010 473	0.011 486 5	0.010 585 5

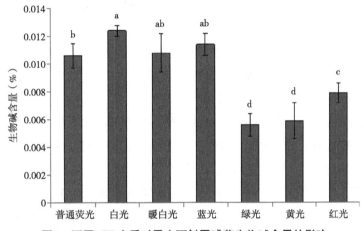

图3 不同LED光质对霍山石斛原球茎生物碱含量的影响

3 讨论

3.1 液体悬浮培养比固体培养更有利于霍山石斛原球茎的继代增殖

试验表明，在一个培养周期内，利用液体培养基悬浮培养的霍山石斛原球茎的增殖系数大，不容易发生分化，更适合于霍山石斛原球茎的继代增殖或复壮更新。不过，有研究发现，培养基的不同，会造成不同的结果。利用不同的培养基对金钗石斛原球茎进行了30d的固体培养和液体悬浮培养比较，试验结果表明，在MS培养基中，固体培养的增殖倍数为1.52，小于液体悬浮培养的2.50；在1/2MS培养基中，固体培养的增殖倍数为2.20，和液体悬浮培养的2.03结果相当；而在B5和Miller培养基中，固体培养的增殖倍数分别为5.45和4.65，均大于液体悬浮培养的3.58和3.76（王国梅等，2005）。但在现代霍山石斛组培苗生产中不仅仅要求要有高的增殖系数，还要求要有较高的分化率，这仅仅依靠液体培养是无法做到的，因为液体环境抑制了原球茎的分化。因此，霍山石斛组培苗的生产可以将液体培养和固体培养相结合的方式进行生产，前期利用液体悬浮培养实现迅速增殖扩繁，获得更多的原球茎，后期转移到固体培养基中，诱导分化成苗，提高产量。另外，使用液体培养基可以减少琼脂的使用，而琼脂在培养基成分上所占的比例是比较大的，通过调查计算得出，用分析纯蔗糖或食用蔗糖配置培养基时，琼脂所占培养基的成分分别为50%多和60%多，这样就可以降低部分生产成本（罗冠勇等，2012）。但利用液体悬浮培养需要使用摇床，这就需要增加固定资产的成本。生产公司可以根据生产情况和成本分析尝试选用液体悬浮培养进行霍山石斛原球茎的继代增殖扩繁。

3.2 不同LED光质对霍山石斛原球茎的增殖和性状均有影响

光作为一种环境因素，对植物的代谢和生长发育起着至关重要的作用，种子到开花结果，再到衰老，每一个生命环节都受到光的调控。光质能影响植物的器官分化、茎秆伸长、光合特性和有效成分的积累等。红光和蓝光更是植物完成其生活史的必需光质（胡阳等，2009）。

通过试验和数据表明，在霍山石斛原球茎增殖培养的效果上看，白光的增殖效果最好，增殖量大，颜色较深，分化程度低，普通荧光和暖白光的效果其次，但在普通荧光下培养的原球茎容易分化。而在黄光下培养的效果最差，增殖系数最低，颜色最淡。除了在普通荧光、暖白光和蓝光下培养的原球茎的增殖系数之间的差异不显著之外，在各种单质光下培养的原球茎的增殖系数之间均存在显著差异。其中，与其他单质光相比，蓝光下的增殖系数最高，这与林小苹等（2015）在研究不同光质对铁皮石斛原球茎的影响过程中所得的结论一致。在颜色方面，蓝光下培养的原球茎的颜色最深，前人的研究中曾有表明，蓝光有利于总叶绿素的合成和积累，例如，研究不同光质LED光源对黄瓜苗的影响，发现在蓝光处理下的黄瓜苗叶片的叶绿素含量最高（曹刚等，2013）；周锦业在研究不同光质对金线莲组培苗的影响时也测得蓝光处理后的金线莲叶绿素含量最高（周锦业等，2015）。这说明蓝光对叶绿素的合成和积累有重要作用。不过，此次的试验结果显示，与蓝光和白光相比，在红光下培养的霍山石斛原球茎的增殖系数过低，颜色也过浅，这与高亭亭和侯甲男的研究结果不一致，造成差异的原因或许与试验的材料、生长期和培养时间的不同有关（高亭亭等，2012；侯甲男等，2013）。在分化程度方面，白光下培养的原球茎分化程度最低，蓝光下的分化程度最高，其他单质光下的分化程度差异不明显，这说明蓝光对霍山石斛原球茎分化的影响与其他单质光存在较大区别，蓝光能够促进原球茎的分化。潘新仿等研究发现在马铃薯试管薯的研究上也有类似结论，蓝光能够促进试管薯发芽（潘新仿等，2005）。而在原球茎的紧实度方面，不同单质光的影响并没有多大的区别，紧实度基本相同，但与白光下的效果相比，却仍有较大的区别，表现为更加疏松。

3.3 不同LED光质对霍山石斛原球茎生物碱的积累有显著影响

霍山石斛作为一种药用植物，其主要有效成分为多糖和生物碱，生物碱属于次生代谢产物，而光照强度、光照时间和光质对次生代谢都会产生影响（侯娅等，2015）。

试验证明，在60d的培养时间下，蓝光有利于霍山石斛原球茎生物碱含量的积累，其含量为0.011 4%，黄光和绿光则相反，含量仅为0.005 9%和0.005 6%，这与林榕燕研究光质对霍山石斛生物碱含量的影响中所得的结果相似（林榕燕，2015）。另外，林小苹和高亭亭等对铁皮石斛研究过程中也证明蓝光有利于石斛中生物碱含量的积累（高亭亭等，2012；林小苹等，2015）。不过，与两人测得的铁皮石斛的生物碱含量相比，本研究测得的霍山石斛原球茎的生物碱含量要低许多。在林小苹的试验中，蓝光下铁皮石斛原球茎的生物碱含量为0.029%，红光为0.019%，绿光为0.015%；在高亭亭的试验中，蓝光下铁皮石斛试管苗的生物碱含量为0.040%，红光为0.029%，黄光为0.035%，绿光为0.022%。但是，也有研究表明，蓝光不利于石斛中生物碱的合成和积累，而红光却表现为有利，例如李玲和贾书华将霍山石斛试管苗在不同的光质下培养120d后测其生物碱的含量，均发现红光处理下的试管苗中生物碱的含量超过了白光，表现为最高，蓝光处理下的生物碱含量仅约为红光下的1/2（贾书华，2007；李玲等，2014）。出现这种相反结果的原因，可能是因为培养的时间和培养的材料不同。不同长度的培养期，各种光质的影响会出现不同的结果，娄钰娇对铁皮石斛试管苗进行不同光质处理，15d后试管苗生物碱的含量由高到低表现为蓝光>白光>红光>黄光，30d后表现为黄光>蓝光>白光>红光，60d后表现为白光>蓝光>红光>黄光（娄钰娇，2016）。而石斛的原球茎与试管苗之间的生长特性和有效成分的积累也存在差别。在其他科属植物这方面的研究上，也有相关报道，郑珍贵发现红光比蓝光更有利于长春花生物碱的合成（郑珍贵等，1999）；季彦林总结出红光能够促进诱导马铃薯块茎中生物碱的合成，蓝光效果其次，其他单质光效果不明显（季彦林等，2010）。总之，蓝光和红光在植物生物碱的合成中有比较重要的影响，具体方面还有待于更加深入的研究和证实，在霍山石斛原球茎培养的过程中，可以尝试增加蓝光的比例，以促进其生物碱的合成和积累。

3.4 综合考虑各方面因素提高霍山石斛原球茎的增殖量和质量

除了培养方式和光照外，温度、培养基和接种量都能对霍山石斛原球茎的生长造成影响。通过在培养基中添加激素来调节原球茎的生长状态是组培技术中的一种常用方法，翟月婷在培养基中添加不同的激素培养原球茎，得出NAA和KT有利于霍山石斛原球茎的继代增殖培养（翟月婷，2010）。刘咏的研究表明，初始蔗糖浓度为20～40g/L的培养基更适宜霍山石斛原球茎的增殖培养，蔗糖浓度为30g/L时，40d内原球茎的增殖量可达到9.2倍，且基本不分化（刘咏，2005）。另外，当接种量为每瓶1g左右，培养40d后的增殖量约为6倍；当接种量为每瓶3g左右，培养30d后增殖量约为3倍。可见接种量的大小对原球茎的增殖量也有较大的影响。本次研究中使用的培养基配方为MS+NAA 0.1mg/L+KT 0.05mg/L+蔗糖20g/L+琼脂6g/L，pH值为5.8，接种量为1g左右，在普通条件培养下获得了较高的增殖量，这可能就与添加的激素种类和接种量有关。

霍山石斛原球茎增殖量的高低和质量的好坏是由各方面因素综合作用的结果，如何在规模化生产中获得高产高质量的原球茎需要结合实际进行进一步的试验和研究。但原球茎扩繁只是霍山石斛组培苗生产的起始步，诱导分化、壮苗培养和移栽也是其关键步骤，生物工厂可以和相关科研机构相互合作，建立出一套更加完善的霍山石斛组培苗生产体系，以满足社会的需求。

参考文献

李倩，2010. 光质对生菜、丹参生长和次生代谢物的影响[D]. 杨凌：西北农林科技大学.

林小苹，赖钟雄，2015. 不同光质对铁皮石斛原球茎增殖及有效成分含量的影响[J]. 热带作物学报（10）：1 796-1 801.

刘莉，钱均祥，萧凤回，等，2015. 快速测定铁皮石斛总生物碱含量方法的优化[J]. 西南农业学报（2）：575-579.

刘守金，武祖发，梁益敏，等，2001. 霍山石斛的资源及生物学特性[J]. 中药材（10）：709-710.

刘咏，2005. 霍山石斛类原球茎液体培养及其保健功效的研究[D]. 合肥：合肥工业大学.

娄钰姣，2016. 光质对铁皮石斛生长及次生代谢产物的积累调控[D]. 成都：四川农业大学.

罗冠勇，杨冬华，符以福，等，2012. 铁皮石斛工厂化生产成本控制探讨[J]. 中国园艺文摘（12）：186-189.

沐德俊，高剑英，2011. 霍山石斛原球茎在不同培养方式下生长状态的研究[J]. 上海农业科技（3）：19-21.

潘新仿，吕国华，贾晓鹰，2005. 光质对不同日龄脱毒马铃薯试管薯发芽的影响[J]. 中国马铃薯（4）：212-214.

苏文华，张光飞，李秀华，等，2006. 光强和光质对灯盏花生长与总黄酮量影响的研究[J]. 中草药（8）：1 244-1 247.

王国梅，韦鹏霄，岑秀芬，2005. 不同培养条件对金钗石斛原球茎增殖的影响[J]. 广西园艺（6）：3-5.

吴胡琦，罗建平，2010. 霍山石斛的研究进展[J]. 时珍国医国药（1）：208-211.

袁超，2001. 亟待保护与开发的濒危中草药—霍山石斛[J]. 安徽科技（9）：21.

郑珍贵，缪红，杨文杰，等，1999. 营养和环境因子对长春花激素自养型细胞生长和阿玛碱生成的影响[J]. 植物学报（2）：184-189.

周锦业，丁国昌，何荆洲，等，2015. 不同光质对金线莲组培苗叶绿素含量及叶绿素荧光参数的影响[J]. 农学学报（5）：67-72.

Pavlov A，Georgiev V，Kovatcheva P，2003. Relationship between type and age of the inoculum cultures and betalains biosynthesis by Beta vulgaris hairy root culture[J]. Biotechnology Letters，25（4）：307-309.

Wang G，Wei P，Cen X，2005. Effects of different culture conditions on proliferation multiplication of *Dendrobium nobile* Lindl[J]. Southern Horticulture（6）：3-5.

中国古老月季品种"Bloomfield"的组培快繁的研究

刘 佳[*]，王 熙，陈春玲，孟 昕

（北京植物园 北京 100093）

摘 要：本试验对中国古老月季品种"Bloomfield"进行组织培养，研究表明：各培养阶段最适培养基：（1）诱导培养基：1/2MS+BA 1.5mg/L+IAA 0.mg/L；（2）增殖培养基：1/2MS+BA 1.0mg/L+IAA 0.01mg/L；（3）生根培养基：1/2MS+NAA 1.0mg/L。炼苗移栽基质为草炭土：河沙：珍珠岩=1：1：1。

关键词：中国古老月季"Bloomfield"；组织培养；快速繁殖

Research of *Rosa* "Bloomfield" Tissue Culture Technology

Liu Jia[*]，Wang Xi，Chen Chunling，Meng Xin

（Beijing Botanical Garden，Beijing 100093 China）

Abstract：The study on tissue culture and rapid propagation of *Rosa* "Bloomfield" was developed using as explants. The results showed that the best media for different cultural stages were：（1）induction：1/2MS+BA1.5mg/L+IAA0.1mg/L；（2）differentiation：1/2MS+BA1.0mg/L+IAA0.01 mg/L；（3）rooting：1/2MS+NAA1.0mg/L. Transplant matrix was nutrient soil：sand：perlite=1：1：1.

Key words：*Rosa* "Bloomfield"；Tissue culture；Rapid propagation

中国古老月季是培育多季开花品种的重要基因资源，正因为中国古老月季品种的这个特性使得月季育种在漫长的培育过程中产生了质的飞跃，改变了欧洲长期没有多季开花品种的历史。同时中国古老月季承载了中国千年文化传承，也是重要的自然遗产，是我国古代花卉园艺历史进程的重要载体。但是留存至今的很多中国古老月季品种中，有很多佚失

---

* 通讯作者：Author for correspondence（E-mail：80221375@qq.com）

或在海外杂交培育的品种。本文研究的中国古老月季"Bloomfield"（*Rosa* "Bloomfield"）品种于2012年引种到北京植物园，经过多年的栽培与观测，这个品种具有很好的适应性，植株高大，开花量大，特别是在小气候好的环境下生长更加强健，几乎没有发现严重的病害。花淡粉色，极重瓣，花期可以从初夏持续到深秋，花香清新淡雅。耐修剪，在暖地可以做花篱，在寒冷干旱的地域正常越冬防护即可存活。中国古老月季"Bloomfield"一般采用扦插进行繁殖，繁殖速度慢且受温度影响，冬季休眠期生根速度很慢。因其品种资源非常稀缺，我们通过对中国古老月季"Bloomfield"组培快繁的研究，所用原材料少，繁殖周期短，繁殖系数高，同时各种培养条件认为可控，不受季节气候等因素影响，可周年生产。我们建立了一套完整的组织培养体系，为传统月季品种"Bloomfield"的种质资源保存、分子育种及中国园林历史的传承奠定了基础。中国古老月季"Bloomfield"的组织培养尚未报道。

1 材料与方法

1.1 材料

本实验材料取自北京植物园月季种质资源保存圃的中国古老月季品种"Bloomfield"，取其带腋芽的茎段作为外植体。

1.2 实验方法

本试验选取中国古老月季品种"Bloomfield"0.5～1.0cm带腋芽的茎段作为外植体，先用洗衣粉洗净外植体，并在流水中冲洗3h，之后在超净台中用无菌蒸馏水冲洗3次，在无菌条件下用75%酒精浸洗30s，再用无菌蒸馏水冲洗3次，然后放置于0.1%升汞溶液中消毒8～12min，再用无菌水冲洗5次，将消毒后的茎短接种于诱导培养基上，放入培养室中进行观察，诱导出芽后接种到增殖培养基上，壮苗后进行生根培养，最后进行过渡移栽实验。培养条件为：

（1）诱导培养基：

M1：1/2MS+BA1.0+IAA0.1；

M2：1/2MS+BA1.5+IAA0.1；

M3：1/2MS+BA2.0+IAA0.1

（2）增殖培养基：

M4：1/2MS+BA0.5+IBA0.01；

M5：1/2MS+BA1.0+IBA0.01；

M6：1/2MS+BA1.5+IBA0.01；

M7：1/2MS+BA0.5+IAA0.01；

M8：1/2MS+BA1.0+IAA0.01；

M9：1/2MS+BA1.5+IAA0.01；

M1～M9培养基浓度单位为mg/L，均加入3%蔗糖。

（3）生根培养基：

M10：1/2MS+NAA0.5；

M11：1/2MS+NAA1.0；

M12：1/2MS+NAA1.5；

M10～M12生根培养基浓度单位为mg/L，加入2%蔗糖、1%活性炭。

M1～M12培养基附加0.5%的琼脂粉，pH值为6.2，浓度单位为mg/L。pH值为6.2，培养条件均为常温（25±2）℃，光照强度1 000lx，光照时间14h/d。

2 结果与分析

2.1 不定芽的诱导

2.1.1 不同消毒时间对外植体诱导的影响

实验选用0.1%的升汞溶液分别以8min，10min和12min进行外植体消毒。不同消毒时间对外植体诱导的影响见图1，从图中看出消毒时间为8min时外植体污染率偏高，达到52%，诱导率为14%。消毒时间为10min时污染率为26%，明显提高了灭菌效果且萌发率达到45%，萌芽率最高。消毒时间为12min时污染率虽然偏低，但是诱导率也降到最低为10%，消毒时间过长，对外植体生长点的破坏严重导致不会萌发。因此选取消毒时间为10min对外植体不定芽的诱导最合适。

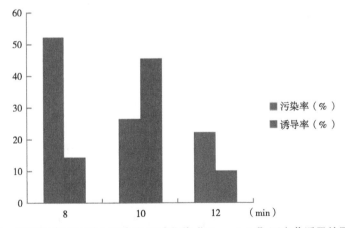

图1 不同消毒时间对中国古老月季品种"Bloomfield"不定芽诱导的影响

2.1.2 培养基对外植体诱导的影响

培养基对不定芽影响如表1看出，M2培养基诱导率最高。6-BA浓度为1.5时，诱导出的不定芽多且健康粗壮。选出最适宜的诱导培养基为M2：1/2MS+BA 1.5+IAA 0.1。

表1 附加不同浓度6-BA的培养基对月季不定芽诱导的影响

培养基	基本培养基	6-BA浓度（mg/L）	IAA浓度（mg/L）	接种数/株	诱导率（%）
M1	1/2MS	1	0.1	90	14
M2	1/2MS	1.5	0.1	90	45
M3	1/2MS	2	0.1	90	10

2.2 继代增殖培养

将丛生芽切割后导入到增殖培养基，我们对增殖培养基做了6个处理，每个处理3次重复，结果见表2。外植体转入增殖培养基上继代培养15d左右，发现新芽点长出，丛生芽的增殖系数受6-BA浓度影响比较大，6-BA浓度为1.5mg/L时，生长快，但芽体小植株弱，叶片卷曲，同时出现玻璃苗。6-BA浓度为1.0mg/L时，繁殖系数高，且植株健壮（图2）。6-BA浓度为0.5mg/L时，分化较慢，繁殖系数又降低，所以6-BA浓度为1.0mg/L时最为适宜。比较生长激素IAA和IBA的对外植体丛生芽增殖的影响，结果表明，选用M8培养基时增殖率达到最高，所以M8为最佳增殖培养基。

图2 中国古老月季品种"Bloomfield"的增殖培养

表2 不同培养基中国古老月季品种"Bloomfield"对继代增殖的影响

培养基	6-BA浓度（mg/L）	IAA浓度（mg/L）	IBA浓度（mg/L）	接种数（株）	增殖率（%）
M4	0.5	—	0.01	60	280
M5	1	—	0.01	60	410
M6	1.5	—	0.01	60	320
M7	0.5	0.01	—	60	330
M8	1	0.01	—	60	535
M9	1.5	0.01	—	60	395

2.3 生根培养

经过壮苗培养后，选取健壮的植株进行生根培养。选用3种浓度的NAA激素进行实验，培养20d后，小苗长出根，这时观察得出：浓度为NAA 0.5时根生长慢，根较短粗但根的数目不多。浓度为NAA 1.0mg/L时根生长较快，根粗壮根系发达（图4）。浓度为NAA 1.5mg/L时生根最早，但根大多细长，长势弱。选用M11：1/2MS+NAA 1.0mg/L为最适宜生根培养基（图3）。20d左右根明显长出，此时可以进行炼苗移栽。

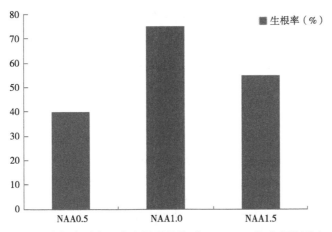

图3 生长素对中国古老月季品种"Bloomfield"生根的影响

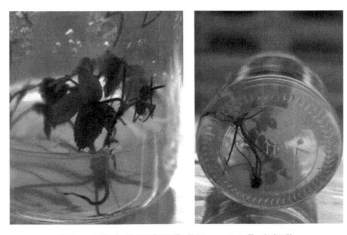

图4 中国古老月季品种"Bloomfield"生根苗

2.4 试管苗移栽

生根后的苗在移栽前，必须进行炼苗移栽处理。20d左右，组培苗的根生长健壮，根系健壮，这时为炼苗最佳时机。在室内温度保持20℃，光照1 000lx的环境中开盖放置2d左右，再将生根苗从生根培养基中取出，洗净根部附着的培养基，栽入经过高锰酸钾溶液消毒的介质中。炼苗时需选用排水性良好的基质，否则会导致植株根部腐烂，选用草炭土：河沙：珍珠岩比例为1：1：1的基质，浇透水，保持温度在25℃左右并为其适当遮阴，成活率在70%左右。

3 结论

我们在实验基础上建立中国古老月季品种"Bloomfield"的组织培养技术体系，实验得出10min为最适宜的消毒时间；6-BA的浓度对外植体的增殖培养有较大影响，6-BA浓度高时会出现试管苗玻璃化现象影响其正常发育；在比较生长素IAA与IBA对丛生芽增殖的影响时发现，选用IAA更有利于其增殖率的提高。选取最佳诱导培养基为1/2MS+6-BA 1.5mg/L+IAA 0.1mg/L；增殖培养基为1/2MS+6-BA1.0+IAA 0.01mg/L；生根培养基为1/2MS+NAA 1.0mg/L；移栽基质为草炭土：河沙：珍珠岩=1：1：1。移栽时选用排水良好的基质，适当遮阴，避免强光直射，成活率较高。

参考文献

崔娇鹏，刘恒星，2017. 部分中国古老月季品种繁育特性初探[J]. 园艺经纬（7）：6-9.

李卉，于超，王蕴红，等，2011.3个传统月季品种的组织培养研究[J]. 种子，30（7）：114-116.

赵世伟，张佐双，2008. 中国古老月季的价值[J]. 园林（12）：122-123.

宗波，姚涓，袁承江，2012. 中国古老月季'倾国倾城'组织培养与快速繁殖[J]. 河北林业科技（1）：16-18.

"小精灵"山月桂的组织培养和植株再生

金晓玲，邢　文

（中南林业科技大学　风景园林学院　长沙　410004）

摘　要：为了解决山月桂生根困难的问题，本研究以山月桂"小精灵"带芽茎段为外植体，研究基本培养基、植物生长调节剂，以及珍珠岩对其腋芽萌发、组培苗的增殖、伸长和生根的影响。结果表明：最适合茎段腋芽萌发的培养基为WPM+2.0mg/L 2-ip，萌发率可达82.5%；组培苗增殖的最佳培养基为WPM+1.0mg/L 2-ip+0.0mg/L NAA，增殖系数可达5.62，平均苗高达3.12cm；最适合的生根培养基为：1/2 WPM+0.5mg/L IBA+0.1mg/L NAA+珍珠岩，生根率86.3%。将已经生根的组培苗炼苗后移栽到泥炭土：珍珠岩（1∶1，V/V）混合基质中，成活率为70%。

关键词：山月桂；茎段；快速繁殖；珍珠岩

Tissue Culture and Highly Efficient Rooting of *Kalmia latifolia* "Elf"

Jin Xiaoling，Xing Wen

（College of Landscape Horticulture，Central South University of Forestry and Technology，Changsha 410004，China）

Abstract：To find the way of *Kalmia latifolia* rooting，we in vitro culture of nodal segments of *Kalmia latifolia* "Elf"，the effects of basal medium，plant growth regulators and perlite on rooting for rapid propagation were investigated. The results indicated that WPM basal medium supplemented with 2-ip 2.0 mg/L significantly

基金项目：长沙市科技计划项目（K1205016-21）；国家林业局十三五重点学科（风景园林学）（林人发[2016]21号）。

* 通讯作者：Author for correspondence（E-mail：121191638@qq.com）

improved bud break and growth directly from nodal segment explants, and the sprouting rate was about 82.5%. The optimal medium for shoot multiplication was WPM+1.0 mg/L 2-ip+0.05 mg/L NAA, on which the multiplication coefficient reached 6.4 and the average height of shoots were 3.12 cm. Rooting of shoots was optimized on half-strength WPM medium with 1.0 mg/L IBA, 0.1 mg/L NAA combined with perlite, on which the rooting rate was 86.3%. After acclimatization, about 760% of rooting plantlets could survive when transplanted into the matrix composed of peat soil and perlite (1:1, V/V).

Key words: *Kalmia latifolia* "Elf"; Nodal segments; Rapid proliferation; Pearlite

山月桂（*Kalmia latifolia*）是杜鹃花科山月桂属的常绿灌木。不仅树型美观、花色鲜艳多变，而且适应性强，被植物界认为"最完美"的观赏灌木。山月桂属是北美洲的特有属，在中国没有分布。周艳等（周艳等，2014）对山月桂的引用适应性与种子繁殖技术进行了研究，李何（2014）对山月桂的扦插繁殖技术进行了研究，但扦插生根率不高。国外对山月桂繁殖技术的研究表明山月桂种子繁殖较为容易，而扦插繁殖困难，组织培养快繁技术在一些品种中获得了成功（Jaynes，1997）。组织培养是快速繁殖优良植物品种的重要途径之一，可以较好地保持母本的优良性状，具有广阔的商业化前景（毛艳萍等，2010；孙清荣等，2015）。研究发现山月桂的组织培养受到基因型的影响，主要用ZT和2-ip作为激素进行不定芽的诱导（李何等，2014；Nishimura et al.，2004）。最关键的生根环节，使用的是1/2WPM基本培养基，激素为IBA（Lloyd & Mccown，1980；Kevers，et al.，1990）。"Elf"是我们2016年从美国引进的山月桂品种，花苞深粉色，叶子卷曲有光泽，叶柄与新生的枝条为紫红色等观赏特点。本文通过研究"Elf"快速繁殖体系的建立，为在生产上提供大量优良苗木奠定理论及实践基础。

1 材料与方法

1.1 实验材料

实验材料山月桂"小精灵"（*K. latifolia* "Elf"）采自湖南省长沙市中南林业科技大学苗圃内。于4—5月的晴天，剪下当年新抽幼嫩茎段，喷水后带回实验室备用。

1.2 实验方法

1.2.1 外植体处理

选取生长健壮的当年新生嫩枝，分成3~4cm长的茎段。用洗衣粉水浸泡自来水冲洗后，将茎段在超净工作台内用75%的酒精浸泡40s，再用无菌水冲洗3次后，用0.1%升汞消毒8min，无菌水冲洗3~4次后备用。将茎段切成1~2cm的单芽茎段备用。

1.2.2 腋芽萌发

诱导培养基为2-ip（1.0mg/L，1.5mg/L，2.0mg/L）的MS和WPM培养基，带芽茎段接种40d后统计诱导率，腋芽诱导率=（萌芽的外植体数/接种外植体总数）×100%。每个组合接种20个培养瓶，每瓶接种2个外植体，重复3次。

1.2.3 增殖培养

丛生芽长到1cm左右，将其切下分成单株，转入含有2-ip（1.0mg/L，2.0mg/L）和NAA（0，0.01mg/L，0.05mg/L，0.1mg/L）的WPM培养基中，进行增殖培养，每瓶接种3个腋芽，每个处理接种10瓶，重复3次。30d后统计不定芽增殖系数（每个外植体上新生成的1cm以上次生小芽的个数）和苗高。

1.2.4 生根培养

选择生长健壮、长势一致（高约2.0cm）的单个芽苗，接种在含IBA 1.0mg/L和2-ip（0，0.1mg/L）1/2WPS培养基中生根培养，培养方法：暗培养7d后转到光照条件下培养。50d后统计生根率和根长度。生根率=（生根的芽苗数/接种芽苗总数）×100%。每个处理接种10瓶，每瓶接种3个芽，重复3次。

1.2.5 培养条件

腋芽诱导及增殖培养基中均添加30g/L蔗糖和7g/L琼脂（普通agar，北京鼎国），pH值为5.8时，生根培养基中添加30g/L蔗糖和7.5g/L琼脂，pH值为5.4；所有植物激素（NAA，IBA，2-ip）均在灭菌前添加，所有培养基均在121℃高温灭菌20min。培养室光强30μmol/（m²·s），光周期为16h/8h（光/暗），培养温度为（25±2）℃。

1.2.6 炼苗移栽

将生根的组培苗打开瓶盖，实验室内自然光下炼苗一周后，取出生根苗用自来水洗去培养基，移栽到育苗基质（泥炭∶珍株岩=1∶1），盖塑料膜保湿，30d后统计移栽成活率。

1.2.7 数据分析

所得数据采用SAS软件进行方差分析和多重比较分析（Duncan's法）。百分数数据分别经反正弦（$y=1/2\arcsin x$）转换后，再进行统计分析。

2 结果与分析

2.1 山月桂"小精灵"茎段腋芽的萌发

将山月桂"小精灵"无菌茎段接种到不同培养基中后，在以WPM为基本培养基的3个处理中，腋芽萌发较早，6d左右腋芽出现膨大，11d左右开始萌发抽出小叶（图1A），25d左右新芽形成明显的主茎（图1B）；而在以MS为基本培养基的3个处理中，整体推迟了3~5d。方差分析表明，不同浓度2-ip对"小精灵"腋芽萌发影响并不显著；而不同基本培养基对"小精灵"腋芽萌发有显著影响（P<0.000 1）。虽然在不同的处理均可使"小精灵"的腋芽萌发，但腋芽的长势相差较大（表1），在MS为基本培养基的各处理中，3个2-ip浓度的诱导率均在45%左右，且腋芽长势较弱，叶片发黄，芽体主茎不明显（图1C）；而在WPM为基本培养基的处理中，诱导率明显提高，3个2-ip浓度均在72%以上，其中2.0mg/L 2-ip的诱导率达82.5%。且腋芽萌发后生长健壮，主茎明显，叶片也较绿，有利于后期的增殖培养，表明WPM作为基本培养基更适合"小精灵"的腋芽诱导。适合山月桂"小精灵"茎段腋芽萌发的最佳培养基为WPM+2.mg/L 2-ip。

表1 不同基本培养基与2-ip浓度对山月桂"小精灵"茎段初代培养的影响

基本培养基	2-ip（mg/L）	诱导率（%）	生长情况
MS	1.0	44.33 ± 6.39a	
	1.5	47.33 ± 1.45a	长势较弱，节间短，主茎不明显，叶片发黄
	2.0	45.17 ± 5.10a	
WPM	1.0	72.50 ± 2.40b	萌芽较健壮，有明显主茎，叶片较大，较绿
	1.5	76.83 ± 1.14b	萌芽较健壮，有明显主茎，叶片较大，较绿
	2.0	82.5 ± 2.50c	萌芽健壮，有明显主茎，叶片大而绿

注：同列中不同小写字母表示组间差异达0.05显著水平；下同

2.2 山月桂"小精灵"组培苗增殖培养

腋芽长到1cm以上后，转入增殖培养基中培养。方差分析结果表明，2-ip浓度和NAA浓度对组培苗的增殖系数与苗高均有显著影响（P<0.000 1）。

表2 不同植物生长调节剂对山月桂"小精灵"继代增殖培养的影响

2-ip（mg/L）	NAA（mg/L）	增殖系数	平均苗高（cm）
1	0	4.31 ± 1.06bc	2.20 ± 0.34e
1	0.01	4.72 ± 0.69b	2.59 ± 0.91cd
1	0.05	5.62 ± 1.95ab	3.12 ± 0.21b
1	0.1	3.32 ± 0.42c	4.15 ± 0.19a
2	0	5.44 ± 0.19a	1.73 ± 0.18g
2	0.01	6.27 ± 0.72a	1.94 ± 0.28f
2	0.05	6.34 ± 0.89a	2.48 ± 0.14d
2	0.1	5.60 ± 0.58a	2.86 ± 0.37c

从表2看出，较高2-ip对组培苗的增殖有一定的促进作用，较高浓度的NAA对组培苗的增殖有一定的抑制作用。由表2还可以看出，两种激素对平均苗高的影响与增殖系数相反，随着NAA浓度的增加，苗高呈增加趋势，在相同NAA浓度下，较低浓度2-ip的平均苗高要高于较高浓度2-ip，表明高浓度的2-ip抑制组培苗的伸长生长。较高浓度的NAA有利于伸长生长。从组培苗的增殖系数和苗高2个指标综合考虑，1.0mg/L 2-ip与0.05mg/L NAA的组合的增殖系数较高，且平均苗高也较高，新增殖苗生长健壮（图1D、图1E），为适合山月桂"小精灵"增殖的最佳培养基。

2.3 山月桂"小精灵"生根培养

将苗高为2cm左右的不定芽接种到添加珍珠岩（或琼脂）、IBA和2-ip的生根培养基中，先暗培养7d后转入光照培养。培养20d后开始产生不定根，50d后统计生根率、根长和根系生长情况，结果见表3。从表3可以看出，单独使用IBA时，只在1.0mg/L有根生成，而且根的质量不好（图1F）；2-ip对组培苗的生根有促进作用，在0.1mg/L 2-ip的培养基上，生根率和平均根长都要高于单独添加IBA的培养基（图1G、图1H）。从表3还可以看出，生根培养基中添加珍珠岩的生根率要高于添加琼脂的，而且在添加珍珠岩的培养基中，根系全部深入培养基，生根量也较琼脂的更为密集。综合考虑，适合山月桂"小精灵"生根的培养基为1/2WPM+1.0mg/L IBA+0.1mg/L 2-ip+珍珠岩，生根率可达86.3%，平均根长在3.5cm左右（图1G）。

表3　珍珠岩、琼脂和2-ip对山月桂"小精灵"生根培养的影响

IBA （mg/L）	2-ip （mg/L）	凝固剂	生根率 （%）	平均根长 （cm）	根系生长情况
2.0	0	琼脂	0	0	无根生成，只有愈伤形成
1.0	0	琼脂	61.1 ± 1.91c	1.12 ± 0.28c	生根量少，部分根系在培养基表面
1.0	0	珍珠岩	70.0 ± 3.31b	3.19 ± 0.31b	生根量较多，根系全部深入培养基
1.0	0.1	琼脂	70.0 ± 3.30b	3.87 ± 0.34a	生根量较多，部分根系在培养基表面
1.0	0.1	珍珠岩	86.3 ± 3.35a	3.53 ± 0.28a	生根量大，密集，根系全部深入培养基

2.4 山月桂"小精灵"的炼苗移栽

选择茎段粗壮、有一定木质化、根长大于2cm的组培苗进行炼苗移栽；含琼脂的生根培养基，在组培苗清洗根系的过程容易断根，而在珍珠岩的生根培养基生长的组培苗，清洗较为方便也无断根现象。移栽后1个月后统计，成活率为70%以上，且生长正常，叶片较绿，移栽25d后开始有新叶长出（图1I、图1J、图1K）。

A. 带芽茎段抽出叶片；B. 带芽茎段在WPM培养基上完全萌发；C. 带芽茎段在MS培养基上完全萌发；
D，E. 组培苗的继代增殖；F. 组培苗在1/2WPM+IBA 1.0mg/L+琼脂上生根情况；G. 组培苗在1/2WPM+
IBA 1.0mg/L+2-ip 0.1mg/L+珍珠岩上生根情况；H. 组培苗在1/2WPM+IBA 1.0mg/L+2-ip 0.1mg/L+
琼脂上生根情况；I，J，K. 组培苗移栽成活

图1　山月桂"小精灵"的组织培养与高效生根

3　讨论

　　无菌外植体的萌发、组培苗的增殖、生根和移栽是离体快繁体系建立的关键步骤（Pati，et al.，2005），其中外植体的选择是影响不定芽诱导和萌发的关键之一。研究者对顶芽、带芽茎段和种子等为外植体的研究表明，较适合山月桂组培快繁的外植体是带芽茎段（Nishimura et al.，2004；Kevers，et al.，1990），本研究直接采用带芽茎段为外植体，建立"小精灵"的快繁体系。在板栗的组培研究中发现，最适合的采集时期是5—6

月新梢旺盛生长期到半木质化期（孙小兵和郭素娟，2015），而适合山月桂的采用时间是3—4月刚抽出新枝条。

基本培养基也是影响外植体萌发的重要因素之一，WPM基本培养基被认为是更适合木本植物组织培养的基本培养基（Jin et al.，2009）。我们的研究也发现WPM培养基比MS培养基更有利于山月桂不定芽的诱导。在MS培养基上培养的茎段基部会产生褐色的物质，影响腋芽的抽枝展叶（张建瑛等，2015），这可能是由于MS培养基与山月桂并不亲和，促进了山月桂外植体醌类物质的产生，影响腋芽的生长。因此在后续的实验中，均采用WPM作为基本培养基。

组培苗的增殖，激素种类是一个重要因素。有报道认为，ZT和2-ip都可用于山月桂组培苗增殖，而且适当添加IBA有利于腋芽的萌发和增殖（Jaynes，1997；Lloyd & Mccown，1980）。通过提高细胞分裂素浓度可以提高组培苗增殖系数，但是浓度过高同样会抑制芽的生长，加重组培苗的玻璃化趋势，影响后期生根（唐军荣等，2015；马晓菲等，2013）。我们在山月桂"小精灵"的研究中发现，"小精灵"的增殖需要2-ip和NAA协同作用，1.0mg/L 2-ip和0.05mg/L NAA的激素配比比较适合"小精灵"的增殖培养。

参考文献

李何，2014. 山月桂应用现状及扦插繁殖技术[D]. 长沙：中南林业科技大学.

马晓菲，张家菁，于元杰，2013. 防风（Saposhnikovia divaricata）组织培养中的玻璃化现象研究[J]. 分子植物育种，11（3）：421-430.

毛艳萍，苏智先，邹利娟，等，2010. 珍稀植物跳舞草的组织培养与快速繁殖[J]. 植物研究，30（1）：106-110.

孙清荣，王金政，薛晓敏，等，2015. 欧洲李'红艳1号'的组织培养与快速繁殖[J]. 植物生理学报，51（7）：1 024-1 028.

孙小兵，郭素娟，2015. 成龄板栗组培快繁体系的建立及影响因素的研究[J]. 中南林业科技大学学报，35（4）：51-55.

唐军荣，郑元，张亚威，等，2015. 无籽刺梨离体快繁技术研究[J]. 云南农业大学学报：自然科学，30（1）：70-75.

张建瑛，祁永会，吕跃东，等，2015. 核桃楸腋芽再生体系研究[J]. 植物研究，35（1）：22-26.

周艳，2014. 山月桂的引种试验研究[D]. 贵阳：贵州师范大学.

Jin X L，Zhang R Q，Zhang D L，et al.，2009. *In vitro* plant regeneration of *Zelkova schneideriana*, an endangered woody species in China, from leaf explants[J]. The Journal of Horticultural Science and Biotechnology，84（4）：415-420.

Kevers C，Menard D，Marchand S，et al.，1990. Rooting *in vitro* and *ex vitro* and behaviour at acclimatization of *Kalmia* and *Rhododendron* propagated *in vitro*[J]. Rijksuniversiteit Gent，55（36）：1 267-1 273.

Nishimura T，Hasegawa S，Meguro A，et al.，2004. Micropropagation technique for mountain laurel（*Kalmia latifolia* L.）using cytokinin and growth retardant[J]. Japanese Journal of Crop Science，73（1）：107-113.

Pati P K，Rath S P，Sharma M，et al.，2005. *In vitro* propagation of rose：review[J]. Biotechnology Advances，24（1）：94-114.

药　材

迷迭香愈伤组织增殖及不同培养条件下的类黄酮含量变化研究

陈雪梅[*]，陈　燕[*]，钟春水，姚德恒，张梓浩，陈裕坤，

刘生财，林玉玲[**]，赖钟雄[**]

（福建农林大学　园艺植物生物工程研究所　福州　350002）

摘　要：本试验以迷迭香愈伤组织为实验材料，研究在红光下以三种培养方式（①接种在J1：MS+1.0mg/L 2, 4-D上，20d为一个周期转接一次；②接种在J2：MS+1.0mg/L 2, 4-D+0.3mg/L KT+5mg/L AgNO₃上，20d为一个周期转接一次；③接种在J1：MS+1.0 mg/L 2, 4-D上，以20d为一个周期，转接在J2：MS+1.0mg/L 2, 4-D+0.3mg/L KT+5mg/L AgNO₃上，2种培养基交替培养）对迷迭香愈伤组织增殖的影响及蓝光下不同蔗糖浓度培养基对迷迭香愈伤组织类黄酮含量的影响。试验采用单因素设计，并用SPSS对结果进行统计分析。试验结果表明：交替培养对迷迭香愈伤组织增殖效果更好；不同蔗糖浓度对迷迭香愈伤组织类黄酮含量影响的差异不明显，但综合愈伤组织的生长情况，蔗糖浓度为30g/L的培养基对迷迭香类黄酮含量影响较好。

关键词：迷迭香；愈伤组织；交替培养；增殖率；蔗糖浓度；类黄酮

Study on the Proliferation of Rosemary Callus and the Changes of Flavonoid Content under Different Culture Conditions

Chen Xuemei[*], Chen Yan[*], Zhong Chunshui, Yao Deheng, Zhang Zihao,

Chen Yukun, Liu Shengcai, Lin Yuling[**], Lai Zhongxiong[**]

基金项目：福建省重大专项（2015NZ0002，2015NZ0002-1）；福建省高校学科建设项目（102/71201801101）；福建农林大学科技创新专项基金（CXZX2017189）

* 共同第一作者First author

** 通讯作者：Author for correspondence（E-mail：laizx01@163.com，buliang84@163.com）

（Institute of Horticultural Biotechnology，Fujian Agriculture and Forestry University，Fuzhou 350002，China）

Abstract：In this experiment, rosemary callus was used as materials to study the effects of the proliferation of rosemary callus in three different ways unde the red light（①inoculated in J1：MS+1.0 mg/L 2, 4−D，20d for a period of transit time；②inoculated in J2：MS+1.0 mg/L 2, 4−D+0.3 mg/L KT+5 mg/L AgNO$_3$，20d for a period of transit time；③inoculated in J1：MS+1.0 mg/L 2, 4−D for a period of 20d then inoculated in the J2：MS+1.0 mg/L 2, 4−D+0.3 mg/L KT+5 mg/L AgNO$_3$，the two kinds of medium alternate cultured），and the effect of different concentrations of sucrose medium on the flavonoid content of rosemary callus under blue light. Single factor experiment design was used and the SPSS was used to statistic the results. The results showed that alternate cultured is conducive to the proliferation of rosemary callus；the differences between the various concentrations is not obvious. But sucrose concentration of the medium for the production of flavonoids in rosemary callus is 30g/L. Its content can be up to 0.84%.

Key words：Rosemary；Callus；Alternating culture；Proliferation；Concentration of sucrose；Flavonoid

迷迭香（*Rosmarinus officinalis*），是一种唇形花科（Lamiaceae）迷迭香属（*Rosmarinus*）的多年生常绿小灌木，为一芳香油植物（Pintore et al.，2002）。迷迭香叶富含精油，具有很好的抗菌消炎之功效，有很高的药用价值和应用前景（Al-Sereiti et al.，1999）。有研究表明，该植物的化学成分中存在大量的黄酮类化合物，如芦丁、槲皮素等成分（Bai et al.，2010）。植物的繁殖方式一般为播种、扦插、分株、嫁接，但这些方法都使生产效率低下。目前药用植物生产化栽培方式大都是组织培养以进行离体快速繁殖，可以得到大量性状稳定的植株，使生产不受季节和时间的限制。通过大量培养，可以从愈伤组织或培养基中直接提取有用成分，可以更好、更快地满足市场上对迷迭香的需求。有研究认为此途径产生变异的可能性比较大（2012）。因此，迷迭香愈伤组织的研究具有重要价值和意义。

Jain等（1991）在1990年时就有研究表示迷迭香经器官培养诱导形成的小植株，处在分化阶段的愈伤组织也能形成挥发油。朱汝幸、饶红宇等（1996）在1996年提出将迷迭香幼芽诱导产生的愈伤组织转移至B5培养基中，振荡培养3d后进入对数生长期。董玉梅等（2012）2012年研究以迷迭香叶片为外植体，探索愈伤组织形成及再分化条件。蔗糖含量较高的培养基可促进愈伤组织形成，增殖率可达到300%多。姚琴凤（姚凤琴，2012）

2012年对迷迭香愈伤组织的增殖、继代的研究中发现若一直用只含有2,4-D的培养基，经过数代培养之后，愈伤组织很容易就褐化，添加一定浓度的KT后，问题得到缓解。于巧芝等（2013）在不同光质对迷迭香愈伤组织的影响中发现红光下迷迭香愈伤组织的生长量最好。而关于迷迭香愈伤组织增殖的研究仅见于前二者，因此，本试验将研究在红光下不同培养方式对迷迭香愈伤组织增殖的影响，以验证交替培养对迷迭香愈伤组织增殖影响。另外，关于迷迭香愈伤组织中类黄酮的分离提取的也仅在于巧芝等（2013）在不同光质对迷迭香愈伤组织类黄酮含量的影响中见到，结果表明蓝光下迷迭香愈伤组织类黄酮含量高于其他光质。因此，本试验将在此基础上研究不同蔗糖浓度的培养基对迷迭香愈伤组织类黄酮含量的影响。

1　材料与方法

1.1　实验材料

迷迭香叶片诱导并长期离体保存的愈伤组织，由福建农林大学园艺植物生物工程研究所提供。迷迭香愈伤组织的增殖参考姚凤琴（2012），于巧芝等（2013）选择J1：MS+1.0mg 2,4-D和J2：MS+1.0mg 2,4-D+0.3mg/L KT+5mg/L AgNO$_3$两种培养基培养（表1）。接种时采用减重法称出愈伤组织原始重量。如前节所述，于巧芝等（2013）在不同光质对迷迭香愈伤组织的影响中发现红光下迷迭香愈伤组织的生长量最好。因此愈伤组织增殖培养采用红光，以20d为一个周期，两个周期后计算其增殖系数。

迷迭香愈伤组织类黄酮的测定。培养基采用J2：MS+1.0mg/L 2,4-D+0.3mg/L KT+5mg/L AgNO$_3$，改变MS中的蔗糖浓度（表2），如前节所述，于巧芝等在不同光质对迷迭香愈伤组织类黄酮含量的影响中见到，结果表明蓝光下迷迭香愈伤组织类黄酮含量高于其他光质。所以培养光质采用蓝光培养40d后提取类黄酮，测其含量。

表1　迷迭香愈伤组织增殖设计

处理代号	培养方式
①	接种在J1：MS+1.0mg/L 2,4-D上，20d为一个周期，后转接在J1上
②	接种在J2：MS+1.0mg/L 2,4-D+0.3mg/L KT+5mg/L AgNO$_3$上，20d为一个周期，后转接在J2上
③	接种在J1：MS+1.0mg/L 2,4-D上，以20d为一个周期，后转接在J2：MS+1.0mg/L 2,4-D+0.3mg/L KT+5mg/L AgNO$_3$上

表2　迷迭香愈伤组织培养基蔗糖浓度设计表

处理代号	蔗糖浓度（g/L）
1	10
2	20

（续表）

处理代号	蔗糖浓度（g/L）
3	30
4	40

1.2 试验方法

迷迭香愈伤组织增殖以J1（MS+1.0mg/L 2, 4-D）和J2（MS+1.0mg/L 2, 4-D+0.3mg/L KT+5mg/L AgNO₃）为基本培养基，添加蔗糖20g/L，琼脂6g/L，pH值为5.7；光质：红光；光照强度：2 500lx；光照时间：12h/d；培养温度：（25±2）℃；培养时间：40d；接种密度：每瓶接5团大小相近的愈伤组织。每瓶接5团大小相近的愈伤组织，每个处理6瓶重复。

迷迭香愈伤组织类黄酮含量的测定以J2（MS+1.0mg/L 2, 4-D+0.3mg/L KT+5mg/L AgNO₃）为基本培养基，添加蔗糖20g/L，琼脂6g/L，pH值为5.7；光质：蓝光；光照强度：2 500lx；光照时间：12h/d；培养温度：（25±2）℃；培养时间：40d；接种密度：每瓶接5团大小相近的愈伤组织。每瓶接5团大小相近的愈伤组织，每个处理6瓶重复。

1.3 数据分析

1.3.1 迷迭香愈伤组织增殖系数的计算

参考姚凤琴（2012）愈伤组织鲜重的测定，把迷迭香愈伤组织从培养瓶中取出，用滤纸吸净其表面水分，称重即得鲜重（FW）。愈伤组织增殖系数计算公式：

$$愈伤组织增殖系数 = \frac{收获鲜重（g/瓶）- 接种鲜重（g/瓶）}{接种鲜重（g/瓶）}$$

试验数据利用SPSS19分析软件进行显著性分析。

1.3.2 迷迭香愈伤组织类黄酮含量的测定

将蓝光下培养的迷迭香愈伤组织烘干后称取0.1g置于30ml 85%乙醇水浴，恒温70℃经过2h后吸取上层清夜4ml于试管中，而后分别吸取于比色皿中置于510nm波长下分光检测，测出分光光度值，通过标准曲线公式回归方程 $\alpha = 1.2C + 4.8 \times 10^{-3}$，其线性为 $0 \sim 0.5mg$，相关系数为 $r=0.995\ 5$，算出类黄酮含量。所得数据以SPSS 19.0等软件进行统计分析。

2 结果与分析

2.1 红光下不同培养方式对迷迭香愈伤组织增殖的影响

处理数据平均值如表3所示，培养方式①的增殖系数为0.766 7，培养方式②下的增殖系数为0.75，培养方式③下的增殖系数为1.085。表明在③交替培养下的增殖效果最好，其次是培养方式①、培养方式②。

表3 不同培养方式下迷迭香愈伤组织的增殖系数

培养方式	增殖系数
①	0.766 7
②	0.75
③	1.085

如图1所示，交替培养③的迷迭香愈伤组织增殖系数明显高于其他两种培养方式。未交替培养的两种愈伤组织增殖系数之间的差异较小。且未交替培养的愈伤组织水分较少，呈黄色紧实，不透明块状，增殖倍率也较低。而交替培养下的愈伤组织水分含量多，呈白色疏松状，增殖系数较高（图2）。培养方式①和②之间差异性不显著，培养方式③和另外两种培养方式之间的差异性都显著。又因培养方式③中增殖系数的平均值大于两种，所以可以得出交替培养对迷迭香愈伤组织的增殖效果更好。

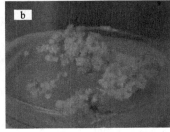

a.①处理；b.②处理；c.③处理

图1 不同培养方式下40d后迷迭香愈伤组织增殖结果

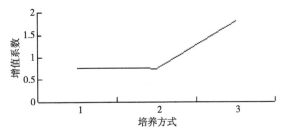

图2 红光下不同培养方式对迷迭香愈伤组织增殖系数的影响

2.2 蓝光下不同蔗糖浓度的培养基对迷迭香愈伤组织类黄酮含量的影响

类黄酮的含量的测定参照于巧芝等（2013）分光光度计法，结果如表4所示。不同蔗糖浓度的培养基对迷迭香类黄酮含量的影响效果不明显，10g/L蔗糖浓度培养基和20g/L蔗糖浓度培养基下的愈伤组织生长量较少，呈黄色较紧实，不透明块状（图3）。30g/L和40g/L蔗糖浓度下培养的迷迭香的生长效果较好，组织结构疏松，呈淡黄色，但40g/L蔗糖浓度培养基下的愈伤组织与培养基接触面呈黑色紧实块状。30g/L蔗糖浓度培养基下的愈伤组织比其他蔗糖浓度培养基处理的生长状况要稍好，组织更蓬松，生长量较大，类黄酮质量分数也比较高，因此可以得出30g/L蔗糖浓度为较好的处理。

表4 不同蔗糖浓度的培养基下迷迭香愈伤组织类黄酮含量

蔗糖浓度（g/L）	迷迭香愈伤组织类黄酮吸光度			类黄酮质量分数（%）
	1	2	3	
10	0.150 2	0.216	0.252 5	0.76
20	0.157 2	0.182 2	0.171 3	0.67
30	0.167 9	0.187 8	0.221 9	0.84
40	0.166 4	0.165 8	0.181 5	0.71

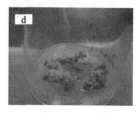

a. 在蔗糖浓度10g/L的培养基上培养40d后的迷迭香愈伤组织；b. 在蔗糖浓度20g/L的培养基上培养40d后的迷迭香愈伤组织；c. 在蔗糖浓度30g/L的培养基上培养40d后的迷迭香愈伤组织；d. 在蔗糖浓度40g/L的培养基上培养40d后的迷迭香愈伤组织

图3 不同蔗糖浓度对迷迭香类黄酮含量的影响

3 讨论

3.1 交替培养有利于迷迭香愈伤组织增殖

目前，不同培养方式对迷迭香愈伤组织的报道还较少，如姚凤琴在使用含有2, 4-D的培养基配合一定浓度的KT，使培养基褐化的问题得到缓解，并得出交替培养是迷迭香愈伤组织增殖、继代与保持效果最好的培养方式的结论时，并没有实际试验依据。试验结果：不同培养方式的处理下，培养方式③对愈伤组织增殖率的效果最好，培养方式①下的增殖系数大于②。验证了交替培养有利于迷迭香愈伤组织的增殖。此结果在荔枝与龙眼的胚性悬浮细胞上也有类似的情况。据报道，采用两种培养基交替培养，既能保持荔枝胚性悬浮细胞的一致性，又能保持悬浮细胞系的生长势（赖钟雄等，2007）。龙眼胚性愈伤组织交替培养保持的方法，采用两种液体培养基交替悬浮培养后得到较好的生长效果（赖钟雄等，1997）。

据报道，在AgNO₃和活性炭对龙眼幼胚愈伤组织诱导，表明AgNO₃有抑制原胚分化的作用，并且AgNO₃能抑制培养细胞释放的乙烯类物质的活性，促进多胺类物质的合成（田志宏等，2003）。有可能是AgNO₃的作用影响了愈伤组织的生长。研究表明，有其他植物生长调节物质如蔗糖、PP333和甜菜碱对迷迭香愈伤组织离体保存也有影响，且达到显著的水平。添加12mg/L PP333有利于愈伤组织的限制生长保存，PP333是影响迷迭香愈伤组织限制生长法离体保存的主要因素（姚凤琴，2012）。

3.2 在固体培养过程中不同蔗糖浓度可能对迷迭香愈伤组织类黄酮含量影响较小

随着蔗糖浓度的变化，愈伤组织的形态也发生变化，质地由疏松变得较为致密，但蔗糖浓度为10g/L和40g/L时，其增殖倍数又降低。30g/L蔗糖浓度对迷迭香愈伤组织类黄酮含量是最优的浓度，但各浓度间测出的类黄酮含量差异较小，与李茂寅等（赵德修等，2000）报道的MS培养基中，30g/L的蔗糖浓度既有利于水母雪莲愈伤组织生长又有利于黄酮类形成，其黄酮类产量分别是10g/L和45g/L蔗糖浓度的3.3倍和1.9倍，有较大的差异。且得出类黄酮的最优质量分数为0.84%，与于巧芝等（2013）的蓝光下测得类黄酮含量为5.366%差异较大，原因可能是不同植物对不同光质的吸收存在差异。根据以往对迷迭香愈伤组织生长的研究表明，红光为愈伤组织生长最适的光质条件。蓝光在迷迭香愈伤组织类黄酮的积累过程中优势较为突出，这可能是植物对不同光吸收存在差异，从而影响其自身的生长，进而影响其体内类黄酮的积累（于巧芝等，2013）。材料保存时间过长也是造成结果差异的重要因素，组织的来源是影响植物细胞培养物次生物质积累的重要因素之一（陈学森等，1997）。试验所用的材料是由福建农林大学园艺植物生物工程研究所利用迷迭香叶片诱导并长期离体保存的愈伤组织，而保存时间过久可能会对愈伤组织的次生物质积累有影响。除此之外，植物生长调节物质对愈伤组织类黄酮含量也存在影响（上官新晨等，2016）。

参考文献

陈学森，邓秀新，章文才，1997. 培养基及培养条件对银杏愈伤组织黄酮产量的影响[J]. 园艺学报，24（4）：373-377.

董玉梅，李正楠，钱成，等，2012. 迷迭香叶片愈伤组织诱导及再分化培养[J]. 分子植物育种，10（2）：189-194.

赖钟雄，黄浅，林秀莲，等，2007. 荔枝胚性悬浮细胞系的快速建立及其体胚植株的再生[J]. 中国农学通报，23（1）：28-32.

赖钟雄，潘良镇，1997. 龙眼胚性细胞系的建立与保持[J]. 福建农林大学学报（自然版）（2）：160-167.

李茂寅，赵德修，邢建民，等，2000. 水母雪莲愈伤组织培养和黄酮类化合物的形成[J]. 植物分类与资源学报，22（1）：65-70.

上官新晨，郭春兰，杨武英，等，2006. 培养基及培养条件对青钱柳愈伤组织生长和黄酮含量的影响[J]. 福建农林大学学报（自然版），35（6）：588-592.

田志宏，严寒，李秋杰，等，2003. 马蹄金愈伤组织诱导及植株再生研究[J]. 华中农业大学学报，22（4）：403-407.

姚凤琴，2012. 罗勒等4种唇形科香花植物离体培养与离体保存研究[D]. 福州：福建农林大学.

于巧芝，刘芳，殷帆，等，2013. 不同光质对迷迭香愈伤组织类黄酮含量的影响[J]. 园艺与种苗（8）：22-25.

于巧芝，刘芳，殷帆，等，2013. 不同光质对迷迭香愈伤组织生长的影响[J]. 园艺与种苗（3）：36-39.

朱汝幸，饶红宇，1996. 迷迭香细胞悬浮培养及挥发油的发生[J]. 植物生理学通讯，32（1）：9-12.

Al-Sereiti M R，Abu-Amer K M，Sen P，1999. Pharmacology of rosemary（*Rosmarinus officinalis* L.）and its therapeutic potentials[J]. Indian Journal of Experimental Biology，37（2）：124-130.

Bai N，He K，Roller M，et al.，2010. Flavonoids and phenolic compounds from *Rosmarinus officinalis*[J]. Journal of Agricultural & Food Chemistry，58（9）：5 363-5 367.

Jain M，Banerji R，Nigam S K，et al.，1991. *In vitro* production of essential oil from proliferating shoots of *Rosmarinus officinalis* L.[J]. Planta Medica，57（2）：122-124.

Santoyo S，Cavero S，Jaime L，et al.，2005. Chemical composition and antimicrobial activity of *Rosmarinus officinalis* L. essential oil obtained via supercritical fluid extraction[J]. Journal of Food Protection，68（4）：790-795.

葛根试管块根诱导技术的研究

曾文丹，严华兵*，肖　亮，曹　升，尚小红

（广西农业科学院经济作物研究所　南宁　530007）

摘　要：以葛根新品种"桂粉葛1号"组培苗为实验材料，利用正交实验设计 $L_9(3^4)$ 分析6-苄基腺嘌呤（6-BA）、萘乙酸（NAA）、茉莉酸甲酯（MeJA）和蔗糖浓度对葛根试管块根诱导的影响，筛选适宜的葛根试管块根诱导培养基配方，并对较优配方组合进行验证试验和根系内淀粉粒观察。结果表明：葛根试管块根诱导的较优配方为MS+6-BA 2mg/L+NAA 0.02mg/L+MeJA 1μmol/L+糖 80g/L+琼脂6.0g/L（pH值为5.8）。在该配方诱导条件下，试管块根的诱导率达95%以上，通过试管块根淀粉粒观察可知，诱导的试管块根含有丰富的淀粉颗粒形成。

关键词：葛根；试管块根；正交实验设计

Induction of *in vitro* Tuberization of *Pueraia thomsonii* Benth.

Zeng Wendan，Yan Huabing*，Xiao Liang，

Cao Sheng，Shang Xiaohong

（Cash Crops Research Institute，Guangxi Academy of Agricultural Sciences，Nanning 530007，China）

Abstract：*In vitro* plantlets of the *Pueraia thomsonii* Benth.cultivar（cv. Guifenge

基金资助：广西科技基地和人才专项（桂科AD17195072）；广西青年科学基金项目（2018GXNSFBA294001）；广西科技重大专项（桂科AA17204056-8）

作者简介：曾文丹，硕士，助理研究员，主要从事块根类作物生物技术育种与良种繁育技术研究，Email：wdzeng08@163.com

* 通讯作者：严华兵，博士，研究员，主要从事块根类作物生物技术育种与良种繁育技术研究，Author for correspondence（E-mail：h.b.yan@hotmail.com）

No.1）were taken as the explants，an orthogonal experimental design[L_9（3^4）] was used to investigate the effects of the various levels of sucrose，PP_{333}，NAA and MeJA on *P. thomsonii* Benth.tuberization and plantlets，and to find out the better medium for *P. thomsonii* Benth.tuberization by thecombination of further experiments for a several excellent treatments and starch observation in roots. The results showed that the preferred medium for tuberization was MS basic medium+6-BA 2 mg/L+NAA 0.02mg/L+ MeJA 1μmol/L+sucrose 80 g/L+agar 6.0g/L（pH5.8）in the solid medium. In this medium，the tuberization rate was above 95%. By optical microscope，sufficient starch granules were observed in the *in vitro* tuber.

Key words：*Pueraia thomsonii* Benth；*In vitro* tuberization；Orthogonal experimental design

葛根又叫葛藤、葛麻藤、粉葛，为豆科葛属藤本植物。富含淀粉，是中国卫生部首批批准的药食同源两用植物，素有"北参南葛""亚洲人参"之美誉（杨旭东等，2014）。葛根是以地下贮藏块根为主要经济收获器官，所以研究葛根贮藏块根发生发育具有重要意义。然而葛根生育期较长，块根从发育到成熟需要10个月左右，且块根生长在土壤中，研究观察耗时长且不方便取材。因此，通过在离体培养条件下诱导试管薯，是研究葛根块根发生发育和形成机理的一个重要途径。目前有关试管薯的诱导研究主要集中在试管块茎的诱导，如马铃薯（Salem and Hassanein，2017；Esther et al.，2016；Abdellah and Florian，2015）、半夏（王海丽，2005）、薯蓣类（林红等，2011；Uchendu et al.，2016；Bernabe et al.，2012）等作物。试管块根的诱导研究较少，目前有关葛根试管块根的诱导报道仅见张帆等（2008）进行了初探。因此，本试验采用四因素三水平L_9（3^4）正交实验设计方法研究6-苄基腺嘌呤（6-BA）、萘乙酸（NAA）、茉莉酸甲酯（MeJA）和蔗糖等4因素对葛根试管块根形成和植株形态的影响，筛选适宜的葛根试管块根诱导配方，为葛根块根发生发育机理的研究奠定基础。

1 材料与方法

1.1 实验材料

葛根新品种"桂粉葛1号"。

1.2 试验方法

1.2.1 葛根组培苗的生根培养

将桂粉葛1号组培苗接种于生根培养基1/2MS+NAA 0.02mg/L+蔗糖30g/L+6.0g/L琼脂的固体培养基中进行生根培养7d。

1.2.2 葛根试管块根诱导

选择6-苄基腺嘌呤（6-BA）、萘乙酸（NAA）、茉莉酸甲酯（MeJA）和蔗糖作为试验因子，每个因子设置3个水平，采用$L_9(3^4)$正交设计表设计试验，具体设计方法如表1所示，试验共有9个处理，其中处理1为对照（CK）。试验结束后，根据统计结果挑选出较优的处理进行验证试验。通过进一步验证试验的结果和淀粉粒观察比较确定最优配方组合。上述试验由表1中不同激素和蔗糖组合而成。各处理设3个重复，每个重复接种15瓶，每瓶接种3个葛根生根苗，培养30d后统计试验数据。

收获指数=根鲜重/全株鲜重

表1　葛根试管块根诱导采用4因素3水平正交实验设计

处理编号	BA（mg/L）	NAA（mg/L）	MeJA（μmol/L）	蔗糖（g/L）
1	0	0.02	0	30
2	0	0.1	1	50
3	0	0.5	10	80
4	2	0.02	1	80
5	2	0.1	10	50
6	2	0.5	0	30
7	4	0.02	10	50
8	4	0.1	0	80
9	4	0.5	1	30

1.2.3 试管块根淀粉颗粒观察

参照严华兵等（严华兵等，2016）技术方法。在光学显微镜40×物镜下观察淀粉粒，并于一个视野范围内统计淀粉粒的个数，每个处理统计5个视野范围，计算淀粉粒的平均值。

1.2.4 培养条件

培养温度（25±1）℃，光照强度为1 500～2 000lx，光照时间12h/d。

1.3 统计分析

采用SPSS 18.0和Excel 2010对数据进行处理与统计分析。

2 结果与分析

2.1 不同处理中葛根组培苗形态的差异

将葛根生根苗转入不同处理的块根诱导培养基上培养30d后，葛根组培苗的生长情况如图1所示，处理1和处理2培养的葛根组培苗根系均未膨大形成试管块根，处理9培养的组培苗根系形成愈伤组织严重，其余处理所形成的根系形态也有显著差异。从表2可知，处理1（CK）组培苗株高、根数、平均根长、茎鲜重、茎干重均最高。在9个处理中，以处理4诱导率最高，诱导率为96.3%，显著高于其余8个处理。从收获指数分析，以处理6的收获指数最高，为0.77，但诱导率较低，为54.8%，显著低于处理4。

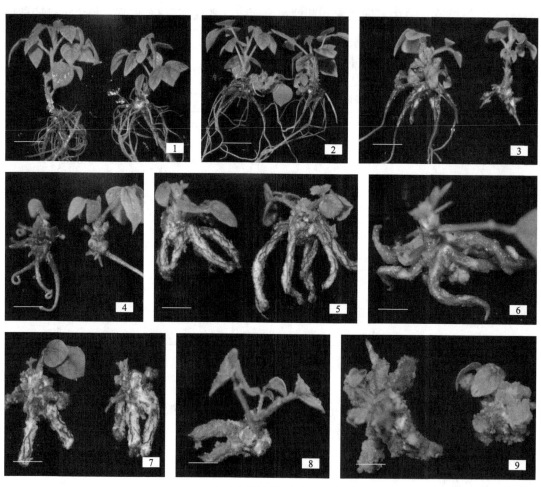

1～9表示正交设计的9个处理（表1）

标尺=1cm；Bar=cm

图1　9种不同培养基诱导培养30d葛根组培苗的生长形态

表2　不同影响因素及水平对植株形态发生的影响

处理编号	诱导率（％）	株高（cm）	根数	平均根长（cm）	平均根粗（mm）	茎鲜重（mg）	茎干重（mg）	根鲜重（mg）	根干重（mg）	收获指数
1	0g	3.3 ± 0.4a	6.3 ± 0.1a	7.9 ± 0.2a	0.5 ± 0c	587.1 ± 7.0a	67.1 ± 3.7a	888.7 ± 99.1a	82.2 ± 8.7a	0.60 ± 0bc

（续表）

处理编号	诱导率（%）	株高（cm）	根数	平均根长（cm）	平均根粗（mm）	茎鲜重（mg）	茎干重（mg）	根鲜重（mg）	根干重（mg）	收获指数
2	0g	2.6±0.1b	5.4±0.3ab	7.4±0.3a	0.8±0c	508.0±26.7b	71.7±6.5a	498.9±37.7bc	55.5±1.8bc	0.50±0c
3	85.9±2.8b	0.8±0.4c	3.4±1.6cd	1.9±0.8b	1.0±0.1bc	197.6±38.1cd	34.3±12.5b	192.3±48.3d	43.2±5.0bc	0.49±0c
4	96.3±2.9a	0.7±0.3cd	4.2±1.2bc	1.8±0.8b	1.0±0.5bc	218.1±16.1cd	40.8±4.2b	389.7±34.3bcd	54.7±5.6bc	0.64±0b
5	76.3±5.6c	0.3±0.1d	2.2±0.2de	1.1±0.2b	1.5±0.1b	265.3±579c	37.3±4.6b	533.1±129.9bc	63.4±14.3ab	0.66±0.1ab
6	54.8±2.3e	0.8±0cd	3.5±0.3cd	1.3±0.2b	1.5±0.2b	185.5±28.5d	28.4±3.3b	645.1±185.8b	62.9±13.7ab	0.77±0a
7	60.0±1.9de	0.6±0.1cd	2.9±0.3cd	1.1±0.1b	1.2±0.1bc	162.5±11.1d	26.9±1.6b	438.9±13.6bcd	53.7±3.3bc	0.73±0ab
8	64.4±4.8d	0.6±0.1cd	1.3±0.4e	1.1±0.4b	1.1±0.1bc	159.1±36.6d	27.8±1.1b	303.1±182.2cd	38.6±17.8c	0.62±0.1bc
9	28.1±4.6f	0.5±0cd	0.9±0.6e	1.1±0.9b	2.5±0.5a	178.4±34.1d	26.4±9.9b	460.6±100.1bc	45.0±5.4bc	0.71±0.1ab

注：同列不同小写字母表示5%水平上的差异显著性（数据为平均值±标准差）。下同

2.2　各因子水平变化对试管块根诱导和植株生长的影响

根据极差分析结果（表3）可知，各因子水平变化均对葛根试管块根诱导和植株生长产生明显影响。6-BA对诱导率、株高、平均根数的影响最大。其次是蔗糖对诱导率的影响较大，NAA影响最小。MeJA、NAA、蔗糖对株高的影响相近，其浓度越高，组培苗越矮小。

表3　诱导率、株高、平均根数正交实验中的极差分析L9（3⁴）

因素水平	诱导率（%）				株高（cm）				平均根数（条）			
	6-BA	NAA	MeJA	蔗糖	6-BA	NAA	MeJA	蔗糖	6-BA	NAA	MeJA	蔗糖
1	86.7	152.9	115.3	99.2	6.7	4.6	4.7	4.1	15.0	13.3	10.9	9.4
2	181.4	137.5	83.3	51.9	1.8	3.5	3.8	4.0	9.7	8.8	10.4	11.7
3	255.5	163.7	150.1	144.9	1.7	2.1	1.7	2.1	5.0	7.6	8.4	8.6
R	168.8	26.2	66.8	93	5.0	2.5	3.0	2.0	10.0	5.7	2.5	3.1

2.3 最优配方组合的验证试验

由表4可知，验证试验结果与正交试验结果略有不同，但总体一致。以处理4诱导率最高，显著高于其余4个处理。以处理1（CK）的株高、平均根长、根数、茎鲜重以及茎干重最高，均显著高于其余4个处理。

表4 葛根试管块根诱导配方验证试验

处理编号	诱导率（%）	株高（cm）	根数	平均根长（cm）	平均根粗（mm）	茎鲜重（mg）	茎干重（mg）	根鲜重（mg）	根干重（mg）
1	0d	3.0 ± 0.1a	4.9 ± 0.3a	7.0 ± 1.1a	0.4 ± 0.1c	463.3 ± 8.9a	60.0 ± 4.5a	613.3 ± 9.2c	66.7 ± 3.4c
3	68.6 ± 3.5b	0.7 ± 0b	4.1 ± 0.2b	1.6 ± 0.1b	0.8 ± 0.4c	216.7 ± 16.3bc	37.7 ± 5.9b	213.3 ± 21.6e	43.3 ± 4.2c
4	94.9 ± 1.1a	0.7 ± 0b	2.8 ± 0.2c	2.2 ± 0.2b	1.0 ± 0.1b	306.7 ± 12.5b	46.7 ± 3.8b	396.7 ± 163.5d	66.7 ± 5.9c
5	73.3 ± 1.8b	0.5 ± 0.1c	2.3 ± 0.6cd	1.9 ± 0.3b	1.8 ± 0.1a	300.0 ± 20.1b	30.0 ± 2.1b	755.0 ± 28.4b	115.0 ± 6.2b

A. 1号培养基诱导葛根组培苗根系形态；B. 4号培养基诱导葛根组培苗根系形态

图2 1号和4号培养基诱导葛根组培苗根系形态对比

2.4 试管块根淀粉颗粒观察

不同处理诱导的试管块根淀粉颗粒观察如图3所示，处理3、处理4、处理5诱导的块根经碘液染色后，在光学显微镜40倍的物镜下，均可观察到大量淀粉粒，表明3个处理所形成的试管块根均已合成淀粉。其中，3个处理在1个视野下淀粉粒平均个数分别为189、387、256，处理4形成的淀粉粒数量最高。

结合组培苗生长形态、根系形态和淀粉颗粒观察结果来看，处理4试管块根诱导率最高，植株形态较正常，且块根产生大量淀粉粒。因此，本研究认为处理4为较优的葛根试管块根诱导配方，具体配方为：MS+6-BA 2mg/L+NAA 0.02mg/L+MeJA 1μmol/L+糖80g/L。

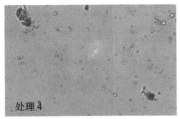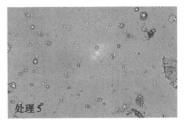

图3　不同处理诱导葛根试管薯淀粉粒观察图

3　讨论

　　精确判断正在大田生长发育的块根，尤其是早期的发育阶段非常困难和复杂，而离体试管薯诱导的快速、同步性和诱导位点的再生能力使得块根的生育时期能够精确划分。其次，离体试管薯更易于对培养基中物质进行同位素标记，并能精确定义标记物在块根中的表现。同时，离体条件下形成的试管薯与大田薯在组成成分及一些酶方面均存在一定的相关性（Gopal，2001；Fernie and Willmitzer，2001；连勇，2002）。研究表明，试管薯在形态组织结构、生长发育的生理生化过程、遗传稳定性等方面均与常规相同（Alsadon 1989；Liu et al.，1997）。薛建平等（2004）比较了试管地黄与自然条件下生长的地黄在形态解剖上的异同，结果发现在形态解剖方面试管地黄与自然条件下生长的地黄具有一致性。本试验在离体条件下成功诱导葛根试管块根的发生，为在离体条件下探讨葛根块根形成和发生发育机理奠定基础，同时也有利于作为葛根育种的辅助技术，在离体条件下观察淀粉粒形成和结构的变化。

　　利用组织培养技术进行试管薯的诱导受多种因素的影响，如植物生长物质。研究表明，细胞分裂素之所以能促进块根的形成与发育，其原因在于细胞分离素可促进细胞分裂，从而刺激某些酶的活性，促进营养物质更易于向细胞分裂素所在的部位运输，促进块根的发生（何进，2011）。本试验研究结果表明，6-BA对葛根微型块根的诱导率、株高、平均根数的影响最大。适宜浓度的6-BA促进葛根微型块茎的形成，但当浓度过高时，反而抑制块根的形成，促进愈伤组织的形成。这一研究结果与前人研究结果一致（韩晓勇等，2013）。茉莉酸（JA）及其衍生物茉莉酸甲酯（MeJA）对植物营养贮藏器官的诱导形成具有促进作用，目前已成功应用于多种作物试管薯的诱导（甘立军等，2001；陈大清等，2005；杜红梅等，2009；盛玮等，2010）。Paul等（2010）研究表明，培养基中添加JA能促进山药微型块茎的诱导，且低浓度的JA（0.1μmol/L）能够促进微型块茎的诱导时间，当浓度为0.1~1μmol/L能增加微型块茎的长度和重量。有研究发现，JA对微型块茎的诱导作用因基因型不同而存在差异。Olivier等（2010）研究了JA对铁棍山药复合体的两个栽培品种微型块茎形成的影响，结果表明"Kponan"品种微型块茎的适宜培养基为T培养基添加2.5μmol/L JA，而"Krengle"适宜的培养基为MS添加0.5μmol/L JA；在木薯微型块根诱导过程中，严华兵等（2016）发现MeJA对木薯品种"SC205"组培苗的平均根粗和收获指数的影响较大，而曾文丹等（2018）发现MeJA不利于木薯品种"新选048"微型块根的诱导，且随着浓度的增加，组培苗生根率随之降低。本试验通过极差分析发现JA对葛根试管块根的诱导率具有一定的影响，但6-BA对诱导率的影响最大。

在植物试管薯离体诱导过程中，适宜的碳源不仅为细胞呼吸代谢提供底物与能源同时还为维持植株形成试管薯所要求的渗透压，而且可能对试管薯发育过程中一些重要酶的基因表达及部分贮藏蛋白的积累具有重要作用，从而有利于试管薯的形成（Fujino et al.，1995；宁志珩等，2007）。丰峰等（2007）研究发现以蔗糖作为碳源对山薯试管薯数量的诱导效果显著优于白糖。李明军等（2008）研究表明蔗糖浓度为60g/L时，山药微型块茎形成最早，且单株微型块茎数和块茎指数最高。严华兵等（2009）研究发现，高浓度蔗糖有利于试管零余子的发生和形成，而低浓度蔗糖则有利于试管薯的诱导形成。本试验研究结果发现高浓度蔗糖将有利于葛根试管块根的形成。

本试验建立的葛根试管块根较优的诱导配方为MS+6-BA 2mg/L+NAA 0.02mg/L+MeJA 1μmol/L+糖80g/L+琼脂6.0g/L（pH值为5.8）。在该配方诱导条件下，葛根试管块根的诱导率为96.3%，且块根内形成较多淀粉粒。此外，葛根微型块根的形成不仅受植物生长调节剂及碳源的影响，还会受基因型、光周期、培养方式及条件等因素的影响，因此下一步将进一步开展其余影响因素对葛根微型块根发生技术的研究。

参考文献

曾文丹，曹升，周慧文，等，2018. 液体培养诱导木薯试管块根发生技术[J]. 分子植物育种，16（15）：5 015-5 022.

陈大清，王雪英，李亚男，2005. 水杨酸和茉莉酸甲酯对试管马铃薯形成的影响[J]. 华中农业大学学报，24（1）：74-78.

杜红梅，唐东梅，黄丹枫，2009. 茉莉酸甲酯对芋试管成球的影响[J]. 上海交通大学学报（农业科学版），27（5）：480-484.

丰锋，叶春海，李映志，等，2007. 生长调节物质、碳源和光周期对山薯试管薯形成和生长发育的影响[J]. 植物生理学通讯，43（6）：1 045-1 049.

甘立军，曾晓春，周燮，2001. 茉莉酸类与植物地下贮藏器官的形成[J]. 植物学通报，18（5）：546-553.

韩晓勇，闫瑞霞，殷剑美，等，2013. '台州紫山药'试管薯诱导体系研究[J]. 园艺学报，40（10）：1 999-2 005.

何进，2011. 植物生长物质对马铃薯试管壮苗和试管薯诱导的影响[D]. 成都：四川农业大学.

李明军，刘萍，张嘉定，2000. 怀山药块茎的离体诱导[J]. 植物生理学通讯，36（1）：41-42.

李明军，刘欣英，李萍，等，2008. 山药微型块茎诱导形成的影响因子研究[J]. 中草药，39（6）：905-910.

连勇，邹颖，东惠茹，等，2002. 马铃薯试管薯形成过程中几种内源激素的变化[J]. 园艺学报，29（6）：537-541.

林红，黄小龙，周双清，等，2011. 大薯微型块茎的离体诱导[J]. 中国农学通报，27（12）：112-116.

宁志珩，吕国华，贾晓鹰，2007. 脱毒马铃薯试管薯诱导技术探索[J]. 中国马铃薯（1）：37-42.

盛玮，薛建平，张爱民，等，2010. 半夏试管块茎形成过程中内源激素的变化[J]. 中国中药杂志，35

（8）：943-945.

王海丽，2005. 三叶半夏脱毒快繁及离体块茎诱导[D]. 杭州：浙江大学.

薛建平，张爱民，柳俊，等，2004. 试管地黄形成过程中形态发生的研究[J]. 中国中药杂志，29（1）：31-34.

严华兵，梁春秀，杨丽涛，等，2009. 山薯试管零余子的诱导[J]. 热带作物学报（11）：93-97.

严华兵，周慧文，曾文丹，2016. 木薯试管块根诱导技术研究[J]. 热带作物学报，37（9）：1 708-1 713.

杨旭东，2014. 葛根种质资源及其开发利用研究进展[J]. 中国农学通报，30（24）：11-16.

张帆，祁建军，周丽莉，等，2008. 粉葛试管块根诱导技术的研究[J]. 时珍国医国药，19（4）：918-919.

Abdellah R，Lauer F I，Effect of NPK media concentrations on *in vitro* potato tuberization of cultivars Nicola and Russet Burbank[J]. American Journal of Potato Research，92（2）：294-297.

Alsadon A A，1989. Micropropagation techniques as a tool for studying plant growth，tuberization and sprouting of potatoes[J]. Dissertation Abstracts International B Sciences and Engineering，50：810-811B.

Bernabé-Antonio A，Santacruz-Ruvalcaba F，Cruz-Sosa F，2012. Effect of plant growth regulators on plant regeneration of *Dioscorea remotiflora*（Kunth）through nodal explants[J]. Plant Growth Regulation，68（2）：293-301.

Fernie A R，Willmitzer L，2002. Molecular and biochemical triggers of potato tuber development[J]. Plant Physiology，127（4）：1 459-1 465.

Fujino K，Koda Y，kiuta Y，1995. Reorientation of cortioalmiero tubules in the subapical region during tuberization in single-node stem segments of potato in culture[J]. Plant Cell Physiol，36（5）：389-895.

Liu J，Xie C，Wu C，1997. Microtubers and virus-free seed of potatoes. In：Seed Industry and Agricultural Development[M]. Beijing：China Agriculture Press.

Olivier K A，Konan K N，Anike F N，et al.，2012. *In vitro* induction of minitubers in yam（*Dioscorea cayenensis-D. rotundatacomplex*）[J]. Plant Cell Tissue & Organ Culture，109（1）：179-189.

Ovono P O，Kevers C，Dommes J，2010. Tuber formation and growth of *Dioscorea cayenensis-D. rotundata* complex：interactions between exogenous and endogenous jasmonic acid and polyamines[J]. Plant Growth Regulation，60（3）：247-253.

Salem J，Hassanein A M，2017. *In vitro* propagation，microtuberization，andmolecular characterization of three potato cultivars[J]. Biologia Plantrum，61（3）：427-437.

Uchendu E E，Shukla M，Saxena P K，et al.，2016. Cryopreservation of potato microtubers：the critical roles of sucrose and desiccation[J]. Plant Cell Tissue & Organ Culture，124（3）：649-656.

Uchendu E E，Sobowale O O，Odimegwu J，et al.，2016. *In vitro* sucrose concentration influences microtuber production and diosgenin content in white yam（*Dioscorea rotundata Poir*）[J]. Vitro Cellular & Developmental Biology Plant，52（6）：563-570.

活性炭对王枣子愈伤组织褐化的影响

朱艳芳，龙　峰，盛清远，盛　玮，薛建平[*]

（淮北师范大学生命科学学院　淮北　235000）

摘　要：以无菌试管苗诱导的王枣子愈伤组织为实验材料，分别接种到添加0.5g/L活性炭和不加活性炭的愈伤诱导培养基中，连续取样测定过氧化物酶（POD）活性、多酚氧化酶（PPO）活性和多酚含量，分析三者之间的相关性，进而研究活性炭对王枣子愈伤组织褐化的影响。结果表明：添加活性炭的试验组褐化程度高于不加活性炭的对照组。同时，试验组POD活性与PPO活性均在极显著下降后稳定在较低水平；多酚含量变化趋势呈波浪状并最终维持在高水平。在相关性方面，POD活性与PPO活性呈极显著正相关（$P<0.01$），POD活性、PPO活性与多酚含量均无相关性。结论：0.5g/L活性炭促进了王枣子愈伤组织的褐化。

关键词：活性炭；愈伤组织；过氧化物酶；多酚氧化酶；多酚

Effect of Activated Carbon on the Browning of Callus of *Isodon amethystoides*

Zhu Yanfang，Long Feng，Sheng Qingyuan，Sheng Wei，Xue Jianping[*]

（College of Life Sciences，Huaibei Normal University，Huaibei 235000，China）

Abstract：The callus of *Isodon amethystoides* induced by sterile test-tube seedlings were used as experimental material，and then inoculated into callus induction medium with and without activated carbon at 0.5 g/L. The activities of POD and PPO，and the content of polyphenol were determined by continuous sampling，and the correlations among the three indexes were analyzed. Further，the effect of activated carbon on browning of callus of *I. amethystoides* was studied. The results showed that the degree

---

＊通讯作者：Author for correspondence（E-mail：xuejp@163.com）

of browning of the experimental group with 0.5g/L activated carbon was higher than that of the control group without activated carbon. Meanwhile，the activities of POD and PPO in the test group both decreased significantly and stabilized at a low level，and the content of polyphenols fluctuated and remained at a high level. The activities of POD and PPO were significantly positively correlated（$P < 0.01$），however the activities of POD and PPO and the content of polyphenol were uncorrelated. The conclusion is that 0.5g/L activated carbon promoted the browning of callus of *I. amethystoides*.

Key words：Activated carbon；Callus；Peroxidase；Polyphenol oxidase；Polyphenols

王枣子*Isodon amethystoides*（Benth）Cy Wu et Hsuan是唇形科香茶菜属植物，具有显著的抗菌消炎作用，是生长在安徽宿、萧二县山区的一种药食两用中草药（鲁放，2017）。近年来，越来越多的学者发现王枣子富含大量的天然化学成分，包括生物碱、王枣子挥发油等（张亚楠等，2017）。但王枣子野生优质种苗资源稀缺，人工种植较少且种植面积增长缓慢，而市场的需求量日益扩大。实验室通过王枣子外植体诱导出愈伤组织，进而诱导分化成苗，可建立王枣子再生体系，为王枣子的大规模人工栽培提供优质种苗。但是褐化一直是影响王枣子愈伤组织生长的关键因素。其中酶促褐化是组织培养中主要的褐化方式（张国珍，1992），酶促褐化的产生主要是酚类氧化成醌类，醌类通过聚合反应形成黑褐色物质（刘欣，2011；高国训，1999）；非酶促褐化则是细胞受胁迫而自发死亡且不需要氧化剂的参与（胡云峰等，2018；杨毅等，2008）。相关研究表明，PPO活性、POD活性和多酚含量是影响褐化的三种因素（刘红，2016）。活性炭因其具有很强的吸附性，常用来吸附培养基中的有害成分（张芳，2018）。而在防褐化研究中用来吸附分泌到培养基中酚类和醌类，以抑制褐化的发生，但培养基中的有益成分也可能被活性炭吸附，这可能使愈伤组织生长缓慢甚至死亡（陈贝贝等，2012）。目前尚无活性炭对王枣子愈伤组织褐化影响的相关研究，故本试验探究了活性炭对王枣子愈伤组织褐化的影响。采用定期取样测定愈伤组织中POD活性、PPO活性和多酚含量这三种生理指标的方法，进而研究活性炭在王枣子愈伤组织防褐化中的作用，可为王枣子愈伤组织防褐化的研究提供参考。

1　材料与方法

1.1　实验材料

王枣子愈伤组织：以王枣子种子为外植体，消毒后在培养基上诱导无菌试管苗为实验材料，用王枣子叶片剪成小块接种入愈伤诱导培养基中，培养基配方为：B5+0.5mg/L 6-BA+0.5mg/L NAA+30g/L蔗糖+6.5g/L琼脂（pH值为5.8）。

1.2　实验方法

选取生长良好的愈伤组织接种到添加活性炭的培养基上，培养4周，每周取样并测定其POD活性、PPO活性、多酚含量，以不添加活性炭的为对照组。

1.2.1 POD与PPO活性的测定

PPO活性测定参考邻苯二酚法并略做修改，在3min内每隔10s记录398nm波长的吸光度值。在电脑上绘制曲线，以$\triangle OD_{398}/$（min·鲜重g）表示酶的活力（即等于所绘一元一次方程斜率除以样品重量）。

POD活性测定由愈创木酚法确定（李忠光等，2008）并略作修改，在3min内每隔10s记录470nm波长的吸光度值。在电脑上绘制曲线，以$\triangle OD_{470}/$（min·鲜重g）表示酶的比活力（即等于所绘一元一次方程斜率除以样品重量）。

1.2.2 多酚含量测定

因目前尚无王枣子多酚提取方法的研究，故本试验借鉴蒋志国等对多酚超声微波协同提取的方法（蒋志国等，2016）设置了如下4因素3水平L_9（3^4）正交试验（表1）。

表1　正交实验L_9（3^4）因素水平表

水平	因素			
	提取时间（s） A	功率（W） B	乙醇体积分数（%） C	温度（℃） D
1	540	25	60	60
2	720	50	70	70
3	900	75	80	80

注：多酚含量的测定参考Folin-Ciocalteu比色法（王岸娜等，2008）并略作修改，样品中多酚含量=计算所得样品液浓度×25×40

1.3 数据分析

使用SPSS软件对试验所得结果进行差异显著性分析与相关性分析。

2 结果与分析

2.1 试验观察

现象描述：试验组的愈伤组织在0～2周褐化现象不明显，第3周出现褐化现象且褐化现象严重，第4周大部分愈伤组织完全褐化，且愈伤组织生长缓慢。对照组愈伤组织第1周开始褐化，且褐化程度随培养时间延长而加重，0～2周内褐化程度并不明显，但3～4周褐化情况严重，试验组第4周的褐化程度高于对照组（图1）。

图1　试验组与对照组褐化程度比较

2.2　POD活性变化

由图2曲线变化趋势可以看出，试验组与对照组呈现出完全相反的变化趋势。对照组POD活性于0～1周显著下降（$P=0.039$），1～3周极显著上升（$P=0.001$），3～4周极显著下降（$P=0.002$），第4周回到0周水平。其中，第3周显著高于0周（$0.01<P<0.05$）；第2周显著高于第4周（$P=0.016$）。

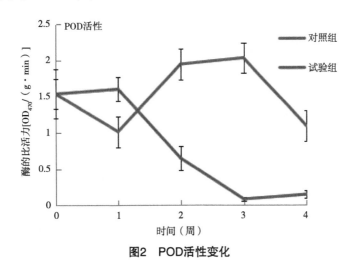

图2　POD活性变化

试验组POD活性于0～1周缓慢上升，1～3周极显著下降（$P=0$），3～4周维持在较低水平。其中，0周与第1周极显著高于第2周（$P=0$）。根据对照组与试验组的差异显著性分析，试验组第1周POD活性显著高于对照组，而第2周显著低于对照组（$P=0.011$）；试验组第3周、第4周均极显著低于对照组（$P<0.01$）。

2.3　PPO活性变化

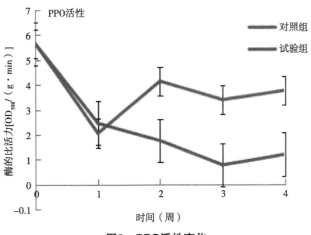

图3　PPO活性变化

由图3曲线变化趋势可以看出，对照组与试验组变化趋势并不一致。对照组PPO活性于0～1周显著下降（$P=0.018$），1～2周活性升高，2～4周趋于稳定水平。

试验组PPO活性在0～3周呈现出极显著的下降趋势（$P=0$），3～4周维持在较低水平。其中，第1周显著高于第3周（$P=0.044$）。

对照组PPO活性在第3周极显著高于试验组（$P=0.001$）；第4周显著高于试验组（$P=0.011$）。

2.4 多酚含量测定方法的确定

由表2可知，四因素对多酚提取的影响顺序为：提取时间>乙醇体积分数>温度>功率，并且最佳的因素组合为A3B3C2D2，即提取时间为900s、功率为75W、乙醇体积分数为70%、温度70℃时，是提取多酚的最佳方案。

表2 正交实验结果

	提取时间（s）	功率（W）	乙醇体积分数（%）	温度（℃）	吸光度
1	540	25	60	60	0.141
2	540	50	70	70	0.262
3	540	75	80	80	0.123
4	720	25	70	80	0.155
5	720	50	80	60	0.184
6	720	75	60	70	0.239
7	900	25	80	70	0.26
8	900	50	60	80	0.231
9	900	75	70	60	0.414
K_1	0.175 333 333	0.185 333 333	0.203 666 667	0.246 333	
K_2	0.192 666 667	0.225 666 667	0.277	0.253 667	
K_3	0.301 666 667	0.258 666 667	0.189	0.169 667	
R	0.126 333 333	0.073 333 333	0.088	0.084	

2.5 多酚含量变化

由图4曲线变化趋势可以看出，对照组与试验组变化趋势并不一致。在0～3周对照组的多酚含量呈极显著下降趋势（$P=0$），3～4周维持在较低水平。其中，第1周显著低于0周（$P=0.026$）。

试验组多酚含量于0～1周极显著上升（$P=0.009$），1～2周显著下降（$P=0.02$），2～4周极显著上升（$P=0.002$）。其中，第4周极显著高于0周（$P<0.01$）。

第1周、第3周、第4周这三周对照组均极显著低于试验组（$P<0.01$）；对照组第2周显著低于试验组（$P=0.024$）。

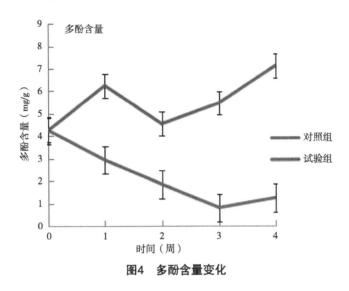

图4　多酚含量变化

2.6　相关性分析

本试验利用SPSS软件进行相关性分析，结果如下：试验组王枣子愈伤组织POD活性与PPO活性呈极显著正相关（$P=0.002$）；其次，POD活性、PPO活性与多酚含量之间均不存在相关性关系。

3　讨论

本试验得出的结果如下：添加0.5g/L活性炭的试验组王枣子愈伤组织褐化程度高于对照组，即0.5g/L活性炭促进了王枣子愈伤组织的褐化；试验组POD活性与PPO活性呈极显著正相关，POD活性、PPO活性与多酚含量之间均不存在相关性；试验组多酚含量显著高于对照组。

酚类在相关酶的作用下氧化形成醌类，醌类经过氧化聚合形成黑褐色的色素，这一过程被称为酶促褐化，并需要满足催化剂、酚类物质、氧化环境这三个条件（燕傲蕾等，2019）。而非酶促褐化是酚类在非酶促条件下被氧化而导致颜色显著加深的现象，其机理在于细胞受胁迫或其他不利条件引起的自发的细胞死亡或程序性死亡（罗阳春等，2018；雒晓芳，2005）。根据图2、图3可以看出，试验组王枣子愈伤组织在整个培养周期内POD活性、PPO活性二者均极显著下降，最终维持在较低水平；根据图4可以看出，在相同的培养周期内，试验组多酚含量呈上升趋势，根据三种生理指标的变化情况与王枣子愈伤组织褐化程度对比的结果来看，随褐化程度的加深，POD活性与PPO活性逐渐下降，而多酚含量显著升高，原因可能在于POD与PPO被活性炭吸附导致活性降低（张月玲等，

2002）。而褐化程度越高，其多酚含量往往也会很高（印芳等，2008）。这一结果与毛沛琪等关于'凤丹'牡丹愈伤组织褐变研究中得出的结论基本一致（毛沛琪等，2018）。PPO能够将多酚氧化形成醌类物质，因而大多数学者将PPO活性和多酚含量作为确定褐化的主要因素（李粉玲等，2007；王玉书等，2018）。本研究发现，试验组王枣子愈伤组织的褐化程度与POD和PPO活性呈负相关，这与谢荣娟等（谢荣娟等，2017）关于北青衣褐变机制研究的结论较一致，可能是POD与PPO被活性炭吸附导致活性降低。王枣子愈伤组织POD活性与PPO活性呈极显著正相关；POD活性、PPO活性与多酚含量之间均无相关性；褐化的原因是多种因素共同作用的结果，褐化产生的机理不单是由POD、PPO及多酚含量之间的相关性说明的（罗晓芳等，1999；叶梅，2005）。

相关研究表明活性炭可吸附愈伤组织中的酚类及醌类物质并在一定程度上减轻褐化（吴转娣等，2013；戴莹等，2016），根据本试验得出的结果，表明了0.5g/L活性炭促进了王枣子愈伤组织褐化。究其原因可能在于活性炭是一种无机吸附剂且吸附时无选择性，在吸附有毒代谢产物时又会吸附培养基中的各种营养素和生长因子（赵欣等，2010）。郑理乔等（郑理乔等，2012）在兔眼蓝莓组织培养过程中褐化的影响一文中，得出的结论是活性炭在组织培养中的使用需要选择适宜的浓度，如果浓度较低，则其褐化抑制作用弱，褐化程度严重且愈伤组织生长缓慢；相反，浓度过高不仅会使愈伤组织枯死更会加重褐化（陈剑勇，2011；贾荟芹等，2015）。本试验中发现0.5g/L活性炭抑制了愈伤组织的生长，促进了褐化的程度。因而初步猜测活性炭在调控王枣子愈伤组织的生长及抗褐化的作用中是双面的，这与陈永胜等（陈永胜等，2014）在关于蓖麻花药愈伤组织增殖及防褐化研究一文中所得出的结论基本一致。因此在后续的关于活性炭对王枣子愈伤组织抗褐化影响的研究中，建议适当降低培养基中活性炭浓度，以期达到最佳的防褐化效果。

参考文献

陈贝贝，汪安乐，蒋明，等，2012.黄精叶钩吻组培中褐化控制的探讨[J].浙江农业科学（4）：490-492.

陈剑勇，2011.杉木愈伤组织培养中的褐化控制研究[J].亚热带植物科学，40（3）：47-49.

陈永胜，邵志敏，李国瑞，等，2014.蓖麻花药愈伤组织增殖及防褐化研究[J].江苏农业科学，42（4）：46-48.

戴莹，杨世海，赵鸿峥，等，2016.药用植物组织培养中褐化现象的研究进展[J].中草药，47（2）：344-351.

高国训，1999.植物组织培养中的褐变问题[J].植物生理学通讯（6）：501-506.

胡云峰，唐裕轩，李宁宁，等，2018.枸杞热风干制过程中非酶促褐变反应研究[J].保鲜与加工，18（6）：125-129.

贾荟芹，高龙梅，李薇，等，2015.黄花菜组织培养褐变研究[J].农业开发与装备（8）：69.

蒋志国，李斌，王燕华，等，2016.菠萝蜜果皮多酚超声微波协同提取工艺优化及抗氧化活性研究[J].食品工业科技，37（2）：270-275.

李粉玲，蔡汉权，陈艳，等，2007.火龙果果肉的酶促褐变及其抑制措施[J].湖北农业科学，46（6）：999-1 002.

李忠光，龚明，2008. 愈创木酚法测定植物过氧化物酶活性的改进[J]. 植物生理学通讯（2）：149-150.

刘红，2016. 枇杷花药愈伤组织诱导及褐化机理和控制方法研究[D]. 成都：四川农业大学.

刘欣，2011. 食品酶学[M]. 北京：中国轻工业出版社.

鲁放，2017. 皖北道地药材王枣子组织培养技术的研究[D]. 淮北：淮北师范大学.

罗晓芳，田砚亭，姚洪军，1999. 组织培养过程中PPO活性和总酚含量的研究[J]. 北京林业大学学报（1）：98-101.

罗阳春，杨云，李仕伟，等，2018. 组织培养中植物外植体及愈伤组织褐变的研究进展[J]. 贵州农业科学，46（1）：5-10.

雒晓芳，2005. 药用植物当归的组织培养研究[D]. 兰州：西北师范大学.

毛沛琪，李厚华，李媛，等，2018. 硝酸银对"凤丹"牡丹愈伤组织褐变过程中酚类物质及相关酶活性的影响[J]. 西北林学院学报，33（6）：83-88.

王岸娜，徐山宝，刘小彦，等，2008. 福林法测定猕猴桃多酚含量的研究[J]. 食品科学（7）：373-376.

王玉书，沈静怡，耿伟，等，2018. 小型西瓜花药愈伤组织诱导及防褐化研究[J]. 北方园艺（10）：41-44.

吴转娣，赵俊，刘家勇，等，2013. 甘蔗胚性愈伤组织的诱导和抗褐化研究[J]. 中国糖料（3）：10-12.

谢荣娟，霍金海，王伟明，2017. 北青龙衣褐变机制的研究[J]. 中国农学通报，33（12）：129-136.

燕傲蕾，肖清臣，周奎，等，2019. 苔干酶促褐变归因分析[J]. 食品工业科技，40（11）：102-107.

杨毅，谢慧明，王海翔，等，2008. 浓缩砀山酥梨汁非酶促褐变中氨基酸变化的研究[J]. 食品科学（2）：116-119.

叶梅，2005. 植物组织褐变的研究进展[J]. 重庆工商大学学报（自然科学版），22（4）：326-329，381.

印芳，葛红，彭克勤，等，蝴蝶兰组培褐变与酚酸类物质及相关酶活性的关系[J]. 中国农业科学，41（7）：2 197-2 203.

张芳，2018. 不同活性炭浓度对辣椒花药培养的影响[J]. 西北园艺：综合，255（5）：63-65.

张国珍，1992. 食品生物化学[M]. 北京：中国农业出版社.

张亚楠，姜丽丽，薛宏宇，2017. 中草药王枣子萜类成分及其药理作用研究进展[J]. 辽宁中医杂志（9）：212-215.

张月玲，肖尊安，熊红，2002. 红豆杉愈伤组织生长与PPO，POD比活性和多酚质量分数变化的研究[J]. 北京师范大学学报（自然科学版）（6）：800-801，803-804.

赵欣，卢翠华，陈伊里，等，2010. 培养基添加物对马铃薯花药褐化及愈伤诱导的影响[J]. 东北农业大学学报，41（1）：24-28.

郑理乔，黄成林，刘华，等，2012. 兔眼蓝莓组织培养过程中褐化与生根问题的探讨[J]. 安徽农业大学学报，39（5）：777-782.

福建戴云山金线莲组织培养条件优化及遗传稳定性ISSR分析

刘　丹[1, #]，李　丹[1, #]，张梓浩[1]，吴金寿[1]，程春振[1]，

林玉玲[1]，许旭明[2]，赖钟雄[1*]

（1.福建农林大学园艺植物生物工程研究所　福州　350002；

2.三明市农业科学研究院　沙县　365059）

摘　要：以福建戴云山金线莲为材料，在建立无菌体系基础上，探讨了不同培养基对芽苗、原球茎、根状茎的增殖影响，液体和固体培养基的比较研究，以及ISSR遗传稳定性检测。结果表明，以茎段为外植体建立的无菌体系中，升汞消毒10min的污染率最低、存活率最高。不同盐、6-BA和NAA浓度对金线莲芽苗、原球茎及根状茎增殖结果显示，芽苗增殖最优配方为1/2MS+6-BA 0.5mg/L+NAA0.3 mg/L；原球茎和根状茎增殖最佳配方为MS+6-BA 1.0mg/L+NAA 0.3mg/L。液体培养基对金线莲增殖效果明显。ISSR遗传稳定性分析显示，福建戴云山金线莲在组织培养的继代过程中发生一定程度变异，但其遗传性状相对稳定。

关键词：戴云山金线莲；工厂化育苗；无菌体系；遗传稳定性

Optimization of Tissue Culture Conditions and Genetic Stability ISSR Analysis of *Anoectochilus roxburghii* from Daiyunshan Mountain in Fujian

Liu Dan[1, #], Li Dan[1, #], Zhang Zihao[1], Wu Jinshou[1], Cheng Chunzhen[1],

Lin Yuling[1], Xu Xuming[2], Lai Zhongxiong[1*]

基金项目：福建省重大科技专项（2015NZ0002-1）；福建农林大学科技创新专项基金项目（CXZX2017189）

#同等贡献

*通讯作者：Author for correspondence（E-mail：laizx01@163.com）

（1.Institute of Horticultural Plant Biological Engineering，Fujian Agriculture and Forestry University，Fuzhou 350002，China；2.Sanming Academy of Agricultural Sciences，Shaxian 365059，China）

Abstract：Based on the establishment of a sterile system in the wild plants of *A. roxburghii* from Daiyunshan Mountain in Fujian，the effects of different media on the proliferation of shoots，protocorms and rhizomes were studied. The comparative study of liquid and solid medium，and ISSR genetic stability were researched. The results showed that in the aseptic system with stem segments as explants，$HgCl_2$ disinfection for 10 minutes had the lowest contamination rate and the highest survival rate. The results of different MS，6−BA and NAA concentrations on the proliferation of *A. roxburghii* seedlings，protocorms and rhizomes showed that the optimal medium for shoot growth was 1/2MS+6−BA 0.5 mg/L+NAA 0.3 mg/L. The optimal medium for protocorm and rhizome proliferation was MS+6−BA 1.0 mg/L+NAA 0.3 mg/L. The liquid medium exhibited obvious effects on the proliferation of *A. roxburghii*. The ISSR genetic stability analysis showed that the *A. roxburghii* from Daiyunshan Mountain in Fujian has undergone a certain degree of variation in the process of tissue culture，but its hereditary traits are still relatively stable.

Key words：*A. roxburghii* from Daiyunshan Mountain；Industrial-scale micropropagation；Establishment of sterile system；Genetic stability

金线莲[*Anoectochilus roxburghii*（wall.）Lindl]，又名金线兰，是开唇植物花叶兰属多年生的名贵中草药（刘贤旺等，1999）。其植株全草可入药，素有"药王""神药"等美称（吴梅等，2016；Qu et al.，2015）。其喜阴凉潮湿、弱光或散射光环境，对环境要求极高，一般生长在常绿阔叶林的石壁沟壑等潮湿地带（陈永快等，2008），尤以我国福建和台湾分布最多（陈裕等，1994）。

自然条件下，金线莲生长尤为缓慢，发芽率极低，人为大肆采挖和自然条件的恶化，加剧了野生金线莲资源锐减的现状（陈裕等，1994）。采用种子和人工繁殖，耗时且繁殖效率低（吴坤林，1997）。金线莲中草药市场需求较大，在我国东南沿海及东南亚地区销售量逐年上升。植物组织培养技术被证明是植物快繁、濒危植物种质资源保存的有效方法。组培技术应用于自然生长的野生金线莲中，经人工培养基多次继代生长，遗传稳定性和变异系数又可通过ISSR（inter-simple sequence repeat）分子标记来检验。

福建戴云山位于福建省德化县赤水戴云村，海拔1 856m，属中亚热带季风气候，夏季凉爽、冬季严寒，全年雨量充沛，雾多，日照少，相对湿度大，山地垂直气候明显，孕育有大量珍贵树种、花卉及名贵中药材（刘金福等，2010）。戴云山金线莲作为福建本地金线莲，资源稀缺，民间认为其药效更佳。因此对其建立无菌快繁体系并进行增殖条件优化，利用ISSR分子标记技术检验又可减少遗传变异，具极高的应用价值和生产意义。

1 材料与方法

1.1 试材

以福建戴云山金线莲野生植株为材料，由福建农林大学园艺植物生物工程研究所提供。

1.2 方法

1.2.1 无菌体系的建立

将植株茎段剪成1.5～2cm，用洗衣粉泡10min后于流水下冲洗15min，转移至超净工作台中用75%酒精消毒30s后，0.1%升汞消毒6min、8min、10min，无菌水冲洗8次。继而转接到MS培养基中，其中白糖30g/L、琼脂6g/L，pH值为5.6。每瓶接5个茎段，每处理接6瓶，试验重复3次，培养温度（25±2）℃，光照时间12h/d（1 200～2 000lx）。20d后统计污染率和存活率。

1.2.2 金线莲在固、液体培养基中的增殖条件优化

在1.2.1基础上，选同期诱导扩繁、生长状态一致的金线莲芽苗、原球茎、根状茎为材料。采用6-BA、NAA、不同盐浓度的MS培养基设计4因素3水平正交试验（表1），芽苗每瓶接5株，原球茎和根状茎每瓶接5团，每处理接6瓶，重复3次，35d后统计增殖率。

以不同盐浓度MS培养基为基本培养基，白糖、琼脂、pH值和培养条件与1.2.1一致。

以不加琼脂的优化固体培养基为基本培养基，置于摇床（25℃）中培养。进行固、液体培养基增殖比较试验。

表1 金线莲芽苗、原球茎、根状茎增殖正交试验因子水平

水平	MS	6-BA（mg/L）	NAA（mg/L）	空白因素
1	1	0.5	0.1	
2	1/2	1.0	0.3	
3	1/4	1.5	0.5	

1.2.3 DNA提取及ISSR-PCR扩增

金线莲组培苗（0、3代、6代、9代、12代、15代）DNA和ISSR-PCR扩增体系参照刘丹（2013）的方法，扩增程序为：94℃预变性7min，94℃变性30s，52℃退火4s，72℃延伸2min，45个循环后72℃延伸10min。

1.2.4 引物筛选和不同继代代数金线莲组培苗的变异分析

以第3代和第12代样品为DNA模板，对46条购自上海生物工程技术服务公司的ISSR引物进行筛选。电泳图上清晰条带和能分辨出的弱带均记为"1"，无条带记为"0"。建立原始表征数据矩阵后，用NTSYS 2.1e软件计算遗传相似系数，采用UPGMA法进行聚类，具体方法参照刘丹（2013）。

2 结果与分析

2.1 不同消毒时间对金线莲外植体污染率和存活率的影响

由表2可知，不同消毒时间对金线莲外植体有直接影响。消毒10min存活率最高、污染率最低。说明消毒10min能有效抑制污染，对材料伤害最小。与此同时，发现外植体腋芽萌发时间也较早，培养至20d时多数茎段可见腋芽（图1）。

表2 不同消毒时间对金线莲外植体消毒效果的影响

HgCl$_2$消毒时间（min）	茎段	
	存活率（％）	污染率（％）
6	80	16.67
8	67.78	20
10	82.22	12.22

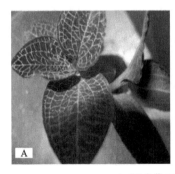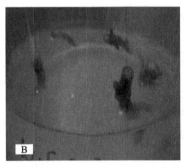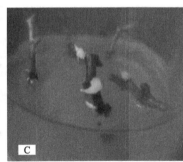

A. 福建戴云山金线莲野生植株；B. 茎段培养；C. 培养20d的茎段

图1 金线莲无菌株系的建立

2.2 福建戴云山金线莲增殖条件的优化

培养35d后，不同处理组合增殖评价见表3，各组材料在最佳、最差组合培养基中的生长状态见图2。

正交试验结果分析发现，处理A-4：1/2MS+6-BA 0.5mg/L+NAA 0.3mg/L对金线莲芽苗增殖最佳，平均每株苗7.76个芽点，芽点嫩绿色，平均增高0.6～1.5cm，伴有根毛、新叶长出。极差R值比较结果显示：盐浓度>6-BA>NAA，说明盐浓度对芽苗增殖影响最大。

其次，处理A-2：MS+6-BA 1.0mg/L+NAA 0.3mg/L对原球茎和根状茎增殖有显著影响。原球茎表面布满青绿色凸起的芽点，平均增殖系数优于其他处理。R值比较结果均显示为盐浓度>NAA>6-BA，说明盐浓度对原球茎和根状茎增殖起主要作用。

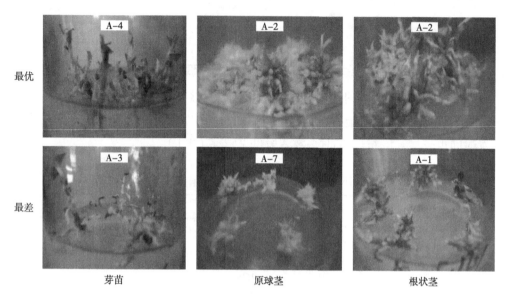

图2　金线莲增殖条件的优化

表3　不同处理对金线莲芽苗增殖状况总体评价

处理编号	不同浓度（mg/L）			增殖均值		
	MS	6-BA	NAA			
A-1	1	0.5	0.1	6.40	4.00	1.47
A-2	1	1	0.3	5.68	4.50	5.05
A-3	1	1.5	0.5	4.44	3.79	4.18
A-4	1/2	0.5	0.3	7.76	3.53	2.79
A-5	1/2	1	0.5	6.90	2.62	1.96
A-6	1/2	1.5	0.1	7.49	2.70	2.42
A-7	1/4	0.5	0.5	5.59	2.08	1.80
A-8	1/4	1	0.1	5.24	2.42	2.17
A-9	1/4	1.5	0.3	5.34	2.29	1.67

2.3　液体与固体培养基的比较试验

液体与固体培养基比较试验发现，在液体培养基中芽苗、原球茎和根状茎芽点为粗胖形态（图3）。其中芽苗、原球茎、根状茎增殖系数分别为22.17、7.67、6.08。而在固体培养基中，增殖系数分别为7.76、4.50、5.05。液体培养基中芽苗、原球茎和根状茎增殖系数分别是固体培养基的2.86倍、1.70倍和1.20倍。

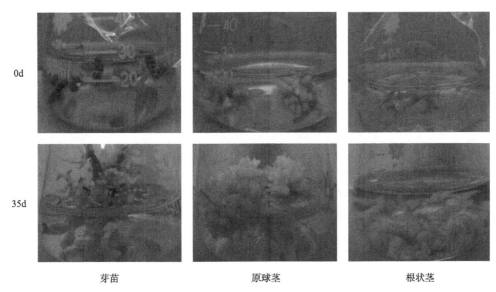

图3　金线莲液体培养增殖试验

2.4　福建戴云山金线莲ISSR检测

利用刘丹（2013）筛选的11条随机引物对不同继代数的金线莲组培苗进行ISSR-PCR扩增（图4），共扩增出94条谱带。其中0代和3代出现10条变异条带，变异率为10.64%；第6、第9、第12和第15代中变异条带分别为8条、12条、11条和16条，变异率分别为8.51%、12.77%、11.70%和17.02%。表明福建戴云山金线莲组培苗在组培继代过程中，前三代相对稳定，从第六代开始出现一定程度变异。

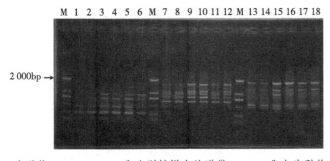

M为Marker；1~6为引物UBC840 0~15代分别扩增出的谱带；7~12代表为引物UBC880 0~15代分别扩增出的谱带；13~18代表引物UBC827 0~15代分别扩增出的谱带

图4　部分引物扩增图谱

2.5 聚类结果分析

采用UPGMA法对金线莲不同继代代数组培苗之间的遗传稳定性进行聚类分析。从表4中可看出0~15代的遗传相似性系数为0.819~0.915。聚类分析树状图（图5）显示，在D=0.830时可将这6个代数的金线莲分为两组，第一组为0代、3代和6代材料，第二组为9代、12代和15代材料。结果表明，这15代的植株遗传相似性系数很大，说明遗传性状稳定。

表4 不同代数之间的遗传相似性系数

	0代	3代	6代	9代	12代	15代
0代	1.000 000 0					
3代	1.000 000 0	1.000 000 0				
6代	0.914 893 6	0.914 893 6	1.000 000 0			
9代	0.829 787 2	0.829 787 2	0.829 787 2	1.000 000 0		
12代	0.819 148 9	0.819 148 9	0.882 978 7	0.819 148 9	1.000 000 0	
15代	0.829 787 2	0.829 787 2	0.829 787 2	0.893 617 0	0.861 702 1	1.000 000 0

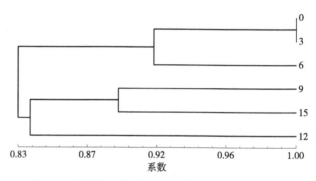

图5 不同代数金线莲ISSR遗传稳定性分类树状图

3 讨论

3.1 无菌体系建立是野生金线莲组培快繁的关键基础

金线莲药用、观赏价值较高，野生资源稀缺不能满足市场需求。利用组培技术可实现野生资源种质保存和种苗市场供应。而无菌株系的建立在金线莲工厂化育苗中能直接影响生产成本及运作。笔者在无菌体系建立过程中发现，升汞消毒10min效果最好。单从升汞消毒时长与其受伤害间的关系来分析存在误区，存活率和污染率也有一定的联系。材料污染的越多，外植体受到的伤害就越大，造成死亡的概率也就越高，从而降低了存活率。有研究报道污染率可达到0（黄德贵等，1993）。而本研究中最低污染率也为12.2%，结果与前人研究有一定差异，可能是由于材料品种、选取外植体的部位和外植体生长环境不同造成。

3.2 盐浓度及液体培养对金线莲增殖作用显著

正交分析得到芽苗增殖最优培养基为：1/2MS+6-BA 0.5mg/L+NAA 0.3mg/L，尤以MS盐浓度对金线莲芽苗增殖影响最大。刘伟等（2009）认为最佳增殖培养基为MS+6-BA 2.0mg/L+NAA 0.2mg/L。王禹等（2017）认为MS与6-BA 1.0mg/L和NAA 0.2最有利于戴云山金线莲增殖。本研究中与这些研究一致的是，NAA为0.2~0.3mg/L时利于金线莲增殖，但在盐及6-BA浓度上差别明显。造成差异原因或由于金线莲的地域以及种类的不同引起，另外，经长期继代造成植物体内内源激素出现一定积累，较低浓度细胞分裂素足以满足其增殖需求，高浓度则出现抑制。

其次，金线莲在液体培养中增殖系数显著提高。黄勇（2010）研究认为固体与液体培养基交替进行继代生长速度快，增殖系数高。黄德贵等（1993）认为液体浅层培养芽的增殖效率与苗高均比固体培养基稍高。由此可认为液体比固体培养基更适合金线莲的增殖，液体培养基随着摇床的晃动而使培养基中含氧量增高，同时，摇动的状态使植株吸收培养基中速率的提高从而加速了其生长发育。值得注意的是，在满足增殖要求前提下，盐浓度及激素浓度较低能直接影响工厂化育苗生产成本，本研究中的配方组合及液体培养研究结果对野生金线莲工厂化育苗具一定参考意义。

3.3 福建戴云山金线莲组培苗在继代过程中的遗传稳定性较高

Larkin等（1984）认为植物体在正常组培条件下，基因会产生扩增或丢失的现象，认为是植物体细胞无性系变异的原因之一。柴素芬等（2010）对梅菜试管苗进行ISSR分析发现，随着继代次数增加，其变异也有增加趋势。邱婧等（2008）对霍山石斛试管苗进行ISSR分析，发现以不同再生方式为材料进行继代，其遗传稳定性有差异，其中以愈伤组织为材料继代，从第4代开始会发生一定程度变异。研究表明，染色体变异，DNA片段的缺失、倒位、易位、断裂或重组，以及DNA甲基化等都能导致其多态性变异（林秀莲，2009）。

本研究对不同代数的戴云山金线莲进行ISSR遗传稳定性检测，发现每代都存在不同程度谱带扩增或缺失，且随代数增高变异有波动增加趋势。虽然在组织培养过程中发生了一定程度变异，但变异幅度不大，其遗传性状相对稳定。这与柴素芬等（2010）和邱婧等（2008）的研究相似。出现这种现象的原因或由于在继代过程中，人为剔除了一些变异植株来选择生长健康正常的植株进行继代，而影响了下一代的变异；其次，在继代过程中6-BA、NAA是必须细胞分裂素和生长素，激素的组成和含量对体细胞无性系变异有重大影响（柴素芬等，2010）；以霍山石斛茎段和种子为材料进行继代，后代遗传稳定性良好，但以愈伤组织为材料进行继代会发生一定程度变异（邱婧等，2008），由此可见，选择接种继代植株再生方式不同也是重要原因。因此在今后金线莲继代过程中应从这些方面入手降低其遗传变异率。

参考文献

柴素芬，陈兆贵，赖苏芬，2010. 利用ISSR技术检测梅菜试管苗的遗传稳定性研究[J]. 北方园艺（11）：144-147.

陈永快，林一心，邹晖，林江波，2008. 福建金线莲和台湾金线莲的组培快繁技术[J]. 现代园艺（10）：9-12.

陈裕，林坤瑞，管其宽，等，1994. 金线莲生物学特性及生境特点的研究[J]. 亚热带植物通讯，23（1）：18-24.

黄德贵，陈振东，1993. 金线莲组织培养与人工栽植研究：Ⅰ. 无菌外植体建立技术和配方[J]. 福建热作科技（3）：11-14.

黄勇，2010. 金线莲组织培养新体系建立及优化[J]. 北方园艺（13）：178-179.

林兰英，陈钢，王建勤，1993. 金线莲组织培养中若干因素的研究[J]. 亚热带植物通讯，22（2）：7-11.

林秀莲，2009. 龙眼胚性愈伤组织限制生长保存及其生理与遗传机理的研究[D]. 福州：福建农林大学.

刘丹，2013. 福建戴云山金线莲工厂化育苗关键技术研究[D]. 福州：福建农林大学.

刘金福，黄志森，付达靓，等，2010. 戴云山罗浮栲群落维管植物组成及其地理成分研究[J]. 武汉植物学研究，28（1）：27-33.

刘伟，王牛柱，2009. 金线莲组织培养增殖培养基的筛选[J]. 安徽农业科学，37（4）：1 475-1 476.

刘贤旺，黄慧莲，袁勇，1999. 金线莲的研究进展[J]. 江西中医学院学报，11（4）：188-189.

邱婧，樊洪泓，秦自清，等，2008. 利用分子标记检测霍山石斛不同继代次数试管苗的遗传稳定性[J]. 分子植物育种，6（3）：532-536.

王禹，于非，谭巍，等，2017. 金线莲快繁体系的建立[J]. 中国林副特产，12（6）：45-46.

吴坤林，1997. 金线莲快繁及工厂化生产中间试验[J]. 中药材，20（12）：595-597.

吴梅，马巧群，凌丹燕，等，2016. 名贵中药材金线莲人工栽培关键技术探讨[J]. 园艺与种苗（6）：57-59.

杨成行，李晓婷，袁建振，等，2018. 金线莲组织培养技术研究进展[J]. 草业科学，35（5）：1 047-1 056.

Larkin P J, Ryan S, Brettell R, et al., 1984. Heritable somaclonal variation in wheat[J]. Theoretical and Applied Genetics, 67（5）：443-455.

Qu X, Huang Y, Feng H, Hu R, 2015. *Anoectochilus roxburghii* sp. Nov.（*Orchidaceae*）from nothern Guangxi, China[J]. Nordic Journal of Botany, 33（5）：572-575.

迷迭香悬浮细胞系的建立与保持

姚德恒[1, 2]，林玉玲[1, 2]，陈裕坤[1, 2]，张梓浩[1, 2]，程春振[1, 2]，赖钟雄[1, 2*]

（1.福建农林大学园艺植物生物工程研究所　福州　350002；

2.福建农林大学园艺学院　福州　350002）

摘　要：通过迷迭香叶片诱导并继代培养获得疏松型（CA）、泥状型（CB）和黄绿色块状型（CC）愈伤组织；以这3种愈伤组织为起始材料，研究了建立迷迭香悬浮细胞系的方法、影响因素及继代保持的方法。结果表明：疏松型、泥状型愈伤组织以MS+1.0mg/L 2, 4-D，碳源蔗糖浓度为30g/L，均能建立悬浮细胞系；以泥状型愈伤组织为起始材料，建立悬浮细胞系时间仅需7~8d。

关键词：迷迭香；愈伤组织；悬浮细胞培养

Establishment and Maintenance of Cell Suspensions of *Rosmarinus officinalis*

Yao Deheng[1, 2]，Lin Yuling[1, 2]，Chen Yukun[1, 2]，Zhang Zihao[1, 2]，

Cheng Chunzhen[1, 2]，Lai Zhongxiong[1, 2*]

（1.Institute of Horticultural Biotechnology，Fujian Agriculture and Forestry University，Fuzhou 350002 China；2.Department of Horticulture，Fujian Agriculture and Forestry University，Fuzhou 350002 China）

Abstract：The blade of *Rosmarinus officinalis* was induced and cultured to obtain three types of calli，CA，CB and CC. The factors affecting establishment of

基金项目：福建省重大科技专项专题（2015NZ0002-1）；福建省高校学科建设项目（102/71201801101）；福建农林大学科技创新基金（CXZX2017189，CXZX2018076）

第一作者：姚德恒，男，博士生。研究方向：花卉生物技术与遗传育种（E-mail：yaodh337@163.com）

* 通讯作者：赖钟雄，男，博士，研究员。研究方向：园艺植物生物技术与遗传资源；Author for correspondence（E-mail：laizx01@163.com）

suspensions extracted from these calli，and the methods of suspension maintenance were studied. The results showed that both the CA and CB calli could be used as initial materials for establishing suspensions，under the optimal culture conditions of MS-based medium supplemented with 1.0 mg/L 2，4-D，30g/L sucrose，and that it took only 7 ~ 8 days to establish cell suspensions from the CB callus.

Key words：*Rosmarinus officinalis*；Callus；Cell suspension culture

迷迭香（*Rosmarinus officinalis* L.）又名海洋之露，为唇形科（Labiatae）迷迭香属（*Rosmarinus*）常绿小灌木植物，迷迭香是一种具有多种用途、开发前景良好的经济作物（Holmes P et al.，1999）。迷迭香资源可供综合利用的代谢产物包括迷迭香精油、迷迭香抗氧化剂、药用活性成分及迷迭香废渣等（齐锐等，2012）。国内悬浮细胞培养在许多植物已获得成功，龙眼（赖钟雄等，1995）、罗勒（蔡汉权等，2006）、太子参（林龙云，2006）、葡萄（王玲等，2018）、迷迭香（曲丹等，2015；姚凤琴，2012）等植物的悬浮培养中阐述了愈伤组织的形成、悬浮培养系的建立及其产物的研究。利用细胞培养进行细胞杂交、遗传转化和高产细胞株的选育，进而用于细胞工程育种和次级代谢产物的工业化生产，是现代生物工程技术迅速发展的一个领域，目前至少已在200种植物上生产500种以上的有用成分（李东杰等，2003）。迷迭香的悬浮细胞培养相对较少。本研究以迷迭香叶片为研究对象，以MS作为基本培养基，对迷迭香愈伤组织诱导条件进行了筛选，从而诱导适合建立迷迭香悬浮细胞的疏松、泥状愈伤组织；筛选合适的基本培养基、植物生长调节剂配比及浓度建立及优化迷迭香细胞悬浮培养体系，为进一步应用于原生质体分离、细胞培养、遗传转化和次级代谢产物生产等研究打下基础。

1 材料与方法

1.1 材料

迷迭香（*Rosmarinus officinalis* L.）叶片。

1.2 方法

1.2.1 愈伤组织的诱导

参照姚凤琴（2012）的取材和消毒方法，用培养基MS1：MS+6-BA 4mg/L+NAA 0.5mg/L，MS2：MS+6-BA 5mg/L+NAA 0.5mg/L，MS3：MS+6-BA 6mg/L+NAA 0.5mg/L 作为启动培养基，诱导迷迭香叶片分化获得大量愈伤组织，继代培养3周后，调整激素配比，诱导和筛选各种类型愈伤组织，筛选培养基共8组：A1：MS+2, 4-D 1mg/L；A2：MS+2, 4-D 1mg/L+NAA 0.3mg/L；A3：MS+2, 4-D 1mg/L+KT 0.3mg/L；A4：MS+2, 4-D 1mg/L+NAA 0.5mg/L；A5：MS+2, 4-D 1mg/L+KT 0.5mg/L；A6：MS+6-BA 0.5mg/L+NAA

0.5mg/L+KT 0.5mg/L；A7：MS+6-BA 0.5mg/L+NAA 0.5mg/L；A8：MS+TDZ 1.5mg/L+NAA 0.5mg/L；以上培养基碳源均为蔗糖30g/L、琼脂6.8g/L，pH值为5.8，121℃高压灭菌20min，培养条件为25℃，黑暗条件下培养。

1.2.2　迷迭香悬浮细胞系的建立

根据愈伤组织在固体培养基上的生长、分化表现，A1培养基能诱导泥状愈伤组织，将A1去除琼脂，其液体培养基A1作为悬浮细胞培养的培养基。a培养基为：MS+2,4-D 1mg/L的液体培养基，其蔗糖浓度为30g/L，pH值为5.8，配制后分装于250ml三角锥瓶中，每瓶装培养基60ml，121℃灭菌2min备用。将CA型、CB型以及CC型继代培养18~20d，生长旺盛的各类型愈伤组织分别接种于a培养基中，接种量为每瓶0.4~0.6g，每种材料接种10瓶，于超净工作台无菌接种后置于PYC普通摇床上进行液体振荡培养，振荡速度为120~130r/min，培养条件为温度25℃，黑暗条件下。于8d后，弃去大的组织团块及细胞团，将含有单细胞和小细胞团的上层培养基一起转移到新鲜培养基中继续振荡培养（新旧培养基体积3∶1）。每个1周继代继续振荡培养观察并记录悬浮细胞的状态，直至得到一定数量的均一稳定的细胞悬浮培养物。

1.2.3　迷迭香细胞悬浮系培养条件的优化

利用CB型泥状愈伤组织进行悬浮细胞的培养，以MS基本培养基类型、植物生长调节剂配比及浓度来进行培养条件的优化筛选，分别选择以下组合a：MS+2,4-D 1mg/L；b：MS+2,4-D 1mg/L+NAA 0.5mg/L；c：MS+2,4-D 1mg/L+KT 0.5mg/L；d：MS+6-BA 0.5mg/L；e：MS+6-BA 0.5mg/L+NAA 0.5mg/L。30g/L蔗糖，pH值为5.8。于25℃、黑暗下、120r/min震荡培养8d，观察并记录迷迭香悬浮细胞的状态。

1.2.4　培养时间对迷迭香悬浮细胞生长的影响

迷迭香悬浮细胞经过25℃、黑暗、120r/min振荡培养一段时间后，处于稳定期。此时进行悬浮细胞系的继代培养，每天取迷迭香细胞悬浮液过滤，称其鲜重，共取13个时期的细胞测量，每个时期3次重复，计算迷迭香悬浮细胞的增长量。

2　结果与分析

2.1　不同诱导培养基上愈伤组织类型的分化

迷迭香叶片在MS1、MS2和MS3诱导培养基中诱导出状态致密淡黄色的愈伤组织，3周后在A1~A8培养基中继代培养，愈伤组织出现黄色、黄绿色、淡黄色；块状、泥状等不同类型的分化（表1）。结果表明：A1型培养基愈伤组织为泥状生长速度较快；激素类型和浓度对愈伤组织的生长、分化有明显的影响，低浓度下（A2、A3）愈伤组织生长慢；高浓度下（A4、A5）愈伤组织生长较快，培养至28d左右出现细胞褐化现象；A6、A7型培养基愈伤组织颜色呈黄色，易出现褐化现象。诱导结果有CA型、CB型和CC型3种具有代表性的愈伤组织。

表1　不同激素配比对迷迭香愈伤组织的影响

培养基代号	生长调节剂（mg/L）					愈伤组织形态			继代周期（d）
	2, 4-D	NAA	KT	6BA	TDZ	颜色	质地特征	类型代号	
A1	1					黄色	泥状	CB型	20～28
A2	1	0.3				黄色	泥状	CB型	20～28
A3	1		0.3			淡黄色	疏松	CA型	20～28
A4	1	0.5				黄色	泥状	CB型	20～28
A5	1		0.5			淡黄色	疏松	CA型	20～28
A6		0.5	0.5	0.5		黄色	块状		20～28
A7		0.5		0.5		黄色	块状		20～28
A8		0.5			1.5	黄绿色	块状	CC型	20～28

　　CA型为疏松型愈伤组织，黄色颗粒状、松散易于夹碎。CC型为绿色块状型愈伤组织（图1）。CB型为泥状型愈伤组织，生长迅速，细胞活力强，形态极为松散，继代时用镊子夹取小块的愈伤组织，经3～4次继代后得到均匀的微粒状，称为泥状愈伤组织。

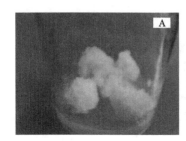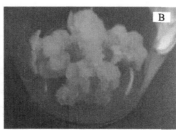

A. CA型愈伤组织；B. CB型愈伤组织；C. CC型愈伤组织

图1　愈伤组织类型

2.2　迷迭香悬浮细胞系的建立

　　分别以生长旺盛、继代培养的CA型、CB型以及CC型愈伤组织为起始材料，在60ml的a型培养基接入0.4g的愈伤组织，比较愈伤组织类型对悬浮细胞系建立的影响。结果表明：在接入CB型愈伤组织7d后，悬浮液中可见有大量的单细胞和小细胞团出现，此时进行过滤继代即可获得分散的悬浮细胞系，这一细胞系生长迅速，细胞分裂快，分散性好，从接种培养到建立这种悬浮培养物，只要7d左右。在接入CA型愈伤组织振荡培养7d后，悬浮液中仍为小细胞团和较大细胞团组成，继续振荡培养3～4d后，可见单细胞和小细胞团的数量增加，此时过滤继代即可获得分散的悬浮细胞系，从接种培养到建立悬浮细胞系，需10～11d。CC型愈伤组织为块状，接种前将其表面颗粒状愈伤组织切下，作为接种材料，振荡培养10d后，有少量细胞团产生，但培养物仍为较大的愈伤组织块，振荡培养15d后，培养物褐化严重，悬浮培养失败。结果表明：愈伤组织类型对建立悬浮细胞系有明显影响，CA型疏松愈伤组织和CB型泥状愈伤组织均可建立悬浮细胞系。CB型是建立悬浮细胞系的良好起始材料，从接种到建立悬浮细胞系，仅需7d左右。而CC型块状愈伤组织，不适合作为悬浮培养的起始材料。

2.3　迷迭香悬浮细胞系的建立及培养基优化

选用基本培养基MS，植物生长调节剂NAA，2,4-D，6-BA及KT来进行迷迭香悬浮细胞系的建立及培养条件优化。从增殖率以及是否出现褐化两个方面进行优化筛选（表2）。培养基中存在NAA或6-BA时，悬浮细胞更容易褐化，且NAA与6-BA组合下的悬浮细胞生长量小且褐化速度更快。在a型优化培养基中建立的悬浮细胞系的细胞呈黄色，生长速度快，适合进行继代和增殖。c型培养基与a型相比较细胞生长量较小。所以选择以MS为基本培养基，1mg/L 2,4-D的a型优化培养基条件下进行迷迭香悬浮细胞系的建立。

表2　不同激素配比对迷迭香悬浮细胞的影响

培养基类型	基本培养基	2,4-D（mg/L）	NAA（mg/L）	KT（mg/L）	6-BA（mg/L）	增值系数	是否出现褐化
a	MS	1				8.44	无
b	MS	1	0.5			2.23	褐化
c	MS	1		0.5		5.25	无
d	MS				0.5	1.19	褐化
e	MS		0.5		0.5	1.21	褐化

2.4　培养时间对迷迭香悬浮细胞生长的影响

迷迭香悬浮细胞培养中细胞生长曲线呈"S"形（图2）。迷迭香悬浮细胞的起始接种量为40g/L，在细胞接种初期0～4d会经过一个生长延迟期，细胞增长缓慢；第4d开始进入对数生长期，第4～8d，细胞迅速增殖，第8～10d进入稳定期，其中第9d细胞增长量达到最大值357.2g/L为接种时的8.4倍。第11d之后细胞出现衰亡，并伴随褐化现象。结果表明，悬浮培养周期为8～9d适宜。

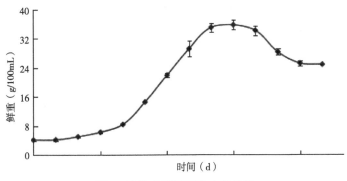

图2　迷迭香悬浮细胞生长曲线

3 讨论

泥状型、疏松型的愈伤组织是植物细胞悬浮体系建立的关键因素，而生长素与细胞分裂素的浓度配比影响到植物愈伤组织状态的变化，研究（吕冬霞等，2004）认为，多数情况下，单独使用2,4-D就可以成功诱导愈伤组织的发生，但容易受浓度高低的影响。本实验用于迷迭香愈伤组织继代的生长素主要有NAA和2,4-D，细胞分裂素主要有6-BA、KT和TDZ。为了筛选出适合迷迭香泥状疏松型愈伤组织诱导的植物生长调节剂配比及浓度，选用了不同种类及浓度的组合。本研究发现生长素2,4-D单独使用或与NAA组合，诱导出黄色泥状的愈伤组织；细胞分裂素TDZ和生长素NAA，诱导出绿色块状紧密的愈伤组织；生长素2,4-D和分裂素KT组合，诱导出黄色疏松愈伤组织。结果表明CB型泥状愈伤组织生长快、松散度极好，因此，CB型泥状愈伤组织是建立悬浮细胞系的极佳材料。适合的培养基也是建立悬浮细胞系的必要条件，选用6-BA作为细胞分裂素以及同时使用2,4-D和NAA时悬浮细胞系生长缓慢易出现褐化，单独使用2,4-D时悬浮细胞系生长迅速，细胞呈黄色，而从2,4-D浓度的选择及结果来看，与对非洲菊叶片愈伤组织的诱导试验结果相同（张素勤等，2004），诱导CB型泥状愈伤组织的A1型培养基成分和建立悬浮细胞系的a型培养基成分基本相同，只存在是否添加琼脂的差异，证明了a型培养基适合迷迭香细胞的生长和增殖。

迷迭香悬浮细胞培养中细胞生长曲线呈"S"形。继代初期时，需要一定的适应力，细胞会进入一个0~4d的生长延迟期；细胞经过适应后，在第4d进入一个快速生长对数期，细胞鲜重迅速增加；随着培养天数的增加，细胞不断增殖，营养物质逐渐消耗殆尽；继而细胞生长进入稳定期8~10d，最终停止生长、褐化或死亡。因此需要通过定期继代来维持悬浮细胞系的生长和稳定。

迷迭香是一种具很高开发前景的香料植物。迷迭香含有多种生物活性成分，结合最新的研究进展可知，迷迭香中的化学物质主要有精油和酚类，精油成分主要有α-蒎烯、莰烯、樟脑和龙脑等，酚类成分主要有鼠尾草酸，迷迭香酸和鼠尾草酚等（齐锐等，2012）。迷迭香的生物活性主要有抗菌、抗氧化、抗抑郁、代谢调节、抗神经损伤、抗炎、抗肿瘤等（Souza E L D等，2012）。迷迭香悬浮细胞系的建立，为进一步进行原生质体分离、高产细胞株选育、细胞大量培养和次级代谢产物的工业化生产奠定了基础，具有潜在的生产、开发和应用价值。

参考文献

蔡汉权，赖钟雄，林珊珊，2006. 罗勒（*Ocimum basilicum*）悬浮细胞系的建立与保持[J]. 热带作物学报，27（1）：44-48.

李冬杰，魏景芳，2003. 药用植物细胞悬浮培养研究进展[J]. 河北林业科技（4）：22-23.

林龙云，2006. 太子参细胞悬浮培养及其皂苷的提取与分析[D]. 福州：福建农林大学.

吕冬霞，曲长福，2004. 植物生长调节剂对愈伤组织培养的影响[J]. 北方园艺（5）：68-68.

齐锐，董岩，2012. 迷迭香的化学成分与药理作用研究进展[J]. 广州化工，40（11）：43-44.

曲丹，王慧梅，任洁，2015. 碳源对迷迭香悬浮培养细胞的生长、迷迭香酸积累及抗氧化酶活性的影响 [J]. 植物研究，35（4）：623-627.

王玲，李琰，代伟娜，2018. 葡萄细胞悬浮培养体系的建立和优化[J]. 生物技术通报，34（8）：86-92.

姚凤琴，2012. 罗勒等4种唇形科香花植物离体培养与离体保存研究[D]. 福州：福建农林大学.

张素勤，邹志荣，耿广东，2004. 培养基和植物激素对非洲菊叶片愈伤组织诱导的研究[J]. 西北农林科技 大学学报（自然科学版），32（10）：29-32.

Holmes P，1999. Rosemary oil the wisdom of the heart[J]. International Journal of Aromatherapy，9（2）： 62-66.

Souza E L D，Neto N J G，Luz I D S，et al.，2012. *Rosmarinus officinalis* L. essential oil and its majority compound 1，8-cineole at sublethal amounts induce no direct and cross protection in *Staphylococcus aureus* ATCC 6538[J]. Foodborne Pathogens & Disease，9（12）：1 071-1 076.

水杨酸对半夏试管块茎中生物碱含量积累的研究

张　晗，黄铭美，张爱民，盛　玮，薛　涛，段永波，朱艳芳，薛建平*

（淮北师范大学生命科学学院　资源植物生物学安徽省重点实验室　淮北　235000）

摘　要：以半夏试管块茎为材料，研究不同浓度水杨酸对其生物碱含量的影响。将培养25d的半夏叶柄上诱导形成的半夏试管小块茎分别接到MS+3%蔗糖的对照组和MS+3%蔗糖+SA（0，50μmol/L，100μmol/L，150μmol/L，200μmol/L）的处理组的液体培养基中，在恒温光照振荡培养箱中进行继代培养。培养时间为1个月，每5d取一次样，平行取样3份，用于高效液相色谱检测单一生物碱鸟苷和肌苷的含量。结果表明：半夏块茎在培养10d，在水杨酸浓度为50μmol/L时，鸟苷的含量达到最大值，为1.353mg/g。半夏小块茎培养30d，在水杨酸浓度为200μmol/L时，肌苷的含量达到最大值，为0.149mg/g。半夏小块茎在水杨酸刺激下，随着培养时间的增加，鸟苷的含量先增加，后减少，在15d达到最大值。

关键词：半夏块茎；水杨酸；生物碱

Study of Salicylic Acid on the Accumulation of Alkaloids in Tubers of *Pinellia ternata*

Zhang Han，Huang Mingmei，Zhang Aimin，Sheng Wei，Xue Tao，
Duan Yongbo，Zhu Yanfang，Xue Jianping*

（Key Laboratory of Resource Plant Biology of Anhui Province，College of Life Sciences，Huaibei Normal University，Huaibei 235000，China）

Abstract：To study the effect of salicylic acid on alkaloid content of tuber *in vitro* of *Pinellia ternata*，tubers induced from the petiole of *P. ternata* cultivated for 25d were

基金项目：国家自然科学基金（31501368，81573518）；安徽高校科研平台"采煤塌陷区生态修复与利用"创新团队（KJ2015TD001）

* 通讯作者：Author for correspondence（E-mail：xuejp@163.com）

cultured in liquid medium of MS+3% sucrose control group and MS+3% sucrose+SA （0，50µmol/L，100µmol/L，150µmol/L，200µmol/L）treatment groups， respectively，and then cultured in constant temperature and light oscillation incubator. The culture time was 1 month，samples were taken every 5 days，and 3 samples were taken in parallel. The samples were used to detect the content of single alkaloid guanosine and inosine by HPLC. Results showed the content of guanosine reached the maximum of 1.353mg/g when the salicylic acid concentration was 50mol/L for tuber culture for 10 days. When the salicylic acid concentration was 200mol/L，the content of inosine reached the maximum value of 0.149mg/g. Under the stimulation of salicylic acid，with the increase of culture time，the content of guanosine first increased，then decreased，and reached the maximum at 15 d.

Key words：*Pinellia ternata* tuber；Salicylic acid；Alkaloids

半夏*Pinellia ternata*（Thunb.）Briet.为天南星科半夏属多年生草本植物，是我国使用频率比较高的著名中药材之一。半夏是用干燥的块茎入药，它的块茎为圆球形，其直径1～2cm，是典型的块茎类植物，也是一种非常重要的药用植物。半夏块茎性温、味辛、有大毒，具有燥湿化痰、降逆止呕、清痞散结等功效。半夏中的生物碱主要有胆碱、鸟苷、胸苷、肌苷、葫芦巴碱等。中国药典中规定麻黄碱和鸟苷为半夏的指标性成分，肌苷是半夏中的主要鉴别性成分（王艳华，2009；吴浩等，2003；刘永红等，2009）。半夏的次生代谢物生物碱具有抗心率失常、抗肿瘤、降血脂、镇痛、护肝等功效（王森等，2014），是影响半夏药效发挥的关键成分（王志强等，2009）。

水杨酸（salicylic acid，即SA）即邻羟基苯甲酸。20世纪90年代以来，水杨酸作为一种植物应对胁迫反应所必需的信号物质而被人们重视。由于水杨酸是在植物体内合成的，可以在韧皮部运输并起着重要调控作用的一种微量物质，就有人建议把水杨酸当作一种新的植物内源激素（Yuan & Lin，et al.，2008.）。目前，已有一些学者利用水杨酸作诱导子来开展对植物次生代谢机理的相关研究（Dong et al.，2009.）。使用水杨酸诱导丹参细胞培养物的结果表明：在丹参细胞培养物中酚类物质增加的同时，SOD、POD、TAT、PAL等酶的酶活性也得到了相应的增强。Xiao等（2009）对与迷迭香酸合成有关的对羟基苯丙酮酸双氧化酶（Smhppd）基因进行了克隆等相关试验，在用水杨酸诱导丹参毛状根后，对羟基苯丙酮酸双氧化酶的表达量显著增高。张悦等（2009）在人参悬浮培养细胞生长到第28d的时候，添加了1×10^{-3}mg/L的水杨酸，从而显著提高了人参愈伤组织中皂苷的合成，并且成功克隆得到了差异表达基因片段。但是，有关水杨酸调控药用块茎类植物次生代谢分子机理的研究目前还不多（Sharma et al.，2011）。

目前，由于对半夏块茎次生代谢分子机理研究的不足，其块茎生长的人工调控技术发展得十分缓慢，致使半夏生产的发展受到了严重的制约。因此，本研究通过水杨酸刺激下半夏试管小块茎悬浮的培养，利用高效液相色谱法测定水杨酸刺激下半夏试管小块茎中单一生物碱鸟苷和肌苷的含量等研究，这些研究对于半夏栽培和整个半夏产业的发展都具有十分重要的意义。

1　材料

材料由淮北师范大学资源植物生物学实验室提供，经薛建平教授鉴定为半夏*Pinellia ternata*（Thunberg）Tenore ex Breitenbach。

2　方法

2.1　无菌水杨酸溶液的制备

称取0.345 3g水杨酸溶解于500ml容量瓶中，配成0.005mol/L的水杨酸溶液，储备到棕色瓶中。在无菌操作台中，用50ml的一次性注射器过滤水杨酸溶液，并储存于提前灭菌的棕色小玻璃瓶中。

2.2　加入水杨酸的液体培养基的制备

配好MS+蔗糖3%的液体培养基，每100ml三角瓶中精确量取50ml液体培养基，用高压蒸汽灭菌锅灭菌之后，在无菌操作台中加入无菌水杨酸溶液，制备成含水杨酸浓度为0、50μmol/L、100μmol/L、150μmol/L、200μmol/L的液体培养基。

2.3　半夏试管小块茎悬浮培养

将培养25d的半夏的叶柄上诱导形成的半夏试管小块茎分别转接到MS+蔗糖3%的对照组和MS+蔗糖3%+SA（0、50μmol/L、100μmol/L、150μmol/L、200μmol/L）的处理组的液体培养基中，在恒温光照振荡培养箱进行振荡继代培养，每瓶培养基接种1g的小块茎，转速100r/min，培养温度23℃，光照强度2 000lx，10h/d光照下进行培养。培养时间为1个月，每5d取一次样，每次各取样3瓶。每次取样都做好记录。

2.4　对照品溶液的制备及色谱条件

称取3.1mg的鸟苷对照品，使用超纯水进行溶解，倒入1ml的容量瓶中定容，配制成0.31mg/ml的鸟苷母液，量取1ml母液到10ml容量瓶中定容，稀释成浓度为0.031mg/ml，备用。称取肌苷对照品1.1mg，使用超纯水进行溶解，定容于10ml容量瓶中，制成浓度为0.11mg/ml的母液，量取1ml母液到10ml容量瓶中定容，稀释成浓度为0.011mg/ml，备用。

Agilent高效液相色谱仪检测的色谱条件：色谱柱，Agilent Eclipse plus C18柱（4.6mm×250mm，5μm）；流动相，甲醇—超纯水混合液（$V_{甲醇}$：$V_{超纯水}$=5：95）；检测波长，肌苷248nm，鸟苷254nm；流速1.0ml/min；进样体积20μl；柱温30℃。

2.5 半夏样品的取样及制备

半夏样品的取样如表1所示，水杨酸的浓度为50μmol/L、150μmol/L、200μmol/L，培养天数为0、5d、10d、15d、20d、25d和30d，平行取样3份，用于高效液相色谱检测单一生物碱鸟苷和肌苷的含量。

表1 半夏样品取样

水杨酸浓度 (μmol/L)	样品数（个）						
	0d	5d	10d	15d	20d	25d	30d
50	3	3	3	3	3	3	3
150	3	3	3	3	3	3	3
200	3	3	3	3	3	3	3

将水杨酸处理的半夏块茎收获后，用蒸馏水冲洗干净，置烘箱60℃下干燥至质量恒定，用研钵研磨成细粉保存好。精密称取半夏样品粉末0.200g置于15ml EP管中，加入10ml超纯水静置过夜。超声提取30min，12 000r/min离心1min，取上清液。残渣中加入超纯水10ml，超声30min，1 200r/min离心10min。合并上清液，用漏斗过滤上清液。用蒸发皿把过滤过的上清液于99℃水浴浓缩至干，用超纯水转移至10ml容量瓶中，定容，摇匀，上清液即为样品溶液。每份样品进2次样，每次的进样量为20μl。取峰面积的平均值进行含量计算，并以测定标准品作为对照。

3 结果与分析

由图1、图2、图3（图中1均代表鸟苷的峰，2代表肌苷的峰）可知，半夏试管小块茎干粉在高效液相色谱条件下能够检测到鸟苷和肌苷的存在，而且鸟苷和肌苷的峰形独立，可检测到鸟苷和肌苷的峰面积，由此可得出在水杨酸刺激下半夏试管小块茎中单一生物碱鸟苷和肌苷的含量分布。说明此色谱条件可用于测定半夏样品中鸟苷和肌苷的含量。

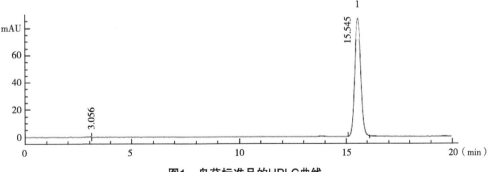

图1 鸟苷标准品的HPLC曲线

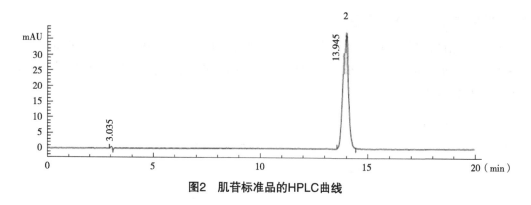

图2 肌苷标准品的HPLC曲线

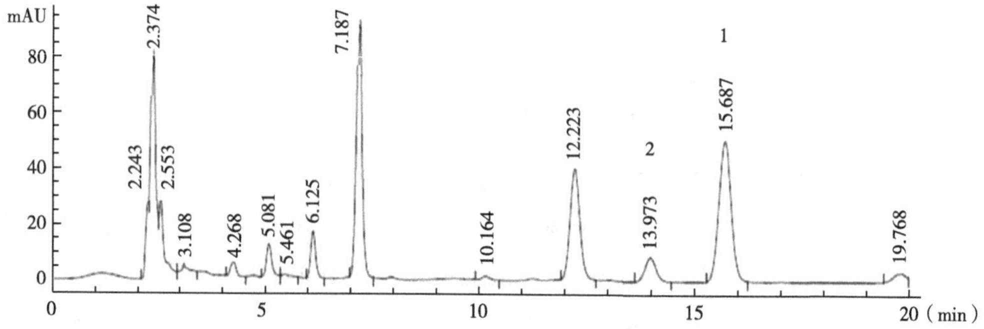

图3 半夏样品的HPLC曲线

表2 不同培养时间和水杨酸浓度下鸟苷和肌苷含量测定

培养天数（d）	平均含量（mg/g）					
	鸟苷			肌苷		
	50（μmol/L）	150（μmol/L）	200（μmol/L）	50（μmol/L）	150（μmol/L）	200（μmol/L）
5	0.857 ± 0.064	0.977 ± 0.032	0.908 ± 0.075	0.111 ± 0.067	0.089 ± 0.041	0.086 ± 0.017
10	1.353 ± 0.086	1.149 ± 0.081	1.165 ± 0.034	0.073 ± 0.013	0.077 ± 0.016	0.064 ± 0.006
15	1.108 ± 0.102	1.253 ± 0.028	1.341 ± 0.219	0.043 ± 0.017	0.047 ± 0.012	0.078 ± 0.063
20	1.111 ± 0.081	1.074 ± 0.051	1.078 ± 0.038	0.062 ± 0.013	0.070 ± 0.005	0.093 ± 0.025
25	0.742 ± 0.030	0.719 ± 0.027	0.729 ± 0.034	0.071 ± 0.032	0.042 ± 0.002	0.065 ± 0.040
30	0.535 ± 0.049	0.588 ± 0.098	0.660 ± 0.088	0.113 ± 0.032	0.144 ± 0.046	0.149 ± 0.040

注：鸟苷的初始含量为1.000 ± 0.126，肌苷的初始含量为0.031 ± 0.002

根据表2数据，利用Excel软件得到不同培养时间和水杨酸浓度下鸟苷和肌苷含量测定的变化曲线如图4和图5所示。

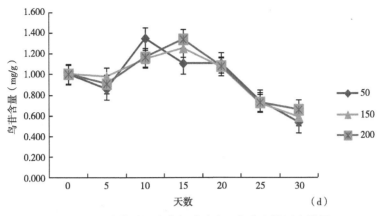

图4 不同培养时间和水杨酸浓度下鸟苷含量测定结果

由图4可知，在水杨酸浓度为50μmol/L时，随着培养天数的增加，鸟苷的含量在第10d达到最大值，含量为1.353mg/g。在水杨酸浓度为150μmol/L时，随着培养天数的增加，鸟苷的含量在第15d达到最大值，含量为1.253mg/g。在水杨酸浓度为200μmol/L时，随着培养天数的增加，鸟苷含量在第15d达到最大值，含量为1.341mg/g。综上所述，半夏块茎在培养10d，在水杨酸浓度为50μmol/L时，鸟苷的含量达到最大值，为1.353mg/g。

对上述数据运用SPSS软件进行一般线性模型单因素两两比较分析可知，培养天数对半夏试管块茎的鸟苷含量的影响差异极显著，水杨酸浓度对半夏试管块茎的鸟苷含量的影响差异显著，两者之间的互作对半夏试管块茎的鸟苷含量的影响差异显著性不明显，结果见表3。

表3 水杨酸浓度和天数对半夏试管块茎中鸟苷含量影响的方差分析

来源	自由度	SS	MS	F值	P值	显著性
水杨酸浓度	2	0.008	0.004	0.55	$P>0.05$	
天数	5	3.139	0.628	83.896	$P<0.01$	**
水杨酸浓度和天数	10	0.202	0.02	2.704	$P<0.05$	*
误差	38	0.284	0.007			

注：*表示差异显著，**表示差异极显著

由图5可知，在水杨酸浓度为50μmol/L时，随着培养天数的增加，肌苷的含量在30d达到最大值，含量为0.113mg/g。在水杨酸浓度为150μmol/L时，随着培养天数的增加，肌苷的含量在30d达到最大值，含量为0.144mg/g。在水杨酸浓度为200μmol/L时，随着培养天数的增加，肌苷的含量在30d达到最大值，含量为0.149mg/g。综上所述，培养30d，在水杨酸浓度为200μmol/L时，肌苷的含量达到最大值，为0.149mg/g。

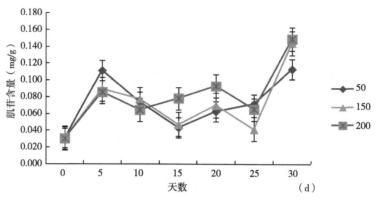

图5　不同培养时间和水杨酸浓度下肌苷含量测定结果

对上述数据运用SPSS软件进行一般线性模型单因素两两比较分析可知，培养天数对半夏试管块茎的肌苷含量的影响差异极显著，水杨酸浓度以及两者之间的互作对半夏试管块茎的肌苷含量的影响差异显著性不明显，结果见表4。

表4　水杨酸浓度和天数对半夏试管块茎中肌苷含量影响的方差分析

来源	自由度	SS	MS	F值	P值	显著性
水杨酸浓度	2	0.002	0.001	0.919	$P>0.05$	
天数	5	0.042	0.008	8.583	$P<0.01$	**
水杨酸浓度和天数	10	0.008	0.001	0.823	$P>0.05$	
误差	38	0.038	0.001			

注：**表示差异极显著

4　讨论

水杨酸（SA）是植物体内普遍存在的内源信号分子之一，它既是植物体内产生的一种小分子酚类物质，也是植物组织中一种天然的活性物质，能在植物体内触发一系列防御机制，对植物的抗旱（姜中珠和陈祥伟，2004）、抗寒（杨楠等，2012）、抗热（王文举等，2012）以及抗重金属（池春玉，2012）等特性都有一定影响。外源施用SA能够调节植物的次生代谢反应从而影响植物的生理状态，有文献报道，外用一定浓度的SA对烟草（程小龙，2014）、水稻（王瑞霞等，2011）、月季（金一锋，2012）等的抗病性有显著提高。

本研究通过进行高效液相色谱法测定水杨酸刺激下半夏生物碱的含量，得出：流动相的选择中，甲醇：超纯水=5：95的色谱峰中，鸟苷和肌苷的峰形独立，峰与峰之间的分离度好，而且出峰时间早，其他物质的峰也能很好地分离；甲醇：超纯水=4：96的色谱峰中，鸟苷和肌苷的出峰时间最晚，鸟苷出峰，但肌苷的峰形不明显，而且其他物质的峰分不开，有重叠峰；甲醇：超纯水=3：97的色谱峰中，鸟苷和肌苷的出峰时间较晚，其他峰的分离较差。由此可以得出，以甲醇：超纯水=5：95为流动相是3种流动相配比中最佳的选择。检测波长的选择中，鸟苷和肌苷在波长264nm下，峰面积都最小；鸟苷在254nm的峰面积最大，肌苷在248nm和254nm的峰面积相差不大，可以选用254nm作为肌苷的波长。由此可以得出，在同时测定半夏样品中鸟苷和肌苷的含量时，254nm的波长为其波长的最佳选择。

通过使用Agilent 1200高效液相色谱仪自动进样系统测定水杨酸刺激下半夏样品中的鸟苷和肌苷的含量，得出：半夏块茎在培养10d，在水杨酸浓度为50μmol/L时，鸟苷的含量达到最大值，为1.353mg/g。半夏小块茎培养30d，在水杨酸浓度为200μmol/L时，肌苷的含量达到最大值，为0.149mg/g。半夏小块茎在水杨酸刺激下，随着培养时间的增加，鸟苷的含量先增加、后减少，在第15d时达到最大值。这可能是与半夏块茎的细胞分裂有关。没有分化的半夏小块茎在水杨酸的刺激下，半夏小块茎进行细胞分裂，鸟苷的含量也随着增加，说明鸟苷的含量积累与半夏块茎的细胞分裂过程有关。半夏块茎在培养15d之后，鸟苷含量下降，说明鸟苷有所降解。这可能与半夏块茎细胞停止分裂有关。在水杨酸浓度为200μmol/L时，鸟苷的含量达到最大值，外源添加水杨酸能够导致鸟苷含量的增加，说明外源添加水杨酸能够促进鸟苷的积累。

由此可知，鸟苷的形成与半夏块茎细胞的分裂有关，外源水杨酸的添加能够促进鸟苷的积累。半夏小块茎培养30d，在水杨酸浓度为200μmol/L时，肌苷的含量达到最大值，为0.149mg/g。半夏小块茎在水杨酸刺激下，随着培养时间的增加，肌苷的含量先下降、后增加，在15d时达到最小值，在30d时达到最大值。说明外源水杨酸的添加，随着培养时间的增加，肌苷含量有所降解，这可能是外源水杨酸抑制肌苷的积累。随着半夏块茎体积的增长，肌苷含量上升，并在30d时达到最大值。这可能是因为此时肌苷的抑制被打破，肌苷的合成速度快速增加所致。

参考文献

程小龙，2014. 外源水杨酸诱导烟草抗青枯病的作用及机理研究[D]. 西安：西南大学.

池春玉，2012. 喷施水杨酸缓解镉对黑麦草毒害作用的研究[J]. 中国农学通报，28（19）：39-41.

姜中珠，陈祥伟，2004. 水杨酸对灌木幼苗抗旱性的影响[J]. 水土保持学报，18（185）：166-169.

金一锋，2013. 外源性水杨酸诱导月季对黑斑病抗性的研究[D]. 哈尔滨：东北农业大学.

刘永红，梁宗锁，杨东风，等，2009. 半夏小块茎悬浮培养及其生物碱类化合物的测定[J]. 西北农林科技大学学报（自然科学版），37（11）：168-174.

王瑞霞，王振中，纪春艳，等，2011. 水杨酸诱导水稻抗菌物质对稻瘟病菌的抑制作用[J]. 华中农业大学学报，30（2）：193-196.

王森，张震，姜倪皓，等，2014. 半夏转录组中的SSR位点信息分析[J]. 中药材，37（9）：1 566-1 569.

王文举，李小伟，王振平，等，2008. 水杨酸对缓解红地球葡萄高温胁迫效应的研究[J]. 农业科学研究，29（4）：13-15.

王艳华，2001. 半夏质量评价方法研究[D]. 沈阳：沈阳药科大学.

王志强，李炳超，2009. 半夏药理作用研究进展[J]. 山西医药杂志，38（1）：65-68.

吴浩，李伟，张科卫，等，2003. 半夏药材鉴别成分的研究[J]. 中国中草药杂志，28（9）：836-839.

杨楠，刘培培，白小梅，等，2012. 脱落酸、水杨酸和钙对黄瓜幼苗抗冷性的诱导效应[J]. 西北农业学报，21（8）：164-170.

张悦，王义，蒋世翠，等，2009. 水杨酸诱导下人参培养物差异表达基因片段的克隆[J]. 基因组学与应用生物学，28（2）：245-250.

Dong J, Wan G, Liang Z, 2010. Accumulation of salicylic acid-induced phenolic compounds and raised activities of secondary metabolic and antioxidative enzymes in *Salvia miltiorrhiza* cell culture[J]. Journal of Biotechnology, 148（2-3）：99-104.

Sharma M, Sharma A, Kumar A, et al., 2011. Enhancement of secondary metabolites in cultured plant cells through stress stimulus[J]. American Journal of Plant Physiology, 6（2）：50-71.

Xiao Y, Di P, Chen J, et al., 2009. Characterization and expression profiling of 4-hydroxyphenylpyruvate dioxygenase gene（Smhppd）from *Salvia miltiorrhiza* hairy root cultures[J]. Mol Biol Rep, 36（7）：2 019-2 029.

Yuan S, Lin H H, 2008. Minireview：Role of salicylic acid in plant abiotic stress[J]. Zeitschrift für Naturforschung C, 63（5-6）：313-320.

暗处理对粉葛离体种苗高效繁殖影响研究

周宪林[1,2]，罗伟雄[3]，姜 波[4]，马崇坚[1*]

（1.韶关学院英东农业科学与工程学院 韶关 512005；2.乳源瑶族自治县大桥镇农业技术推广站 乳源 512700；3.广东省韶关市农业科技推广中心 韶关 512005；4.广东省农业科学院果树研究所 广州 510640）

摘 要：为研究暗处理等因素处理下愈伤组织的形成、不定芽分化、增殖、生根的最佳培养基配方，特利用粉葛的茎尖组织为外植体进行诱导培养。结果表明：以MS+NAA0.1mg/L+6-BA 0.1mg/L为培养基，获得的无菌苗生长良好，枝叶繁茂，是成苗培养的最佳启动培养基。最佳不定根诱导培养基为MS+NAA 0.5mg/L+IBA 0.5mg/L。采用先暗处理培养10d，再以每天光照12h，光照强度1 200lx，培养温度维持在（25±1）℃正常培养的培养的方式促进粉葛不定根的诱导形成。试验为快速建立粉葛的无菌快繁体系以及粉葛的快速繁殖和脱毒研究和中草药产业技术提供重要的后期研究基础。

关键词：粉葛；组织培养；暗处理；生根

Study on Efficient Rapid Propagation of *Pueraria thomsonii* Plantlets after Dark Treatment *in vitro*

Zhou Xianlin[1,2]，Luo Weixiong[3]，Jiang Bo[4]，Ma Chongjian[1*]

（1.Henry Fok College of Agriculture Science & Engineering，Shaoguan University，Shaoguan 512005；2.Agricultural Technology Promotion Station of Daqiao Town，Ruyuan Yao Autonomous County，Ruyuan 512700，China；3.Technology promotion center，Guangdong Shaoguan Agricultural Sciences，Shaoguan 512005；4.Institute of Fruit Tree Research，Guangdong Academy of Agricultural Sciences，Guangzhou 510640）

基金项目：2018年韶关市科技计划项目（2018sn058，2018sn090，2018CXY/C01）；广东省农业科学院农业推广服务网络建设（2017分院2-04）资助

作者简介：周宪林，男，学士，研究方向：农学与耕作学，E-mail：903678317@qq.com

* 通讯作者：Author for correspondence：马崇坚，男，教授，博士.研究方向：植物生理生化及农业生态学，Author for correspondence（E-mail：ma_chj@hotmail.com）

Abstract：The differentiation, proliferation, rooting medium for tissue of tip of *Pueraria thomsoni*i under dark were studied. The results showed that the media MS+NAA 0.1 mg/L+6-BA 0.1mg/L was used for culture Stem segment. The growth of aseptic seedlings were well in this medium, it's a suitable medium for seedling and could promote the growth of foliage profusely. And the best root induction medium was MS+NAA 0.5 mg/L+IBA 0.5 mg/L. After culture 10d under dark, and the normal cultured manner was help to induce roots of *Pueraria thomsonii* under daily light 12h, light intensity 1 200lx, and（25±1）℃ incubation temperature. This experiment had established a aseptic micropropagation system for the rapid of *Pueraria thomsonii in vitro*. It could provided an important foundation multiply for rapid micropropagation of *Pueraria thomsonii* and for its virus free and industrial technology for the further research.

Key words：*Pueraria thomsonii*；Tissue culture；Dark treatment；Rooting

粉葛（*Pueraria thomsonii*），豆科葛属缠绕藤本植物（翟飞等，2008），是我国传统的中草药，可药食两用。葛粉富含碳水化合物、淀粉、蛋白质、葛根素木糖甙、黄酮甙葛根素等十几种营养成分及磷、钾等13种人体必需的矿物质、氨基酸，有很高的药用价值（陈元生和柳雪芳，2008）。现代葛根已跨越了传统清热解表的功效，在心血管系统、抗癌、降血糖等方面显示了多种药理活性（林丽超等，2011）。葛根已于1998年被国家卫生部列入药用和食用同源的天然植物资源。块根中提制出来的葛粉，含多种维生素、蛋白质，葛藤以健壮的肉质块根为产品，淀粉含量高，营养价值高，根、茎、叶等均可入药，具有很好的医疗保健功能。葛根粉作为生物质原料生产燃料乙醇，葛叶可以作饲料，葛麻纤维是传统的织物（陶娟等，2007）。

目前，生产中主要是用传统的扦插繁殖方法，该法生长周期长，且容易积累植物病毒，使葛根的产量和品质下降，粉葛组织培养技术不仅能缩短葛根的生长周期，也能提高葛根的产量和品质（朱校奇，2011）。近年来，对粉葛的组织培养研究的报道也颇多。吴丽芳等（2011）在粉葛组织培养生根阶段采用箱式无糖培养技术，并申请了相关专利。刘计权等（2012）从野葛的根、叶、茎外植体诱导出愈伤组织；通过野葛不同的外植体也可诱导愈伤组织并获得再生植株（施和平，2000）。但是在粉葛无菌苗的培养以及应用仍处于初步阶段，还需要继续深入研究。

为了解决粉葛无菌苗培养方面的问题，本试验以粉葛的外植体不同器官为材料，系统探索优质暗处理下种苗增殖的最优配方，为建立快速繁殖、脱毒研究和药用与保健等方面的应用提供重要的实践基础。

1　材料与方法

1.1　实验材料与外植体的接种培养

取自韶关学院生态园田间当年生、健壮的茎段或带芽茎段为外植体。

启动培养基为MS+NAA0.1mg/L+6-BA0.3mg/L，3%蔗糖，用0.78%的琼脂固化，pH值为5.8~6.0。外植体4~5cm茎段经洗涤后用75%酒精消毒20~30s，0.1%升汞灭菌8~10min，无菌水冲洗3~5次后接种培养。

1.2　基础无菌苗配方试验

将已接种好的外植体置于光照培养室25℃的条件下进行无菌苗的培养，30d后获得无菌苗。将无菌苗切下茎长0.5cm带芽茎段，接种到继代增殖培养基中进行增殖培养，30d后观测其生长情况。继代培养基采用3种不同浓度的激素和配比，以获得不同生长状态的外植体，继代增殖培养试验配方：MS+NAA 0.1mg/L+2,4-D 0.3mg/L，MS+NAA0.1mg/L+6-BA 0.1mg/L，MS+NAA 0.1mg/L+6-BA 0.3mg/L。

1.3　粉葛不同部位的诱导培养试验

将无菌苗在无菌滤纸上按丛生芽、顶芽、中部茎段、底部茎段不同的部位进行切分，分别接种于MS+NAA0.1mg/L+6-BA0.3mg/L培养基和1/2 MS+NAA 0.1mg/L+6-BA 0.5mg/L培养基中进行培养，各处理3次重复，每重复接种20株无菌苗。

1.4　不同植物生长调节剂增殖离体种苗试验

将无菌苗切下茎长0.5cm带芽茎段，接种于表1的培养基中进行成苗培养，各处理设置3次重复，每重复接种10株无菌苗。各处理方案详见表1。

表1　成苗实验操作的各处理方案

培养基	植物生长调节剂（mg/L）	
	NAA	6-BA
	0.1	0.1
	0.1	0.2
MS	0.1	0.3
	0.1	0.4
	0.1	0.5

1.5　不同暗处理时间及不同生长调节剂对无菌苗生根诱导培养试验

将成苗培养获得的幼苗切除愈伤组织后接入生根培养基中进行生根培养，基本培养基为MS，添加不同浓度水平的NAA、IBA。结合不同的培养方式：正常培养及先暗处理培养，再正常培养，暗处理方式：放入暗箱全天培养，暗箱培养时间分别为10d、20d。各处理3次重复，每重复接种10株。各处理方案如表2所示。

表2 不同暗处理时间实验操作的各处理方案

培养基	编号	植物生长调节剂（mg/L）		暗处理时间（d）
		NAA	I-BA	
MS	1	0.1	0.3	0
	2	0.1	0.5	10
	3	0.1	0.7	20
	4	0.3	0.3	0
	5	0.3	0.5	10
	6	0.5	0.5	10
	7	0.5	0.7	20

1.6 数据观测

定期观察试验记录：每5d观察一次，统计以下指标：生根率[生根率=生根的无菌苗（根长超过0.5cm的幼苗）株数/原接种无菌苗株数；生根条数=所有生根数/生根株数)]主根长度、根色；愈伤大小、色泽；芽分化率（丛芽数、芽状态、增殖数），成苗率（株高、长势）。

2 结果与分析

2.1 粉葛不同部位诱导培养的差异

从试验中观察得知，处理1和处理6只出现愈伤没有分化出芽（表3）。而且处理1诱导愈伤较少，而处理6在一开始变化并不大，8d左右叶片黄化，15d后叶片变黑，部分愈伤出现，20d后变褐色，并无芽形成。在1/2MS培养基中，粉葛苗生长情况明显较差，试管苗没有明显长高，说明大量元素的减少不利于粉葛枝叶的伸长。处理2中有愈伤出现，分化出了更多的丛生芽，但大部分没有继续生长，只有少数几株形成小苗。处理3和处理4外植体的生长情况基本一致：8d左右开始有愈伤形成，小叶，基部出现愈伤，20d后，小叶展开变宽，枝叶也都伸长，30d后成苗。处理5生长速度最快，20d左右就基本成苗。而在MS+NAA 0.1mg/L+6-BA 0.3mg/培养基中，愈伤块、从生芽不利于成苗培养。整体而言，用顶芽、中部茎段和底部茎段可以获得长势良好，枝叶伸长的无菌苗，但用顶芽部位的芽分化率较高，芽分化数不多，能快速抽茎成苗，成苗后枝叶茂盛，叶色正常。因此，采用顶芽部位能有效地培养出长势良好、枝叶伸长的无菌苗。

表3　粉葛不同部位诱导培养的差异

序号	大量元素浓度	接种部位	基部			
			芽分化率（%）	单株芽分化数	植株生长情况	60d苗高（cm）
1	MS	愈伤	0	0 ± 0.00	没有成苗	0
2	MS	丛生芽	80	6.1 ± 0.22a	没有成苗	<0.5
3	MS	底部茎段	93	9.5 ± 0.20a	长势好枝叶伸长	3.31 ± 0.32a
4	MS	中部茎段	87	4.9 ± 0.46b	长势好枝叶伸长	2.46 ± 0.40b
5	MS	顶芽	95	5.8 ± 0.20a	长势好枝叶伸长	3.53 ± 0.70b
6	1/2MS	叶子	0	0 ± 0.00	没有成苗	0
7	1/2MS	丛生芽	83	5.4 ± 0.26a	没有成苗	<0.5
8	1/2MS	底部茎段	63	2.6 ± 0.20a	长势一般	<0.5
9	1/2MS	中部茎段	62	2.0 ± 0.32a	没有成苗	<0.5
10	1/2MS	顶芽	100	3.0 ± 0.29a	没有成苗	<0.5

2.2　不同植物生长调节剂对离体试管苗增殖的影响

从试验结果可知，较低浓度的NAA与低浓度的6-BA组合能很好地促进芽的萌发（表4）。培养10d后，芽萌发成小叶，基部出现愈伤，20d后，小叶展开变宽，枝叶也都伸长，30d后，都能成苗。但在NAA 0.1mg/L+6-BA 0.1mg/L的培养基中的苗明显增高，枝长叶宽，茎节增长，低浓度的NAA与6-BA组合促进成苗。随着6-BA浓度升高至0.4mg/L以上时，芽并没有明显的伸长现象。可见高浓度6-BA抑制芽的萌发，由此可见低浓度的NAA和高浓度的6-BA组合表现为芽增多，但芽的萌发伸长受到抑制，也难以成苗。故在成苗培养中应使用低浓度的NAA和低浓度的6-BA搭配，但6-BA的浓度应该小于0.1和不超过0.3，两者的组合效果好于单加NAA的培养效果。在MS+NAA 0.1mg/L+6-BA0.1mg/L培养基中做成苗培养，获得枝叶茂盛、叶色正常的无菌苗，适合下一步生根试验的培养（图1）。

表4　不同植物生长调节剂对试管苗成苗影响

生长调节剂（mg/L）		愈伤大小	植株生长情况	60d苗高（cm）
NAA	6-BA			
0.1	0.1	中	长势良好枝繁叶茂	5.30 ± 0.90a
0.1	0.2	中	长势好枝叶伸长	4.00 ± 0.87a
0.1	0.3	一般	长势好枝叶伸长	2.69 ± 0.47a
0.1	0.4	一般	没有成苗	<0.3
0.1	0.5	较大	没有成苗	0

图1　试管苗生长情况

2.3　不同暗处理时间和不同生长调节剂对无菌苗诱导生根的作用

在NAA 0.1mg/L+IBA 0.3mg/L的培养基中（表5），10d后无菌苗开始萌动生根，开始时，根色为白色，根长均长0.6cm，20d后，根长均长1.2cm，且开始有少量须根，30d后，根长2.5cm以上，根色也开始慢慢变褐。从试验结果可见，随着NAA浓度的增高，愈伤形成率也增高，NAA能有效促进愈伤的分化。从处理1、处理2、处理3可以看出，IBA浓度的增高，对根的诱导率影响不大，但随着IBA的浓度的增高芽分化率降低。由此可见，较低浓度的NAA 0.3mg/L和一般浓度的IBA 0.5mg/L有效的结合可培养出既健壮的葛根，又能分化出芽的无菌苗，这样的无菌苗可以进行下一步移栽试验。

表5　不同暗处理时间和不同生长调节剂对无菌苗诱导生根的影响

编号	根的生长情况					芽分化率（%）	愈伤大小	植株的生长情况
	时间	生根率（%）	主根均长（cm）	根粗	根色	状态		
1	10d	35	0.6		白色	部分弱根，须根较少	90	0.3	长势一般，节间短，叶色浅绿
	20d	58	1.2		白色				
	30d	85	2.5	较细	褐白				
	40d	85	2.6		褐白				
	50d	85	2.6		褐白				
2	10d	53	0.4		白色	一般	86	0.3	长势一般，叶色浅绿
	20d	78	0.9		白色				
	30d	86	1.6	较细	褐白				
	40d	86	1.8		褐白				
	50d	86	1.8		褐白				

（续表）

编号	时间	根的生长情况					芽分化率（%）	愈伤大小	植株的生长情况
		生根率（%）	主根均长（cm）	根粗	根色	状态			
3	10d	55	0.3		白色				
	20d	77	0.9		白色				
	30d	88	1.2	一般	褐白	一般	56	0.4	长势一般，茎节间长，叶色嫩绿
	40d	88	1.8		褐白				
	50d	88	2		褐白				
4	10d	36	0.5		白色				
	20d	68	2		白色				
	30d	85	3.2	一般	褐白	健壮，须根数量多	93	0.3	部分长势良好苗枝健壮，节间较长
	40d	85	5.5		褐白				
	50d	85	5.5		褐白				
5	10d	78	1		白色				
	20d	85	3		白色				
	30d	90	4.6	较粗	褐白	健壮，须根数量多	85	0.2	长势一般，茎节间长，叶色嫩绿
	40d	90	5.3		褐白				
	50d	90	5.6		褐白				
6	10d	79	1		白色				
	20d	85	4		白色				
	30d	99	5.2	较粗	褐白	健壮，须根数量多	85	0.1	健壮，叶色浅绿
	40d	99	5.6		褐白				
	50d	99	6		褐白				
7	10d	83	1.5		白色				
	20d	95	3		白色				
	30d	98	5.2	较粗	褐白	健壮，须根多	54	0.2	长势一般，茎节间长，叶色嫩绿
	40d	98	5.6		褐白				
	50d	98	6		褐白				

处理1、处理4和处理2、处理5、处理6相比，进行过暗处理的无菌苗能快速诱导生根，暗处理时间越长，生根率就越高。在暗处理30d之内，随着暗处理时间的增长，生根越多。暗处理时间大于30d，试管苗的茎会徒长（图2）。综上所述，低浓度的NAA和IBA组合NAA 0.3mg/L+IBA 0.5mg/L的培养基，在转接后进行暗处理10d，再进行正常培养，是粉葛无菌苗诱导生根的最佳培养方式。

图2　试管苗茎徒长

3　讨论

在粉葛的组织培养的过程中，粉葛愈伤分化形成的丛生芽，芽伸长较为困难，不易成苗，（黄宁珍，2008）。在本试验中，接种不同器官进行培养，诱导成功率差异较大，但均体现出不同的优缺点，还需要进一步摸索。众所周知，培养基激素组合的选取是决定植物组织培养成败的关键因素（刘计权，2012；马崇坚等，2013）。生长素影响到茎和节间的伸长、向性、顶端优势、叶片脱落和生根等现象，其中两者浓度高都抑制了芽的萌发（黄宁珍，2008；刘计权，2012）。所以，一般采用较低的NAA和6-BA浓度比例，达到较好的组合效应，既能促进芽萌发，又能促进茎枝叶的伸长、旺盛生长。生长素无菌苗的根系诱导中起到关键作用，较低浓度时，主根根长和根数增多，须根增多，浓度较高时可能导致根的生长受到抑制（施和平，2000；刘计权，2012）。对粉葛而言，NAA和IBA组合先进行暗处理10d，再进行较低浓度的生长素诱导培养的能有效培养出充分诱导生根和芽分化的无菌苗。后续试验有待在试管葛根诱导进行较系统的研究，并可探讨直接从根系中提取葛根素的可行性。

参考文献

陈元生，柳雪芳，2008.我国葛种质资源的研究与利用[J].长江蔬菜（11）：6-9.

黄宁珍，唐凤鸾，何金祥，等，2008.泰国葛组织培养和快速繁殖体系优化研究[J].中国中药杂志，33（19）：2 175-2 179.

林丽超，董华强，刘富来，2011.合水粉葛茎叶与根部异黄酮和葛根素含量的比较[J].佛山科学技术学院学报（自然科学版），29（1）：73-76.

刘计权，刘亚明，刘必旺，等，2012.葛根扦插育苗规范化种植研究[J].山西中医学院学报，13（1）：65-66.

马崇坚，郑声云，卓海标，2013.粉葛种苗离体繁殖技术初步研究[J].广东农业科学（15）：28-35

瞿飞，孙志佳，陈爱茜，等，2011.地道粉葛的地理标志知识产权保护的思考[J].江西农业学报，10：172-175.

施和平，2000.三裂叶野葛茎段和叶柄培养成再生植株[J].中草药，31（7）：550-552.

陶娟，许慕农，路秋生，等，2007.中国葛属植物资源和利用情况[J].中国野生植物资源，26（3）：38-40.

朱校奇，周佳民，黄艳宁，等，2011.中国葛资源及其利用[J].亚热带农业研究，7（4）：230-234.

其他

真空渗入转化法及脱落酸对西瓜遗传转化的影响

宗　梅，郭　宁，王桂香，韩　硕，刘　凡[*]

（北京市农林科学院蔬菜研究中心　农业农村部华北地区园艺作物生物学与
种质创新重点实验室　北京　100097）

摘　要：从国内外已有的报道来看，农杆菌介导法转化技术在西瓜上的规模化应用还具有较大的困难，普遍存在转化效率低、重复性差，转化体系尚待优化等问题。本文在芽分化培养基中添加低浓度的脱落酸，结果显示外植体伤口周围会形成更多的白色松散愈伤组织，较未添加对照组有更多外植体切块及不定芽玻璃化严重，并未达到提高不定芽诱导效率的预期，BM基本培养基+1.5mg/L 6-BA为最适芽分化培养基；真空渗入处理可以增加子叶外植体的转化细胞数及其纵深分布，但无法显著提高西瓜遗传转化效率。

关键词：西瓜；真空渗入；ABA；遗传转化

Effect of Vacuum Infiltration and Abscisic Acid on Genetic Transformation of Watermelon

Zong Mei，Guo Ning，Wang Guixiang，Han Shuo，Liu Fan[*]

（Beijing Vegetable Research Centre，Beijing Academy of Agricultural and Forestry Sciences；Key Laboratory of Biology and Genetic Improvement of Horticultural Crops（North China），Ministry of Agriculture，Beijing 100097，China）

Abstract：According to the existing reports，the large-scale application of agrobacterium-mediated transformation technology in watermelon still has great difficulties，such as low transformation efficiency，poor repeatability，and the transformation system still needs to be optimized. In the present research，low concentration of abscisic acid was added to the

* 通讯作者：Author for correspondence（E-mail：liufan@nercv.org）

differentiation medium，and the formation of pale green and loose callus was increased，however few buds can be formed on it. Basal medium with 1.5mg/L BA was the optimal medium for adventitious shoot induction. Vacuum infiltration treatment could increase the number of transformed cells and the depth distribution of cotyledon explants，but could not significantly improve the genetic transformation efficiency of watermelon.

Key words：Watermelon；Vacuum infiltration；Abscisic acid；Genetic transformation

西瓜［*Citrullus lanatus*（Thunb.）］为葫芦科一年生草本，是世界性重要蔬菜作物之一。目前西瓜全基因组测序及骨干育种材料的重测序工作已经完成，大量功能基因有待验证。转基因技术是生物基因功能验证的重要方法，从国内外已有的报道来看，传统的农杆菌介导法转化技术在西瓜上的规模化应用还具有较大的困难，普遍存在转化效率低、重复性差等问题（Choi et al.，1994；牛胜鸟等，2005；Cho et al.，2008；Huang et al.，2011；Yu et al.，2011）。

真空渗入转化法是一种在传统农杆菌介导的外植体离体转化方法基础上，通过施加一定负压，促进细菌转染的方法。其成功案例包括应用于拟南芥、白菜、油菜等的开花植株的原位转基因（Bechtold et al.，1993；Liu et al.，1998；徐光硕等，2004），以及对烟草、黄瓜等作物的离体外植体辅助转化。离体转化中的研究表明，对外植体进行合适强度的真空浸润，可适当提高农杆菌介导转化的效率。烟草真空渗入转化研究发现，真空渗入侵染与普通侵染相比转化率高，出芽提早2~3d，再生芽健壮，生长快（刘巧真等，2006）。对黄瓜子叶外植体进行5min×2次的真空处理，*GUS*基因的瞬时表达率为42.7%，是未真空处理的对照组的2倍（Yoshihiko et al.，2013）。这可能是因为真空处理一方面可使外植体细胞内空气量减少，外界压力的增加使农杆菌更易进入植物组织内部，利于转化率的提高（邱金梅等，2010）；另一方面，负压处理会在转化材料上形成许多小伤口，大量细小伤口的形成也可提高农杆菌侵染的机会（熊换英等，2012）。真空渗入处理对西瓜的遗传转化的影响，少有相关报道。

脱落酸（abscisic acid，ABA）是植物五大天然生长调节剂之一，是促进植物叶片脱落、抑制生长的激素，但是将其与合适的细胞分裂素组合，使外植体内激素水平维持平衡，有可能提高植物离体再生频率。有报道发现ABA促进体细胞胚胎发生，高水平的内源ABA与胚性能力的启动或表达有关并在调节胚发育方面扮演着特定的角色（彭艳华等，1991）。在黄瓜、小麦、冰草等作物组织培养、植株再生及遗传转化培养基中均有添加ABA（李雪梅等，1993；徐春波等，2004，2009）西瓜与黄瓜同属，ABA对西瓜的不定芽再生及遗传转化有何影响未见相关报道。

本研究以西瓜商品种"惠玲"成熟胚子叶切片为外植体，分别探讨了真空渗入转化法和添加不同浓度的外源脱落酸对外植体再生效率、遗传转化中*GUS*基因瞬时表达率及转化效率的影响，为建立高效稳定的西瓜遗传转化体系奠定技术基础。

1 材料与方法

1.1 材料

西瓜杂交商品种"惠玲"，购于台湾农友种苗有限公司。农杆菌菌株为C58，含质粒pBGI，为在载体pBBBast多克隆位点处通过$Hind$Ⅲ酶切插入35S-intron-gus-nos基因片段。含有除草剂Basta（有效成分为phosphinothricin，PPT）抗性的bar和gus报告基因。

1.2 无菌材料的获得

选取健康饱满的西瓜种子小心剥去种皮（尽量避免伤及种仁），在超净工作台上用70%乙醇溶液消毒30s，无菌水清洗两次。有效氯浓度为0.3%的次氯酸钠溶液消毒15min，无菌水清洗3次后接入基本培养基中[basal medium，BM培养基，MS（Murashige and Skoog，1962）盐类+SH有机（Schenk and Hildebrandt 1972）+3%蔗糖+8%琼脂 pH值为5.8]，28℃暗培养3d，切取健康萌动的种仁，自子叶近生长点一端1.5mm×1.5mm切块。

1.3 激素对西瓜不定芽再生的影响

将子叶切块，转入在基本培养基中加入不同浓度激素的芽分化培养基（SDM），激素种类及配比见表1。28℃光照16h/d，黑暗8h/d，每周继代一次，培养3周，统计不定芽发生数，计算再生率，观察不同激素配比对西瓜不定芽再生的影响。

表1 芽分化培养基

芽分化培养基SDM	6-BA（mg/L）	ABA（mg/L）
SDM0	1.5	0
M1	0.5	0.5
M2	0.5	1
M3	1.5	0.5
M4	1.5	1
M5	2	0.5
M6	2	1

1.4 负压处理时间对西瓜不定芽再生的影响

将子叶切块，转入盛有10ml MS液体培养基的广口瓶中，用培养瓶无菌透气封口膜封好瓶口，放入转化器中分别进行断续处理（负压处理3min，恢复气压后静置2min再处理3min，恢复2min）、5min、7min、10min 10^4Pa负压处理（日本ULVAC油旋片真空泵）；对照组不进行负压处理，子叶块置于10ml液体MS培养基中浸泡10min，滤干液体培养基。将子叶块接入芽分化培养基，28℃光照培养3周，统计不定芽再生率，观察不同负压处理时间对不定芽再生的影响。

1.5 真空渗入转化法对西瓜遗传转化的影响

将子叶切块接入盛有10ml MS液体培养基的广口瓶中，全部完成后加入OD_{600}为0.8～1.0的菌液50μl，混匀，用培养瓶无菌透气封口膜封好瓶口。放入转化器中进行10^4Pa 3min、3～3min断续、5min、7min、10min 10^4Pa负压处理。对照组不进行处理，常规侵染10min，滤干液体培养基，将外植体分别接入SDM0（BM培养基+1.5mg/L BA），28℃共培养4d，选取部分子叶切块进行组织化学检测。

2 结果与分析

2.1 激素对西瓜子叶离体再生的影响

西瓜外植体的不定芽诱导率是影响转化效率的重要因素之一，本研究以前人报道的芽再生体系为基础，研究ABA对不定芽诱导的作用及适宜的激素配比。

外植体接种到分化培养基（SDM0）后，子叶切片面积迅速增大，5d后达到最大值，为原来的2倍，5～7d时子叶外植体切口处形成致密紧凑的绿色瘤状或松散的浅绿色愈伤组织，14d左右开始产生不定芽，20d达到高峰。观察中发现，绿色瘤状愈伤组织会继续分化出不定芽，而浅绿色松散的愈伤组织多为非胚性细胞，很难分化成不定芽（图1）。

由表2可见使用未添加ABA的SDM0培养基的不定芽诱导效率最高，为68.3%。ABA为0.5mg/L时，随着6-BA浓度增加，芽诱导效率从45%增加到60%随后降低至48.3%；ABA为1mg/L时不定芽诱导效率逐渐增加达到60%。外植体转入M2培养基时，芽发生外植体数、最大芽发生数和芽诱导率都为7种培养基中最低。实验中观察到，M3、M4与SDM0比较，培养基中添加ABA不能明显提高子叶芽再生能力。芽分化培养时添加ABA的培养基培养的子叶切片伤口处会形成更多的浅绿色愈伤组织（图2），未添加ABA的对照组（SDM0）形成明显的瘤状凸起。与对照相比添加了ABA后，子叶外植不定芽芽再生速度变慢。因此判断培养基中添加ABA不能明显提高子叶芽再生能力。

表2 激素不同浓度配比对西瓜子叶外植体不定芽诱导影响

培养基	外植体数	芽发生外植体数	最大芽发生数	芽诱导率（%）
SDM0	60	41	5	68.3
M1	60	27	3	45
M2	60	23	2	38.3
M3	60	36	4	60
M4	60	28	4	46.7
M5	60	29	4	48.3
M6	60	36	4	60

注：芽诱导率（%）=具芽发生外植体数/总外植体数×100

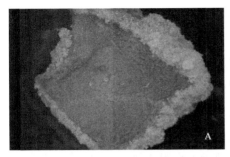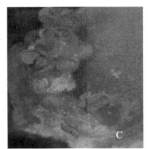

A. 子叶块切口处形成浅绿色松散愈伤组织；B，C. 切口处形成瘤状愈伤组织，
只有绿色瘤状愈伤组织才会分化不定芽

图1　西瓜子叶切块培养不定芽发生情况

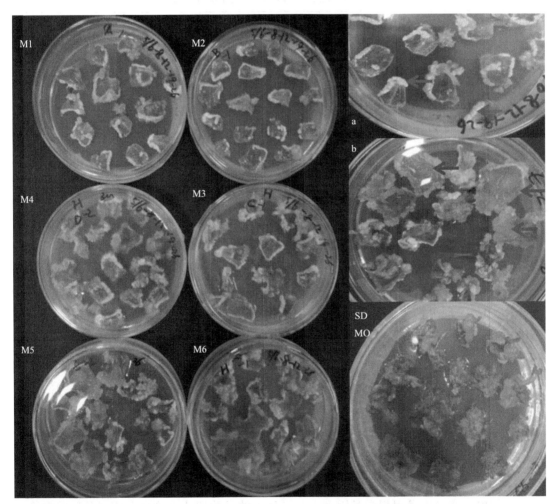

培养基添加ABA培养的子叶切片伤口处形成较多淡绿色愈伤（图中蓝色箭头所示），对照组则形成明
显的瘤状凸起；相较于对照组，添加ABA后子叶芽再生速度变慢；不定芽再生与6-BA浓度有关，随着
6-BA浓度增加，不定芽数和单个外植体最大芽发生数呈增加趋势；当6-BA为2mg/L时子叶切片膨大迅速
且玻璃化严重（图中红色箭头所示）

图2　不同激素配比对西瓜子叶外植体不定芽再生的影响

2.2 真空渗入转化法中处理时间对不定芽诱导及遗传转化的影响

基于对适当的真空浸润有利于提高外植体转化效率的推测，首先需要检验负压对外植体不定芽再生的影响。本研究设置断续处理（负压处理3min，恢复气压后静置2min再处理3min，恢复2min）、5min、7min、10min五个不同处理时间。结果显示，处理后的子叶切片伤口处浅绿色愈伤组织明显多于绿色瘤状愈伤组织。处理5min的诱导率与未处理组相近，负压处理7min、10min后，部分子叶切片呈水浸状，后期培养中迅速膨大，虽然部分子叶切片伤口处可以再生出不定芽，但玻璃化严重。与未处理组相比，处理组的外植体不定芽诱导率普遍偏低（表3）。

表3 负压处理后常规培养21d的不定芽诱导率

处理时间（min）	外植体数	芽发生外植体数	最大芽发生数	芽诱导率（%）
0	60	41	4	68.3
3	60	25	3	41.7
3～3	54	31	3	57.4
5	58	39	4	67.2
7	58	31	5	53.4
10	58	27	2	46.6

注：芽诱导率（%）=芽发生外植体数/总外植体数×100

对完成农杆菌浸泡与共培养后的子叶切片进行GUS瞬时表达检测，结果显示，随着负压处理时间增加，转化的子叶外植体数逐渐降低，伤口褐化程度加深。与未经过负压处理的对照转化组相比，侵染时对外植体施加3～5min的负压可以扩展转化细胞的分布，但伤口处细胞褐化且转化细胞与再生细胞不重合，并不能明显地提高转化效率。负压处理时长为7min、10min时外植体呈明显水渍状，这样的外植体转入不定芽诱导培养基后会迅速玻璃化，无法正常再生芽（图3）。

3 讨论

高效再生体系及遗传转化效率一直是国内外西瓜转基因研究领域的难点。关于西瓜离体再生及转化的研究报道虽然较多，但仍然存在基因型依赖性强，转化频率低，逃逸率高，重复性差等问题。人们也一直在探索更多、更新的方法，试图进一步建立高效、稳定的西瓜转基因体系。

我们前期实验中发现相同基因型、相同处理的子叶切片有些会形成绿色瘤状愈伤组织再分化成不定芽，有些会形成淡绿色松散的愈伤组织且很难再进行芽分化。有研究认为，在黄瓜、冰草、小麦组织培养过程中添加一定量的ABA能够明显改善成熟胚愈伤组织状态，使其愈伤组织的结构变得致密，颜色更加鲜亮表面更加干爽，促进愈伤组织向胚性愈伤组织转变（徐春波等，2004；李雪梅等，1993；Yoshihiko et al.，2013）。我们试图在西瓜的芽诱导培养基中添加低浓度的ABA（0.5～1mg/L）以调节外植体内激素水平，但结果显示白色松散愈伤组织反而增多，芽诱导效率未见明显提升。此外培养基中2mg/L 6-BA加1mg/L ABA时，子叶外植体切块表现玻璃化严重。因此ABA虽然在黄瓜、冰草、小麦等材料中能够促进不定芽再生，但在西瓜中不存在正向促进作用。

A，B：常规侵染子叶切片，显示多个外植体在切口处GUS阳性，B为图A中一个外植体的放大，显示切口处转化细胞与再生细胞（芽点）重合；C，D：负压处理3min，D为图C中一个外植体的放大，显示GUS阳性的细胞不仅分布在切口处，也分布在内部，有更多的细胞被转化，但转化细胞与再生细胞不重合；E，F：3～3min断续处理，F为图E中一个外植体的放大，显示伤口处细胞被转化的同时褐化加重，且切口外缘非转化细胞再生愈伤组织；G，H：负压处理5min，H为图G中一个外植体的放大，显示处理后伤口褐化严重（黑色箭头）；I，J：负压处理7min大部分子叶切片发白、呈水渍状，J为图I中一个外植体的放大，显示农杆菌可以更深入，使更内部的细胞转化，但无明显芽点形成；K，负压处理10min转化外植体数明显减少，且子叶切片发白、呈水渍状；红色箭头指示GUS阳性，黑色箭头指示外植体组织褐化

图3　负压处理后外植体GUS基因瞬时表达

西瓜目前仍然被认为是很难利用农杆菌介导的转基因技术取得成功转化的物种，且转化效率普遍偏低。在前人研究的基础上我们对西瓜子叶切片给予负压处理，实验中发现负压处理虽然可以使更多的细胞转化，但并不能明显地提高转化效率，负压处理3min后，许多位于非伤口区的细胞得以转化，由于没有伤口，转化细胞无法和培养基接触，且在后续的培养中并不能再分化出不定芽。但可尝试在共培养结束后，在子叶切块表面增加伤口，并且与筛选培养基充分接触，可能会有利于提高转化效率。

参考文献

毕瑞明，2008. 负压处理对农杆菌介导小麦成熟胚转化效率的影响[J]. 生物技术，18（1）：47-49.

李雪梅，刘熔山，1994. 小麦幼穗胚性愈伤组织诱导及分化过程中内源激素的作用[J]. 植物生理学报（4）：255-260.

彭艳华，1991. 刘成运脱落酸与胚胎发育的关系及作用方式的研究进展[J]. 武汉植物学研究，9（3）：289-292.

徐春波，米福贵，王勇，等，2009. 影响冰草成熟胚组织培养再生体系频率的因素[J]. 草业学报，18（1）：80-85.

徐光硕，饶勇强，陈雁，等，2004. 用in planta方法转化甘蓝型油菜[J]. 作物学报，30（1）：1-5.

徐恒戬，刘凡，王秀峰，等，2005. 真空渗入转化法中农杆菌在植株体内的分布和活力变化[J]. 微生物学报，45（4）：621-624.

张志忠，吴菁华，吕柳新，2005. 根癌农杆菌介导的西瓜遗传转化研究[J]. 果树学报，22（2）：134-137.

赵小强，牛晓伟，范敏，2016. 农杆菌遗传转化西瓜的影响因素及研究进展[J]. 浙江农业学报，28（1）：171-178.

Aarrouf J, Garcin A, Lizzi Y, et al., 2008. Immunolocalization and histocytopathological effects of *Xanthomonas arboricola* pv. pruni on naturally infected leaf and fruit tissues of peach（*Prunus persica* L. Batsch）[J]. Journal of Phytopathology, 156（6）：338-345

Akashi K, Morikawa K, Yokota A, 2005. *Agrobacterium*-mediated transformation system for the drought and excess light stress tolerant wild watermelon（*Citrullus lanatus*）[J]. Plant Biotechnol, 22（1）：13-18.

Bechtold N, Ellis J, Pelletier G, 1993. In plant *Agrobacterium* mediated gene transfer by infiltration of adult *Arabidopsis thaliana* plants[J]. C. R. Acad. Sci. Paris, Life sciences, 316：1 194-99.

Cho M A, Moon C Y, et al., 2008. *Agrobacterium*-mediated transformation in *Citrullus lanatus*[J]. Biologia Plantarum, 52（2）：365-369.

Cho M A, Park Y O, Kim J S, et al., 2005. Development of transgenic maize（*Zea may* L.）using *Agrobacterium tumefaciens* mediated transformation[J]. Kor J Plant Biotechnol, 32（2）：91-95.

Choi P S, Soh W Y, Kim Y S, et al., 1994. Genetic transformation and plant regeneration of watermelon using *Agrobacterium tumefaciens*[J]. Plant Cell Reports, 13（6）：344-348.

Chovelon V, Restier V, Giovinazzo N, et al., 2011. Histological study of organogenesis in *Cucumis melo* L. after genetic transformation：why is it difficult to obtain transgenic plants？[J]. Plant Cell Reports, 30（11）：2 001-2 011.

Dong J Z, Jia S R, 1991. High efficiency plant regeneration from cotyledons of watermelon（*Citrullus vulgaris Schrad*）[J]. Plant Cell Reports, 9（10）：559-562

Liu F, Cao M Q, Yao L, et al., 1998. In planta transformation of Pakchoi by infiltration of adult plants with *Agrobacterium*[J]. Acta Horticulturea, 467（467）：187-192.

Yoshihiko N, Kenichi K, Ayako O, et al., Improvement of *Agrobacterium*-mediated transformation of cucumber（*Cucumis sativus* L.）by combination of vacuum infiltration and co-cultivation on filter paper wicks[J]. Plant Biotechnology Reports, 7（3）：267-276.

Yu T A, Chiang C H, Wu H W, et al., 2011. Generation of transgenic watermelon resistant to *Zucchini yellow mosaic virus* and *Papaya ringspot virus* type W[J]. Plant Cell Reports, 30（3）：359-371.

Zhang J, Liu F, Yao L, et al., 2011. Vacuum infiltration transformation of non-heading Chinese cabbage（*Brassica rapa* L. ssp. chinensis）with the *pinII* gene and bioassay for diamondback moth resistance[J]. Plant Biotechnol Rep, 5（3）：217-224.

获得无融合生殖亚麻种子方法的研究

康庆华[1]，徐 涵[2]，关凤芝[1*]，张树权[1]，孙中义[3]，吴广文[1]，黄文功[1]，于 莹[1]，
姜卫东[1]，姚玉波[1]，赵东升[1]，宋喜霞[1]，吴建忠[1]，程莉莉[1]，刘 岩[1]，袁红梅[1]

（1.黑龙江省农业科学院经济作物研究所 哈尔滨 150086；

2.法国图卢兹综合科学研究所[IRIT-ARI] 法国 图卢兹 31300；

3.黑龙江省农业科学院畜牧研究所 哈尔滨 150086）

摘 要：为获得不经受精作用仅由无融合生殖产生的亚麻种子，采用2mg/L、1mg/L、0.5mg/L、0mg/L 4个浓度梯度的NAA和KT，30mg/L、2mg/L、10mg/L、5mg/L 4个浓度梯度的2,4-D以及乙醇灭活的花粉授粉，对H2011044和H2011017两个遗传背景不同的多胚杂交F_1代亚麻材料进行处理。结果显示，在生长调节剂处理组中，10mg/L 2,4-D处理能诱导极少蒴果膨大，约1/3膨大蒴果中可产生1~2粒种子。

关键词：亚麻；无融合生殖；多胚

Study on Method of Obtain Apomixes Seeds in Flax

Kang Qinghua[1], Xu Han[2], Guan Fengzhi[1*], Zhang Shuquan[1], Sun Zhongyi[3], Wu Guangwen[1], Huang Wengong[1], Yu Ying[1], Jiang Weidong[1], Yao Yubo[1], Zhao Dongsheng[1], Song Xixia[1], Wu Jianzhong[1], Cheng Lili[1], Liu Yan[1], Yuan Hongmei[1]

（1. Institute of Economic Crops, Heilongjiang Academy of Agricultural Sciences, Harbin 150086 China；2. Institut de la Recherche Interdisciplinaire de Toulouse（IRIT-ARI），Toulouse 31300, France；3. Institute of Animal Husbandry Research, Heilongjiang Academy of Agricultural Sciences, Harbin 150086, China）

Abstract：In order to obtain fertilization-free apomixes seeds in flax, plant growth

基金项目：国家麻类产业技术体系（CARS-19-E08）

*通讯作者：关凤芝，研究员、博士生导师。

regulator NAA，KT（2mg/L，1mg/L，0.5mg/L，0.05mg/L）and 2, 4–D（30mg/L，20mg/L，10mg/L，5mg/L），and pollination with inactivated pollen were performed to induce apomixes in flax hybrid materials（H2011044 and H2011017）with 2 kinds of poly-embryonic genotypes. Results showed among plant growth regulator treatments，only a few of capsules enlarged among which 1/3 capsules produced 1–2 seed/capsule.

Key words：Flax；Fertilization-free apomixes；Poly-embryo

亚麻是自花授粉作物，育种周期较长，采用常规杂交方法育成一个品种需10～15年的时间。在亚麻的栽培种（*Linum usitatissimum* L.）内存在极少部分的多胚种质（康庆华，2004；康庆华等，2011），这种多胚种质一般表现为双胚的发生，并且其中的一个胚通常是通过无融合生殖途径产生，即胚囊的配子体细胞不经受精而发育成胚胎个体，多数为单倍体，少数为纯合二倍体或镶嵌体。目前在已经检测过的材料中还没有发现通过珠被细胞经无性生殖产生的母体体细胞克隆。因此，在亚麻育种上，可利用无融合生殖进行育种。无融合生殖是指不经过精卵融合即可繁殖后代的一种生殖方式，是以无性生殖的方式产生种子的过程。无融合生殖由于其具有固定杂种优势、加速育种进程、积累优良基因的优势，因此在农业生产及遗传育种上具有重要的意义和潜力（吴曼等，2010）。尽管目前已在亚麻上发现了无融合生殖的存在，但无融合生殖频率低又常伴随着有性生殖发生，兼性无融合生殖体的有性胚与无性胚的比率会受到外界环境因素如光周期、温度、无机盐以及营养水平的影响（郝建华等，2009）。因此开展人工诱导、调节和控制无融合生殖发生的工作，获得由无融合生殖产生的亚麻种子，可以简化育种中长期艰难的选择过程。

栽培种亚麻（*Linum usitatissimum* L.）H04052是2004年黑龙江省农业科学院经济作物研究所采用自创的多胚品系与本所育成品种黑亚13号杂交选择育成的种质，该材料多胚率为0.5%～9%（康庆华等，2011）。栽培种亚麻（*Linum usitatissimum* L.）new1（刘岩等，2012）为2006年由黑龙江省农业科学院经济作物研究所从荷兰引进的高纤、抗倒纤维亚麻资源，在该所内经过三年扩繁和鉴定，原茎、全麻、种子产量分别达到5 063.3kg/hm²、1 080.8kg/hm²和714.0kg/hm²；长麻率22.0%，全麻率30.3%。栽培种亚麻（*Linum usitatissimum* L.）H09052是2009年黑龙江省农业科学院经济作物研究所采用从俄罗斯引进的多胚资源与自创的双单倍体品系进行杂交选择育成的种质，该材料多胚率为5.56%（康庆华等，2011）。因此，以上述亚麻种质为实验材料进行杂交和诱导获得无融合生殖亚麻种子的方法研究完全可行，获得的后代材料也将具有应用和推广价值。

1 材料与方法

1.1 实验材料

供试的亚麻材料有两个，分别是H2011017和H2011044。

H2011017是以亚麻H2010018为母本，以亚麻H2010049为父本进行杂交得到的杂交当代所结的种子及由它所长成的植株。H2011044以亚麻H2010020为母本，以亚麻H09052为父本进行杂交得到的杂交当代所结的种子及由它所长成的植株。

而亚麻H2010018是以亚麻H04052为母本，以亚麻new1为父本进行杂交得到的杂种第一代；亚麻H2010049是以亚麻H04052为母本，以亚麻H09052为父本进行杂交得到的杂种第一代；亚麻H2010020是以亚麻new1为母本，以亚麻H09052为父本进行杂交得到的杂种第一代。

1.2　实验方法

试验于2012年2—8月在黑龙江省农业科学院智能温室及盆栽场进行，试验重复三次。

分别选取H2011017、H2011044的各60粒健康饱满的种子种植于盆内，生育前期放置于智能温室培养，后期搬置于盆栽场，整个生育期给以充足的水分及营养。温室昼夜温度：春季（22/15±5）℃；夏季（25/20±5）℃。昼夜光照：16/8。

在亚麻初花期，选取第二天能够正常开花的花蕾去除所有雄蕊，套袋隔离，得到待诱导花朵。第二天早晨5时30分至7时30分用亚麻失活花粉对待诱导花朵的柱头涂抹授粉，然后对子房壁进行生长调节剂滴注处理，连续滴注5d，每天早晨5时30分至7时30分滴注1次，每次0.5ml生长调节剂溶液，进行无融合生殖诱导。试验采用的生长调节剂分为12种处理：不同浓度的NAA（α-萘乙酸）溶液处理（N-1、N-2、N-3和N-4）、不同浓度的KT（激动素，6-糠氨基嘌呤）溶液处理（K-1、K-2、K-3和K-4）、不同浓度的2,4-D（2,4-二氯苯氧乙酸）溶液处理（D-1、D-2、D-3和D-4），各处理的相应生长调节剂溶液的浓度分别如表1所示。同时设三种对照处理组：去雄后用失活花粉授粉，并用清水代替生长调节剂对子房进行滴注处理（CK1）；去雄后不做任何处理（CK2）；正常自花授粉，不做处理（CK3）。授粉3d后开始调查蒴果膨大情况。生长调节剂处理组及对照处理组的蒴果都在成熟期收获，并调查蒴果和种子产生情况，统计各处理总株数的成果数（成果标准：各处理蒴果成熟时体积大于或等于1/2本株正常自花授粉蒴果成熟时体积）、各处理总花多数的结籽粒数（结籽的标准：成果内所获得的种子与本株正常自花授粉所得蒴果内的种子在饱满度、尺寸大小上相当）、坐果率（%）=每个处理总花朵的成果数/该处理总花朵数×100；结籽率（%）=每个处理总花朵的结籽粒数/该处理总花朵数×10×100。

其中，H2011017和H2011044的待诱导花朵采用的亚麻失活花粉来自待诱导花朵所在的植株。亚麻失活花粉的制备方法如下：收集亚麻待诱导花朵所在植株的花粉，用体积百分比浓度为70%的乙醇水溶液浸泡14h，纯净水冲洗除去乙醇后800r/min离心5min收集沉淀得到亚麻失活花粉。

上述方法中，H2011017和H2011044均在N-1、N-2、N-3、N-4、K-1、K-2、K-3、K-4、D-1、D-2、D-3、D-4、CK1和CK2这14种处理中，每个处理各进行3株，每株均

全部诱导7个花朵进行统计。CK3中，H2011017和H2011044各选5朵自花授粉花朵进行检测。

表1 12种生长调节剂处理所采用的生长调节剂溶液及其浓度

处理	NAA溶液浓度（mg/L）	处理	KT溶液浓度（mg/L）	处理	2,4-D溶液浓度（mg/L）
N-1	2.0	K-1	2.0	D-1	30
N-2	1.0	K-2	1.0	D-2	20
N-3	0.5	K-3	0.5	D-3	10
N-4	0.05	K-4	0.05	D-4	5

2 结果与分析

本次试验自花授粉材料结籽率为98%~100%，去雄后加与不加失活花粉处理（CK1和CK2）都没有种子的产生（表2）。这表明，乙醇处理后的花粉对子房的刺激并不能够启动亚麻无融合生殖。

不同调节剂处理方法对诱导亚麻无融合生殖的效果不同。其中，每次重复中D-3即10mg/L的2,4-D溶液处理的3株H2011044，每株各有7朵诱导花朵，总共1朵诱导花朵得到1个蒴果，坐果率为4.76%，但该蒴果中无种子产生。D-3即10mg/L的2,4-D溶液处理的3株H2011017的7朵诱导花朵，共得到4个蒴果，诱导坐果率为19.05%，3株的4个蒴果中分别得到1~2粒成熟种子，总共得到了4粒成熟种子，结籽率为1.90%。另外2.0mg/L的NAA处理H2011017获得1个中度大小的蒴果，但无种子产生。其他调节剂处理在H2011044和H2011017上均没有形成蒴果。

表2 不同处理的亚麻无融合生殖诱导结果

处理	平均成果数（个蒴果）		平均结籽粒数（粒）		坐果率（%）		结籽率（%）	
	H2011044	H2011017	H2011044	H2011017	H2011044	H2011017	H2011044	H2011017
N-1	0	1	0	0	0	4.76	0	0
N-2	0	0	0	0	0	0	0	0
N-3	0	0	0	0	0	0	0	0
N-4	0	0	0	0	0	0	0	0
K-1	0	0	0	0	0	0	0	0
K-2	0	0	0	0	0	0	0	0
K-3	0	0	0	0	0	0	0	0
K-4	0	0	0	0	0	0	0	0

（续表）

处理	平均成果数（个蒴果）		平均结籽粒数（粒）		坐果率（%）		结籽率（%）	
	H2011044	H2011017	H2011044	H2011017	H2011044	H2011017	H2011044	H2011017
D-1	0	0	0	0	0	0	0	0
D-2	0	0	0	0	0	0	0	0
D-3	1	4	4	4	4.76	19.05	0	1.9
D-4	0	0	0	0	0	0	0	0
CK1	0	0	0	0	0	0	0	0
CK2	0	0	0	0	0	0	0	0
CK3	5	5	50	49	100	100	100	98

3 结论与讨论

上述实验结果表明，具有无融合生殖特性的亚麻材料在没有花粉的情况下无种子产生即没有自然的双胚（单倍体、二倍体胚）产生，失活的花粉对子房的刺激也不能够启动亚麻无融合生殖。因此，亚麻自然无融合生殖与受精作用相伴随，与单独采用失活授粉刺激无关；10mg/L的2, 4-D溶液可以在没有受精作用的情况下诱导亚麻H2011017产生无融合生殖种子。所以亚麻H2011017可作为亚麻无融合生殖种质的被选材料提供给育种者。

参考文献

冯辉，翟玉莹，2007. 韭菜多胚苗及其与无融合生殖关系的研究[J]. 园艺学报，34（1）：225-226

郝建华，强胜，2009. 无融合生殖——无性种子的形成过程[J]. 中国农业科学，42（2）：377-387

康庆华，徐涵，关凤芝，等，2011. 多胚亚麻的胚珠整体透明与解剖观察[J]. 中国麻业科学（5）：232-234

康庆华，徐涵，关凤芝，等，2011. 多胚亚麻种质的研究与利用[J]. 中国麻业科学，33（4）：179-201.

康庆华，2004. 双胚亚麻（Linum usitatissmum L.）利用的研究[J]. 中国麻作，26（3）：110-113

刘岩，2012. 土壤外源重金属铬对亚麻形态学指标的影响[J]. 安徽农业科学，40（31）：15 167-15 168

马三梅，王永飞，叶秀粦，等，2002. 植物无融合生殖鉴定方法的研究进展[J]. 西北植物学报，22（4）：985-993

吴曼，王蓓，董彦，等，2010. 苹果属植物无融合生殖研究进展[J]. 山东农业科学（7）：24-28

乌龙茶品种"黄棪"与"铁观音"的愈伤组织诱导及次生代谢物检测

周承哲[1]，萧丽云[1]，陈　兰[1]，傅海峰[1]，李小桢[1]，朱　晨[1,2]，郭玉琼[1*]

（1.福建农林大学园艺学院　福州　350002；

2.福建农林大学园艺植物生物工程研究所　福州　350002）

摘　要：本文通过对乌龙茶优良品种黄棪、铁观音的茎段和叶片的无菌化处理后，将其分别接种于A培养基（MS+NAA 1.0mg/L+2, 4-D 1.0mg/L+KT 0.5mg/L），B培养基（MS+6-BA 0.4mg/L+2, 4-D 2.0mg/L）中，进行为期6个月诱导和继代培养，检测诱导的愈伤组织游离氨基酸和茶多酚的含量。结果表明，铁观音品种诱导的愈伤组织茶多酚和游离氨基酸含量皆高于黄棪品种；叶片诱导的愈伤组织茶多酚含量高于茎段；B培养基诱导的愈伤组织茶多酚、游离氨基酸含量高于A培养基诱导的愈伤组织；茎段诱导的愈伤组织游离氨基酸含量高于叶片诱导的愈伤组织。

关键词：乌龙茶；愈伤组织；游离氨基酸；茶多酚

Induction of Callus and Detection of Secondary Metabolites in Oolong Tea Cultivars "Huangdan" and "Tieguanyin"

Zhou Chengzhe[1]，Xiao Liyun[1]，Chen Lan[1]，Fu Haifeng[1]，

Li Xiaozhen[1]，Zhu Chen[1, 2]，Guo Yuqiong[1*]

（[1]College of Horticulture，Fujian Agriculture and Forestry University，Fuzhou 350002；[2]Institute of Horticultural Biotechnology，Fujian Agriculture and Forestry University，Fuzhou 350002）

Abstract：In this paper，after aseptic treatment of stem segments and leaves of

---

* 通讯作者：Author for correspondence（E-mail：guoyq828@163.com）

excellent oolong tea cultivar "Huangdan" and cultivar "Tieguanyin", they were inoculated on medium A：MS+NAA 1.0 mg/L+2, 4-D 1.0mg/L+KT 0.5mg/L, and medium B：MS+6-BA 0.4 mg/L+2, 4-D 2.0 mg/L, respectively, for six months and subculture, the contents of free amino acids and tea polyphenols in the induced callus were detected. The results showed that the contents of tea polyphenols and free amino acids in callus induced by "Tieguanyin" were higher than those in "Huangdan"；the contents of tea polyphenols in callus induced by leaves were higher than those in stem；the contents of tea polyphenols in callus induced by B medium were higher than those in "Huangdan" varieties；the content of tea polyphenols and free amino acids in callus induced by medium B was higher than that induced by medium A；and the content of free amino acids in callus induced by stem segments was higher than that induced by leaves.

Key words：Oolong tea；Callus；Tea polyphenols；Free amino acid

　　乌龙茶起源于福建，是中国六大茶类之一（陈荣冰和姚信恩，1997），其主要成分茶多酚和游离氨基酸等具备一定的保健功效（李海琳等，2014）。茶树是多年生木本植物，因其自交不亲和的特点导致其优良品种难以保存。植物离体培养是基于植物细胞具有全能性的机理下，深化无性繁殖范畴的技术。同常规育种方法相较而言，植物组织培养具有快速、高效、可控性高等优势。利用该技术，在促进茶树育种创新、改良茶树品种特性、孕育优良种类、减少培育周期等方面有积极作用（曹丹和金孝芳，2014）。因此，对乌龙茶适制品种进行组织培养，能最大限度使其优良性状得以保存，同时其丰富的内含物质也能更好地被人们所利用（郭玉琼等，2008）。成浩等（1996）首先开始利用茶树的茎段进行离体培养，此外袁弟顺等（2004）还在对5个品种茶树愈伤组织的扩增及其代谢物质的积累效率同其茶树种性有着显著相关关系。

　　茶叶中富含氨基酸，迄今，在茶叶中已鉴定出26种氨基酸，包括20种编码蛋白的氨基酸与6种游离氨基酸（Yu & Yang，2019）。其中，L-茶氨酸是茶叶特有的一种以游离状态存在的氨基酸（石亚亚等，2010），是茶叶中发挥生津润甜的重要成分。此外茶多酚也是茶叶感官品质变化的一个重要成分。研究证明，1mg茶多酚和9μg超氧化物歧化酶排出对人机体无益自由基的作用是等同的（毕彩虹和杨坚，2006）。茶多酚中活性物质的排解毒素和抵御辐射功能，能快速高效地中止放射性物质入侵骨髓（邵金良等，2008）。由于茶氨酸和茶多酚对人体具有良好的保健功效，单就茶叶上的获取已无法满足人们的需求，本研究通过对乌龙茶品种"黄棪"和"铁观音"进行组织培养后，检测其愈伤组织中的游离氨基酸以及茶多酚的含量，以期为乌龙茶适制品种离体培养技术和愈伤组织中的代谢产物在深度开发提供理论依据。

1　材料与方法

1.1　实验材料

试验所用的茶树材料为福建农林大学南区茶山的黄棪和铁观音品种茶树的茎段和叶片。

1.1.1　茶树组织培养

（1）MS培养基：大量元素、微量元素、有机成分、钙盐、铁盐；（2）蔗糖、琼脂、pH试纸（甲基红指示剂）；（3）75%乙醇、0.1%升汞溶液；NaOH溶液；（4）NAA溶液、2,4-D溶液、KT溶液、6-BA溶液、IAA溶液、GA_3溶液和肌醇用于茶树组织培养。

1.1.2　茶多酚检测

（1）酒石酸亚铁溶液（棕色瓶中低温存放，保质期一个月）：硫酸亚铁，酒石酸钾钠；（2）0.067mol/L磷酸氢二钠：十二水磷酸氢二钠；（3）0.067mol/L磷酸氢钾：磷酸二氢钾；（4）pH值为7.5的磷酸缓冲溶液：0.067mol/L的磷酸氢二钠溶液85ml和0.067mol/L的磷酸二氢钾15ml混匀用于检测茶多酚。

1.1.3　游离氨基酸检测

（1）pH值为8.0磷酸盐缓冲液的制备；（2）0.06mol/L磷酸氢二钠：水磷酸氢二钠（$NaHPO_4 \cdot 12H_2O$）；（3）0.06mol/L磷酸二氢钾：磷酸二氢钾（KH_2PO_4）；（4）pH值为8.0磷酸盐缓冲液：95ml的0.067mol/L的磷酸氢二钠溶液及5ml的0.06mol/L的磷酸二氢钾混匀；（5）2%茚三酮溶液：水合茚三酮，氯化亚锡（$SnCl_2 \cdot 2H_2O$）；（6）谷氨酸标准液（10mg/ml标准液）：谷氨酸用于检测愈伤组织中的游离氨基酸。

1.1.4　试验仪器

试验所需仪器包括BS 110S电子天平（分析天平）、筛板孔径600～1 000μm的研磨机、转速3 500r/min的离心机、电热恒温水浴锅、紫外分光光度计、超净工作台、高压蒸汽灭菌锅、烧杯、玻璃棒、废液缸、电磁炉及其配套锅、干燥器等。

1.2　实验方法

乌龙茶愈伤组织的诱导：不同组织的预处理和消毒当腋芽萌发后，取茎段未木质化上端，除去叶片，保留叶原基，仅留2～3cm大小，摘取1～3叶，用洗衣粉冲洗干净。接种室进行紫外消毒20～30min，洗净的茎段、叶片，放置超净工作台，分别用75%乙醇消毒30s，0.1%升汞消毒10min，再用无菌水清洗3～5次，以洗净材料层面残留的升汞，避免外植体因升汞残留而失去活性。

接种：在无菌条件下，用解剖刀将黄棪和铁观音已经消毒处理过的无菌茎段切成0.5～1.0cm的小段，用滤纸吸干表面水分，依次接入A、B、C、D四种培养基中，四种培养基的配方分别为：A培养基：MS+NAA 1.0mg/L+2,4-D 1.0mg/L+KT 0.5mg/L（蔗糖30g/L，琼脂6g/L，pH值为5.8～6.0）；B培养基：MS+6-BA 0.4mg/L+2，4-D 2.0mg/L（蔗糖30g/L，琼脂8g/L，pH值为5.8～6.0）；C培养基：MS+IAA 2.0mg/L+6-BA 0.5mg/L+GA$_3$ 0.5mg/L（蔗糖30g/L，琼脂8g/L，pH值为5.8～6.0）以及D培养基：MS+2，4-D 1.0mg/L+肌醇100mg/L（蔗糖30g/L，琼脂6g/L，pH值为5.8）。接种时叶片平放，茎段采用斜插和水平放置两种方式，轻微挤压使切口充分接触培养基。一个培养皿内接入两个无菌材料，诱导试验为每种培养基接70个培养皿。25d后将所生长的愈伤组织，转接到原培养基配方配制的培养皿，继续继代培养，每隔25d继代一次，培育6个月后对愈伤组织整理分析。

　　游离氨基酸和茶多酚含量测定：将黄棪、铁观音茎段、叶片在各培养基培育下的愈伤组织，放置于烘箱内烘干后粉碎，存放在干燥器内备用。采用茚三酮—比色法对黄棪、铁观音品种愈伤组织中游离氨基酸含量进行测定（邵金良等，2008）。每个试验进行三次生物学重复。将黄棪、铁观音茎段、叶片在各培养基培育下的愈伤组织置于烘箱内烘干后粉碎备用。采用酒石酸亚铁—比色法对黄棪、铁观音品种愈伤组织中茶多酚含量进行测定（郭玉琼等，2001）。每个试验进行三次重复，所得结果取其均值。

2　结果与分析

2.1　影响"黄棪"和"铁观音"愈伤组织形成的因素

2.1.1　继代培养基筛选

　　接种完成后将培养皿置于室温（25±2）℃、无光照条件进行愈伤组织的诱导，接种后记录诱导培养情况和愈伤组织长势。每隔一周时间，对愈伤组织诱导情况进行观察记录。三周后发现，由A、B两种培养基诱导的茎段、叶片愈伤组织材质较硬、排列紧密，为白色愈伤，愈伤组织生长情况良好（图1）。C、D培养基培养的茎段和叶片污染数较多。经过比较，黄棪、铁观音茎段和叶片接种于A、B培养基，对愈伤组织的诱导较有优势，因此选择A、B两种培养基继代培养。同时发现茎段斜插方式，愈伤生长速度慢，未接触培养基的茎段上端褐化。因此，后期一律采取水平横放的方式接种。

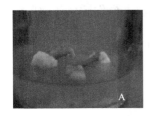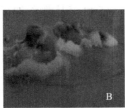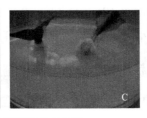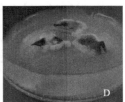

图1　培养基愈伤组织生长情况

2.1.2　茶树不同组织对愈伤组织形成的影响

　　分别将黄棪和铁观音的茎段与叶片接种到A、B两种培养基中，培育至一周时，叶片出现卷起或隆起现象，且颜色微黄；培育至两周时，叶片逐渐变厚，叶脉加粗，有些许褐化。茎段两端也出现增大；培育至三周时，叶片同茎段的切口处出现明显的愈伤组织。25d后将所生长的愈伤组织移接到原培养基继续继代培养，培育6个月后对所得愈伤组织归整称重。

同等条件下，茎段愈伤组织重量高于叶片愈伤组织重量（表1），茎段的愈伤组织诱导率较叶片高（表2）。茎段更易诱导愈伤组织的形成，且愈伤组织生长迅速。由于叶片表面附着一层茸毛，消毒的局限性会加大污染数目，叶片在诱导愈伤组织培养过程中，叶边缘或中间出现部分卷起或隆起，这些部位易褐化，减少了叶片愈伤组织的生成。

表1　乌龙茶不同外植体不同培养基愈伤诱导率　（%）

品种	茎段A	茎段B	叶片A	叶片B
黄棪	22.43	24.82	19.77	18.94
铁观音	24.48	25.31	20.69	18.87

表2　黄棪和铁观音游离氨基酸含量对比　（%）

种类 （外植体/培养基）	品种	
	黄棪	铁观音
茎段/A	2.42 ± 0.13	2.88 ± 0.14
叶片/A	2.20 ± 0.13	2.57 ± 0.11
茎段/B	2.14 ± 0.17	2.70 ± 0.17
叶片/B	2.00 ± 0.15	2.44 ± 0.14

2.1.3　激素对愈伤组织形成的影响

MS培养基适用于诱导乌龙茶愈伤组织，且其愈伤诱导率在众多培养基中较高，愈伤组织的生长状态良好。植物激素是培养基中不可或缺的要素，它对愈伤组织的诱导和增殖起着直接或间接的关系。A培养基：MS+NAA 1.0mg/L+2, 4-D 1.0mg/L+KT 0.5mg/L；B培养基：MS+6-BA 0.4mg/L+2, 4-D 2.0mg/L。A、B培养基都添加了促进愈伤诱导和增殖生长的细胞生长因子2, 4-D/NAA和分裂因子KT/6-BA。

2.2　"黄棪"和"铁观音"的愈伤组织游离氨基酸含量分析

2.2.1　不同茶树品种愈伤组织游离氨基酸含量对比分析

将黄棪、铁观音品种的茎段和叶片分别接入A、B培养基中进行愈伤组织的培育和继代培养，6个月后检测黄棪、铁观音品种所得愈伤组织中游离氨基酸含量。

经过对黄棪和铁观音游离氨基酸含量的对比，铁观音品种培育的愈伤组织游离氨基酸含量为2.44% ~ 2.88%，而黄棪品种培育的愈伤组织游离氨基酸含量为2.00% ~ 2.42%，总体上铁观音品种高于黄棪（表2）。品种差异导致内含成分不同，推测是由于铁观音茶树矮小，适应弱光照，便于氮素代谢，特别是茶氨酸的合成。因茶氨酸在游离氨基酸中所占比重大，所以铁观音的游离氨基酸含量高于黄棪。

2.2.2 不同外植体诱导的愈伤组织游离氨基酸含量对比分析

将黄棪和铁观音的茎段、叶片分别接到A、B培养基中进行愈伤组织的培育和继代培养，6个月后检测茎段和叶片培育所得愈伤组织中游离氨基酸含量。经过对茎段和叶片愈伤组织中游离氨基酸含量的对比，由图2可得，茎段愈伤组织的游离氨基酸含量就高于叶。茶树组织不同，生理功能和内含成分各不相同。据相关资料说明，芽叶部位茶氨酸含量为植株总体的40%~50%，茎的茶氨酸含量超过70%。

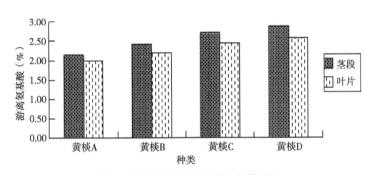

图2 不同组织游离氨基酸含量对比

2.2.3 不同培养基诱导的愈伤组织游离氨基酸含量对比分析

将黄棪和铁观音的茎段与叶片分别接到A、B两种培养基中进行愈伤组织的培育和继代培养，6个月后检测A、B培养基诱导所得愈伤组织中游离氨基酸含量。结果表明（图3），A培养基培育的愈伤组织游离氨基酸含量无论在黄棪茎段、黄棪叶片、还是铁观音茎段、铁观音叶片中皆低于B培养基。培养基的激素配比、激素种类等的不同，导致游离氨基酸含量产生差异性。A培养基由细胞生长素NAA、2,4-D和细胞分裂素KT构成，B培养基由细胞生长素2,4-D和细胞分裂素6-BA构成。细胞生长素对愈伤组织总氨基酸含量影响不如细胞分裂素明显。

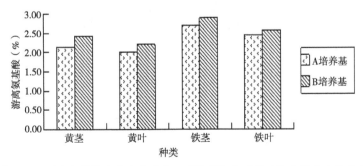

"黄茎"和"黄叶"分别代表黄棪的茎段和叶片，"铁茎"和"铁叶"分别代表铁观音的茎段和叶片

图3 A、B培养基游离氨基酸含量对比

2.3　"黄棪"和"铁观音"的愈伤组织茶多酚含量分析

2.3.1　不同茶树品种愈伤组织茶多酚含量对比分析

将黄棪和铁观音的茎段、叶片分别接到A、B培养基中进行愈伤组织的培育和继代培养，6个月后检测所得愈伤组织中茶多酚含量。

试验结果见表3，铁观音品种诱导的愈伤组织其茶多酚含量为27.22%～31.16%，黄棪品种诱导的愈伤组织其茶多酚含量为25.38%～27.19%，表明铁观音中茶多酚含量较黄棪中的高。

表3　黄棪和铁观音茶多酚含量对比　　　　　　　　　（%）

种类 （外植体/培养基）	品种	
	黄棪	铁观音
茎段/A	25.38 ± 0.17	27.22 ± 0.14
叶片/A	26.25 ± 0.15	30.03 ± 0.10
茎段/B	25.66 ± 0.22	28.86 ± 0.16
叶片/B	27.19 ± 0.20	31.16 ± 0.12

2.3.2　不同外植体诱导的愈伤组织茶多酚含量对比分析

将黄棪和铁观音的茎段、叶片分别接到A、B培养基中进行愈伤组织的培育和继代培养，6个月后检测所得愈伤组织中茶多酚含量。茶叶的不同部位组织，其茶多酚含量也不同。其中，茶树叶片中的含量最高，茶树茎段含量较低。图4对茎段和叶片培育的愈伤组织茶多酚含量的对比，说明叶片愈伤组织的茶多酚含量高于茎段。

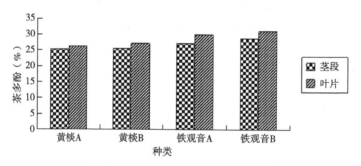

图4　不同组织游离氨基酸含量对比

2.3.3　不同培养基诱导的愈伤组织茶多酚含量对比分析

将黄棪和铁观音的茎段、叶片分别接到A、B两种培养基中进行愈伤组织的培育和继代培养，6个月后检测所得愈伤组织中茶多酚含量。经过对A、B培养基培育下的愈伤组织茶多酚含量的对比，结果如图5所示，B培养基培育的愈伤组织茶多酚含量稍高于A培养基。

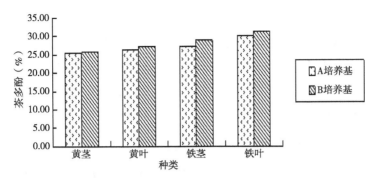

"黄茎"和"黄叶"分别代表黄棪的茎段和叶片，"铁茎"和"铁叶"分别代表铁观音的茎段和叶片

图5 A、B培养基茶多酚含量对比

3 讨论

3.1 "黄棪"和"铁观音"的愈伤组织诱导

植物离体器官、培养基类别、植物激素和培养环境等因素都会对乌龙茶愈伤组织诱导产生作用。同时，外植体的老嫩程度、培养时间、激素浓度水平对乌龙茶愈伤组织诱导也有影响。细胞生长素和分裂素是培养基的组成部分，是愈伤组织诱导和生长的重要要素，生长素促成细胞发育和增长，诱导受伤的组织在表层生成愈伤；细胞分裂素如6-BA，为人工合成，起促进愈伤组织生长的功效（周波等，2014）。

理论上所有的细胞都具有全能性，但实际上各个细胞展现的全能性的能力不同，因此采用合适的外植体样本也是决定茶树组织培养诱导成功率的重要因素。茎段作为外植体培育和继代培养愈伤组织的数量明显多于叶片。王云（2006）将茶树苗的营养器官作为组织培养的外植体，探究激素配比对产生愈伤组织的作用，结果表明茎段的愈伤组织诱导率高于叶片。王贞红等针对基本培养基种类对茶树愈伤组织的影响试验中，提出MS培养基在不同茶树品种的愈伤组织诱导率超过70%。生长素和细胞分裂素的合理配比使用能促进愈伤组织生长。绝大部分条件下，添加生长因子2,4-D就能够成功诱导愈伤组织；如果将2,4-D或NAA这类的生长素和由人工合成的细胞分裂素如KT、6-BA，二者配合使用，对愈伤组织的生长起促进作用，这与李代丽等（2007）就细胞生长素和分裂素在茶树组织培养中的应用研究结果一致。

3.2 不同茶树品种以及不同组织部位中游离氨基酸含量存在差异

氨基酸是茶叶的主要生化成分，它对形成茶叶滋味发挥着关键作用，至今已鉴定的茶叶游离氨基酸有6种，是提高茶叶滋味鲜爽度的重要物质。其中，茶氨酸是茶叶中特有的游离氨基酸，具有抗肿瘤、防治糖尿病、降三高、提高机体免疫力等众多功效，应用前景广阔（程柱生，2012）。在不同茶树品种的游离氨基酸测定研究中心发现，铁观音品种愈伤组织中游离氨基酸含量比黄棪有优势（唐和平和陈兴琰，1995）；汪琢成等（1979）在探究茶树新梢氨基酸含量与茶叶品质的关系中指出：由于幼茎为新梢生长提供氮素，有运输和贮藏的双重功能，导致茎段游离氨基酸含量比芽、叶多；陈瑛等（1998）研究激素在愈伤组织形成茶氨酸的过程指出：细胞生长素对愈伤组织总氨基酸含量影响较细胞分裂素不明显，对愈伤组织中游离氨基酸合成来说，细胞分裂素6-BA合成能力优于KT，这些结论都与本试验结果一致。

3.3 茶树不同组织部位的茶多酚含量存在差异

现代科学研究表明，茶多酚是乌龙茶保健作用的主要成分（石亚亚等，2010）。研究表明，过多的自由基侵袭造成细胞膜膜脂过氧化，产生各类不稳定的自由基，形成对机体的侵害，现已经成为各种疾病最主要病源（毕彩虹和杨坚，2006）。而茶多酚是纯天然高能效的抗氧化剂，不光能压制自由基的发生，同时能快速除去人体内过多的自由基，达成机体免疫的效果。游见民等在茶树各部位茶多酚分布水平的探讨中指明：茶多酚的含量因生长部位的不同存在水平差异，茶多酚含量在茶树中的顺序为叶>茎>根（游见明和曹新志，2013），与试验结果相同。利用组织培养进行茶树次生代谢产物工厂化生产是茶树细胞工程研究的一个重要领域，后期我们将针对愈伤组织中其他次生代谢物质（如：儿茶素、咖啡碱和茶皂素等）进一步检测分析，以期为利用茶树愈伤组织快速获得丰富的次生代谢物质提供理论依据。

参考文献

毕彩虹，杨坚，2006.茶多酚的保健作用研究进展[J].西南园艺，34（2）：37-39.

曹丹，金孝芳，2014.茶树组织培养研究进展[J].安徽农业科学（29）：10 086-10 087.

陈荣冰，姚信恩，1997.乌龙茶发展简史与茶文化[J].茶叶科学技术（2）：25-28.

陈瑛，陶文沂，1998.几种激素对茶愈伤组织合成茶氨酸的影响[J].无锡轻工大学学报（1）：74-77.

成浩，李素芳，1996.茶树微繁殖技术的研究与应用[J].中国茶叶（2）：29-31.

程柱生，2012.漫话茶叶中的游离氨基酸[J].贵州茶叶（4）：54-57.

郭玉琼，陈财珍，赖钟雄，等，2001.茶树花药愈伤组织诱导及茶多酚含量测定[J].福建茶叶（4）：7-10.

郭玉琼，赖钟雄，吕柳新，等，2008.福建乌龙茶种质离体保存研究Ⅰ.成年茎段无菌系建立[J].福建农林大学学报（自然版），37（6）：587-591.

李代丽，康向阳，2007.植物愈伤组织培养中内外源激素效应的研究现状与展望[J].生物技术通讯，18（3）：546-548.

李海琳，成浩，王丽鸳，等，2014.茶叶的药用成分、药理作用及开发应用研究进展[J].安徽农业科学（31）：10 833-10 835.

邵金良，黎其万，董宝生，等，2008.茚三酮比色法测定茶叶中游离氨基酸总量[J].中国食品添加剂（2）：162-165.

石亚亚，贾尚智，闵彩云.茶氨酸保健功能研究进展[J].氨基酸和生物资源，32（1）：52-56.

唐和平，陈兴琰，1995.茶树品种资源氨基酸组成与亲缘关系的研究[J].湖南农业大学学报（自然科学版）（2）：126-129.

汪琢成，徐梅生，1979.茶树氮素代谢与茶叶品质.茶新梢的氨基酸含量对自然品质的影响[J].茶叶

（2）：7-11.

王云，2006.不同激素配比对茶树苗组织培养的影响[J]. 安徽农业科学，34（14）：3 312-3 313.

游见明，曹新志，2013.福林酚法测定茶树中茶多酚的分布水平[J]. 湖北农业科学，52（10）：2 417-2 419.

袁弟顺，林丽明，孙威江，等，2004.不同品种茶树愈伤组织的培养与茶氨酸的积累[J]. 福建农林大学学报（自然版），33（2）：178-181.

袁正仿，孔凡权，远凌威，等，2003.薮北茶树的组织培养研究[J]. 信阳师范学院学报：自然科学版，16（2）：215-217.

周波，陈美楠，刘腾飞，2014.激素在茶树组织培养中的作用研究进展[J]. 福建茶叶，36（6）：14-15.

Yu Z，Yang Z，2020. Understanding different regulatory mechanisms of proteinaceous and non-proteinaceous amino acid formation in tea（*Camellia sinensis*）provides new insights into the safe and effective alteration of tea flavor and function[J]. Critical Reviews in Food Science and Nutrition，60（5）：844-858.

Zhou B，Chen M，Liu T，2014. Research progress on the role of hormones in tea tissue culture[J]. Tea in Fujian，36（6）：14-15.

甜高粱品种"Keller"茎尖离体再生体系建立初探

孙玉帅[1#]，秦瑞鑫[1#]，张玉苗[1, 2*]，徐　涵[3*]

（1.滨州学院生物与环境工程学院　滨州　256600；2.滨州学院山东省黄河三角洲生态环境重点实验室　滨州　256600；3.福建农林大学园艺植物生物工程研究所　福州　350002）

摘　要：本试验以甜高粱[*Sorghum bicolor*（L.）Moench]品种"Keller"为实验材料，对其茎尖离体再生体系进行探究。研究了不同灭菌方法对外植体灭菌效果的影响，不同柠檬酸浓度对愈伤组织形成过程中褐化的影响，及不同激素及其不同浓度对愈伤组织诱导条件的优化。结果表明：30s 75%酒精+10min 25% NaClO+10min 0.1% HgCl_2组合消毒效果最佳；柠檬酸可有效抑制外植体脱分化过程中褐化问题，添加浓度为500mg/L时效果最佳，但高浓度柠檬酸使得外植体脱分化率下降明显；2mg/L 2,4-D诱导愈伤效率最高；愈伤再分化过程褐化情况严重，无再生苗产生。

关键词：甜高粱；外植体；茎尖；愈伤组织

Study on Tissue Regeneration System from Shoot Tip of Sweet Sorghum Variety "Keller"

Sun Yushuai[1]，Qin Ruixin[1]，Zhang Yumiao[1, 2*]，Xu Han[3*]

（[1]College of Biological and Environmental Engineering，Bin Zhou University，Bin zhou 256600，China；[2]Shandong Key Laboratory of Eco-Environmental Science for the Yellow River Delta，Bin Zhou University，Bin zhou 256600，China；[3] Institute of Horticultural Biotechnology，Fujian Agriculture and Forestry University，Fuzhou 350002，China）

Abstract：In this experiment，the sweet sorghum（*Sorghum bicolor* L. Moench）variety "Keller" was used as experimental material to explore the tissue rgeneration

基金项目：滨州学院博士启动基金（2015Y16）

#共同第一作者

* 通讯作者：Author for correspondence（E-mail：zhangyumiao_163@163.com）

system from shoot tip. The effects of different sterilization methods on the sterilization effect of explants, the effects of different citric acid concentrations on browning during callus formation, and the optimization of callus induction conditions by different hormones and different concentrations were studied. The results showed that the combination of 30 s 75% alcohol+10 min 25% NaClO+10 min 0.1% HgCl$_2$ had the best disinfection effect; citric acid could effectively inhibit the browning problem in the process of dedifferentiation of explants, and the effect was the best when the concentration of citric acid was 500 mg/L, but the dedifferentiation rate of explants decreased significantly when the concentration of citric acid was high. The callus induction efficiency was the highest with 2 mg/L 2, 4-D; and the browning was serious in the process of callus redifferentiation, and no regenerated plantlets were produced.

Key words：Sweet sorghum；Explant；Shoot tip；Callus

高粱[*Sorghum bicolor*（L.）Moench]，禾本科高粱属，是一种抗逆能力较强的、高光效的C$_4$植物作物。甜高粱[*Sorghum bicolor*（L.）Moench]是目前最具潜力的生物质能源作物之一（刘公社等，2009；唐三等，2012），其转基因工作一直受到关注（Howe et al.，2006；Jayaraj et al.，2015；张玉苗，2015；Emani et al.，2016）；组织培养工作是高粱遗传转化的重要环节，随着体细胞培养技术的不断改进，目前已经能利用幼穗、幼胚等外植体诱导愈伤组织并再生植株（谭化等，2008；赵利铭等，2008；陈晓木等，2016）。不同外植体形成愈伤及分化能力有很大差异，其中幼穗、幼胚是最易诱导的外植体。但幼胚和幼穗取材的时间受到严格的季节限制，难以保证稳定充足的外植体供应；来源于成熟种子的由芽尖分生组织或叶片可以保证外植体的稳定供给。本研究以甜高粱品种Keller为实验材料，选取成熟种子萌发后嫩芽基部的茎尖部分为外植体，研究不同灭菌方法对外植体灭菌效果的影响，不同柠檬酸浓度对愈伤组织形成过程中褐化的抑制作用以及不同激素及其相对不同浓度对愈伤组织诱导的影响，为后续基因工程研究奠定基础。

1　材料与方法

1.1　材料

本研究选用的实验材料为甜高粱品种：Keller，由中国科学院植物研究所景海春课题组提供。

1.2　方法

1.2.1　外植体的分离

（1）种子消毒：选取籽粒饱满、无任何损伤等外表品质良好的Keller高粱种子60粒备用。将上述种子用流水清洗，然后加入吐温辅助清洗，最后用自来水冲洗。在超净工作台将清洗后的种子置于无菌离心管中，分别用不同消毒方法：

a为30s 75%酒精+10min 25%NaClO+5min 0.1% HgCl$_2$

b为30s 75%酒精+10min 25%NaClO+10min 0.1% HgCl$_2$

c为30s 75%酒精+10min 25%NaClO+15min 0.1% HgCl$_2$

处理完毕后，将甜高粱种子置于MS培养基上，移入人工气候室培养数天，定期观察。

（2）茎尖的分离：选取长势良好、长度约为2cm的无菌苗，切取约5mm幼嫩的茎尖分生组织（芽基部白色膨大处），接种于含有不同类型激素以及浓度的愈伤组织诱导培养基，放置于人工气候室进行避光培养，温度控制在（25±2）℃，定期观察。

1.2.2 愈伤组织诱导培养

将茎尖接种到诱导愈伤组织培养基上，（25±2）℃黑暗条件下培养30d。诱导愈伤组织培养基：MS基础培养基（包含大量元素、微量元素、有机成分）+水解酪蛋白500mg/L+脯氨酸1.4g/L+半胱氨酸0.3g/L+抗坏血酸10mg/L+蔗糖30g/L+琼脂9g/L+不同浓度的2, 4-D（或Dic），浓度分别为0mg/L、1mg/L、2mg/L；在诱导培养基中添加300mg/L或500mg/L柠檬酸，研究柠檬酸对高粱愈伤褐化的抑制情况。

1.2.3 芽的分化

将上述诱导出来的愈伤组织接种到分化培养基上：激素添加为2mg/L 6-BA+2mg/L IAA。放置在26℃适宜光照下进行培养。

1.3 试验数据的统计分析

愈伤组织诱导率（%）=（接种3~4周后愈伤组织数目/接种的外植体数目）×100。

褐化率（%）=（接种后发生褐化现象的愈伤组织数目/接种的外植体数目）×100。

污染率（%）=（接种3~5d后污染的愈伤组织数目/接种的外植体数目）×100。

2 结果与分析

2.1 不同消毒方法对高粱种子消毒效果的影响

实验发现，使用a、b、c三种方法污染率分别为36.7%、5.0%和1.7%，种子未萌发率分别为0、1.7%和15%。因此，当使用b组合30s 75%酒精+10min 25%NaClO+10min 0.1% HgCl$_2$消毒时，消毒效果更佳（表1）。

表1 种子的消毒效果分析

消毒组合	接种数（个）	种子未发芽数（个）	种子污染数（个）	未萌发率（%）	污染率（%）
a	60	0	22	0	36.7
b	60	1	3	1.7	5.0
c	60	9	1	15	1.7

2.2 不同激素组合对茎尖诱导愈伤组织的影响

当茎尖长到2cm左右，切取后接种到诱导培养基上，切取过程中要注意茎的生长节点，在膨大的生长节点处划开伤口。诱导培养一周后，茎尖不断生长，顶部分化出幼叶的形态，产生愈伤组织的迹象，图1所示为切取茎尖时的生长状态，有些茎尖出现较严重褐化现象。

在诱导培养三周后，浓度为2mg/L、1mg/L和0的2,4-D培养基上成功诱导愈伤组织的成功率分别为37.0%、6.2%和0；浓度为2mg/L和1mg/L，0的Dic培养基上成功诱导愈伤组织的成功率分别为23.8%、4.8%和0。2mg/L 2,4-D诱导Keller茎尖脱分化效率更高（表2），图1为诱导的愈伤组织。

表2 不同激素类型及含量对外植体诱导愈伤组织的影响

激素名称	激素浓度（mg/L）	外植体数（个）	诱导愈伤数（个）	诱导率（%）
2,4-D	2	81	30	37.0
	1	81	5	6.2
	0	80	0	0
Dic	2	42	10	23.8
	1	42	2	4.8
	0	41	0	0

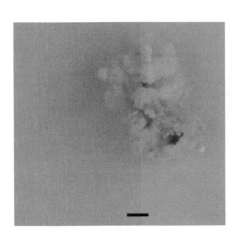

图1 甜高粱愈伤组织

2.3 不同柠檬酸含量对茎尖诱导愈伤组织的影响

表3所示，柠檬酸浓度为300mg/L和500mg/L时的褐化率分别为17.4%、16.3%，外植体脱分化率分别为31.4%和25.5%，与对照相比较褐化率降低了18.1%和19.2%，脱分化率降低了6.3%和12.2%。添加柠檬酸在很大程度上抑制了外植体脱分化过程中褐化情况，但添加高浓度柠檬酸对外植体的脱分化率影响较大。

表3　不同柠檬酸含量对外植体褐化情况的影响

柠檬酸浓度（mg/L）	外植体数（个）	褐化数（个）	褐化率（%）	脱分化产愈伤数（个）	脱分化率（%）
0	183	65	35.5	69	37.7
300	86	15	17.4	27	31.4
500	98	16	16.3	25	25.5

2.4　愈伤组织再分化出苗

将诱导出来的愈伤组织接种到分化培养基上：激素添加为2mg/L 6-BA+2mg/L IAA。置于26℃，16h光照8h黑暗下进行培养。培养一个月左右愈伤组织开始分化，但整个褐化现象严重，最终未分化出苗（图2）。

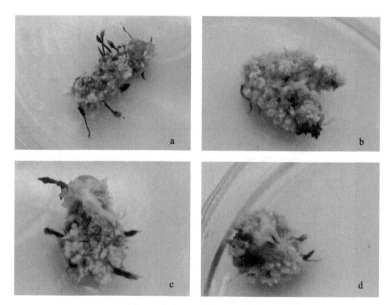

图2　愈伤组织再分化情况

3　讨论

本试验以甜高粱品种Keller为实验材料进行茎尖离体愈伤组织诱导培养，研究结果表明：30s 75%酒精+10min 25% NaClO+10min 0.1% $HgCl_2$组合消毒效果最佳；柠檬酸有防褐化的作用，添加浓度为500mg/L时效果最佳，但高浓度柠檬酸使得外植体脱分化率下降明显；2mg/L 2,4-D诱导外植体脱分化效果最佳，达37%。愈伤组织再分化过程中，褐化现象明显，没有再生苗产生。成功诱导出愈伤组织，但通过调节培养基中柠檬酸的含量，已有效地抑制了茎尖在离体培养过程中的褐化问题，为下一步茎尖诱导愈伤组织打下基础。

　　高粱茎尖组织培养和高粱幼穗、幼胚相比（刘勇等，2015；杜浩，2017），不受季节限制，取材方便，只要有成熟的种子即可进行工作。但和幼穗、幼胚相比存在一些不足：一方面操作难度大，接种时要找准芽尖部位，诱导培养初期应及时去除生长点周围叶原基长出的幼叶；另一方面，本实验虽然利用茎尖为外植体获得了愈伤组织，但愈伤组织褐化严重，活性不高，茎尖组织培养的条件还需要进一步试验研究，下一步要在培养基优化以及基因型筛选等方面进行高粱茎尖愈伤组织诱导及分化的研究。

参考文献

陈晓木，李欧静，施利利，等，2016. 高粱幼穗再生体系建立的研究[J]. 江苏农业科学，44（11）：40-43.

杜浩，2017. 能源植物甜高粱耐盐品种的筛选、组织培养及其遗传转化研究[D]. 镇江：江苏大学.

刘公社，周庆源，宋松泉，等，2009. 能源植物甜高粱种质资源和分子生物学研究进展[J]. 植物学报，44（3）：253-261.

刘勇，王良群，杨伟，等，2015. 高粱组培苗生根与移栽技术研究[J]. 山西农业科学，43（3）：266-268+272.

谭化，王中伟，周紫阳，等，2008. 高粱幼穗离体培养再生体系的建立[J]. 吉林农业科学，33（1）：23-25.

唐三元，席在星，谢旗，2012. 甜高粱在生物能源产业发展中的前景[J]. 生物技术进展，2（2）：81-86.

张玉苗，2015. 甜高粱遗传转化体系的建立及再生相关遗传位点的初步确定[D]. 北京：中国科学院大学.

赵利铭，刘树君，宋松泉，2008. 甜高粱再生体系的建立[J]. 植物学通报，25（4）：465-468.

Emani C，Sunilkumar G，Rathore K S，2016. Transgene silencing and reactivation in sorghum[J]. Plant Science，162（2）：181-192.

Howe A，Sato S，Dweikat I，Fromm M，et al.，2006. Rapid and reproducible *Agrobacterium*-mediated transformation of sorghum[J]. Plant Cell Reports，25（8）：784-791.

Jayaraj J，Muthukrishnan S，Claflin L，et al.，2015. Efficient genetic transformation of sorghum using a visual screening marker[J]. Genome，48（2）：321-333.